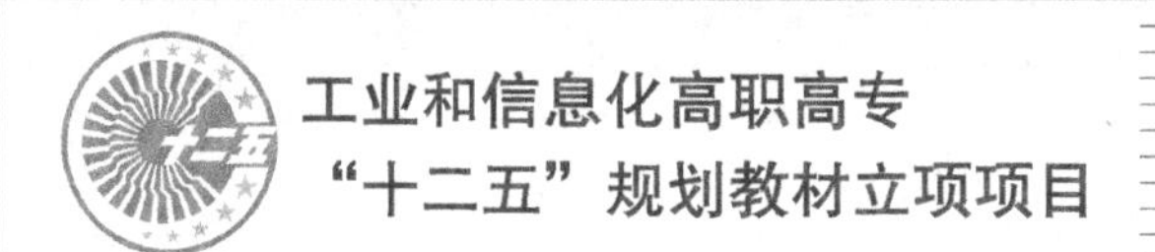

高等职业院校
机电类“十二五”规划教材

电机与电气控制

（第2版）

Electric Machinery and Electric Component Controlling (2nd Edition)

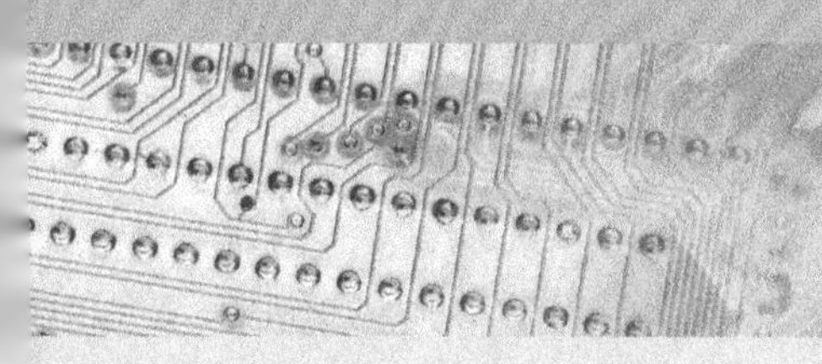

◎ 施振金 主编
◎ 王艳芬 王军 副主编

人 民 邮 电 出 版 社
北 京

图书在版编目（CIP）数据

电机与电气控制 / 施振金主编. -- 2版. -- 北京 : 人民邮电出版社, 2015.8（2022.12重印）
高等职业院校机电类“十二五”规划教材
ISBN 978-7-115-38886-5

Ⅰ. ①电… Ⅱ. ①施… Ⅲ. ①电机学－高等职业教育－教材②电气控制－高等职业教育－教材 Ⅳ. ①TM3 ②TM921.5

中国版本图书馆CIP数据核字(2015)第141919号

内 容 提 要

本书共6章，以三相异步电动机的控制为主线，主要介绍了常用低压电器元件、电动机、可编程控制器（PLC）、变频器等的基本组成、工作原理及其使用方法；三相异步电动机基本控制环节的继电器—接触器控制、PLC控制及变频器控制方法，并给出电动机在机床控制中的应用实例。

本书在编写上有很强的针对性，结合了高职高专教育新理念和一些高职高专教学改革经验与成果，做到了浅显好学、精简好用、重点突出、通俗易懂。

本书可作为高职高专机电类专业教材，也可供相关工程技术人员参考。

◆ 主　　编　施振金
副 主 编　王艳芬　　王　军
责任编辑　刘盛平
责任印制　杨林杰

◆ 人民邮电出版社出版发行　　北京市丰台区成寿寺路11号
邮编　100164　　电子邮件　315@ptpress.com.cn
网址　http://www.ptpress.com.cn
北京天宇星印刷厂印刷

◆ 开本：787×1092　1/16
印张：14　　　　2015年8月第2版
字数：305千字　　　　2022年12月北京第8次印刷

定价：32.00元

读者服务热线：(010)81055256　印装质量热线：(010)81055316
反盗版热线：(010)81055315

Foreword 第2版前言

高等职业教育在教学过程中特别注重学生职业岗位能力的培养、职业技能的训练，注重学生解决问题能力和自学能力的培养和训练。电机与电气控制是电气及机电类专业的专业课程，其任务是使学生掌握专业必备的电机及其电气控制方法。

本书以电动机的控制为核心，将“电机原理”“电力拖动”“机床电气控制”“可编程序控制器”及“变频器”等进行了有机整合。全书以培养应用型人才为目标，以技能和工程应用能力的培养为出发点，突出实际应用。本书在内容上进行了较大的改进，删除了陈旧过时、理论深奥的内容，减少了繁杂的公式推导和不必要的重复，加强了定性分析，增加了新技术、新器件方面的内容。

本书在第1版的基础上，根据最近几年使用教材院校的反馈意见以及教学成果，修正了第1版中存在的不足之处。

本书共分6章，内容包括：电动机的原理与应用、电动机的继电器控制、电动机在典型机床控制中的应用、电动机的PLC控制及典型机床控制实例、电动机的变频器控制等。

本书通俗易懂，案例丰富，应用性强，特别适合作为高等职业院校机电一体化技术方面的教材。本书在编写过程中得到广州欧佳机电技术有限公司的大力支持，不仅为编者提供生产案例，还参与编写了部分章节，在此表示感谢。

本书由施振金担任主编，王艳芬、王军担任副主编。其中施振金（广东机电职业技术学院）编写绪论和第2章，王艳芬（广东工贸职业技术学院）编写第5章第1、2、5节，吴昱（广东中远船务工程有限公司）编写第1章；宁玉伟（许昌职业技术学院）编写第3章；杨一平（许昌职业技术学院）编写第4章第1节；王浩（广东机电职业技术学院）编写第4章第2、3、4节；邬剑锋（广州欧佳机电技术有限公司）编写第4章第5、6节；王军（荆楚理工学院）编写第5章第3、4节；曾晓玲（广东机电职业技术学院）编写第6章。张运吉高级工程师（广东机电职业技术学院）对全书进行了认真审阅，提出了许多宝贵的修改和补充意见，在此表

示衷心的感谢。

由于编者的水平有限，书中难免存在错误和不妥之处，恳请读者批评指正。

编 者

2015年1月

目 录

绪论

1. 电机的分类

电能是一种能量形式，是人类生产的主要能源和动力，其应用已经遍及各行各业。电能在生产、交换、传输及分配使用和控制等环节中，都必须利用电机进行能量转换或信号变换。

在电力系统中，发电机和变压器是发电厂和变电所的主要设备。在发电厂中，发电机由汽轮机、水轮机或柴油机等带动，把燃料燃烧的动力、水流动力或原子核裂变的能量转变为机械能传递给发电机，再由发电机转变为电能。

在工业企业中，大量应用电动机作为原动机去拖动各种生产机械，如在机械工业中的机床、起重机、鼓风机等，都要用各种各样的电动机来拖动。在日常生活中电动机的应用也越来越广泛，如电风扇、排烟机、洗衣机、吸尘器、空调、冰箱等的使用。

电机是实现能量转换和信号转换的电磁装置。用作能量转换的电机称为动力电机；用作信号转换的电机称为控制电机。

动力电机中，将机械能转换为电能的称为发电机；将电能转换为机械能的称为电动机。任何电机，理论上既可作发电机运行又可作电动机运行，所以电机是一种双向的机电能量变换装置，有可逆性。

按电流的种类不同，动力电机可分为交流电机和直流电机两大类。直流电机按励磁方式的不同有他励电机、并励电机、串励电机和复励电机 4 种。交流电机按其转速与电网电源频率之间的关系可分为同步电机（感应电机）与异步电机；按电源相数可分为单相电机、三相电机和多相电机；按其防护形式可分为开启式、防护式、封闭式、隔爆式、防水式及潜水式等；按电机的冷却方式又可分为自冷式、自扇冷式及他扇冷式等；按其安装结构形式可分为卧式、立式、带底脚、带凸缘等；按其绝缘等级也可分为 E 级、B 级、F 级、H 级等。图 0.1 所示为电动机的分类情况。

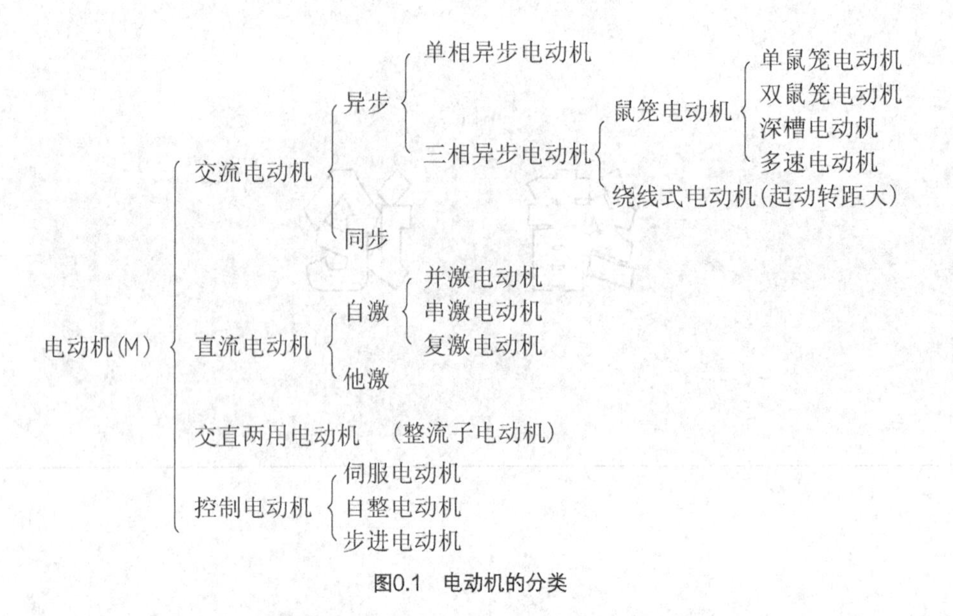

图0.1 电动机的分类

控制电机的种类也很多，在自动控制系统中常作检测、放大、执行和校正等元件使用。

2. 电力拖动系统的组成及发展

用电动机拖动工作机械来实现生产过程中各种控制要求的系统称为电力拖动系统。电力拖动系统主要由电动机、传动机构、控制设备等基本环节组成，其相互关系如图 0.2 所示。

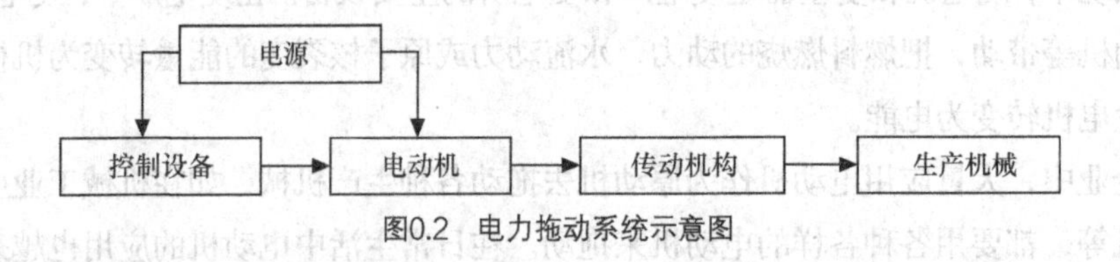

图0.2 电力拖动系统示意图

早期的电力拖动是由一台电动机拖动一组生产机械，称为“成组拖动”。自 20 世纪 20 年代以来，在生产机械上就广泛采用“单电动机拖动系统”，即由一台单独的电动机拖动一台生产机械。为了更好地满足生产机械各运动部件对机械特性的要求，简化机械传动机构，在 20 世纪 30 年代出现了“多电动机拖动系统”，即机械的各运动部件分别由不同的电动机来拖动。

电力拖动系统按拖动电动机不同，分为直流拖动系统和交流拖动系统。直流拖动是以直流电动机为动力；交流拖动是以交流电动机为动力。交流电动机结构简单、坚固耐用，便于制造大容量、高电压、高转速电动机，并具有适应恶劣环境、容易维护等优点，因此，交流拖动在实际应用中占主导地位。直流电动机具有良好的启动、制动特点和调速性能，可在很宽的范围内进行平滑调速，所以，对调速性能要求较高的机床或设备，过去多采用直流拖动系统。20 世纪 70 年代以来，由于半导体变流技术的发展，直流电动机调速技术和交流电动机调速技术都有较快的发展，特别是克服了交流电动机不易平滑调速的缺点，使交流拖动系统的应用更为宽广，出现了逐步取代直流拖动系统的趋势。

3. 电气控制系统的组成及发展

随着科学技术的发展，对生产工艺不断提出新的要求，电力拖动控制装置也在不断地更新。在控制方法上从手动控制到自动控制；在控制功能上从简单到复杂；在操作上由笨重到轻巧；在控制原理上由单一的有触点硬接线的继电器控制系统，转为以微处理器为中心的软件控制系统。新的控制理论和新型电器及电子元件的出现，不断地推动电力拖动控制技术的发展。

早期，是由继电器、接触器、按钮、行程开关等组成的继电器—接触器电气控制系统，实现对电动机的启动、停止、有级调速等控制。这种控制具有使用的单一性，其控制的输入、输出信号只有通和断两种状态，不能连续反映信号的变化，故称为断续控制。该系统的优点是结构简单、价格低廉、维护方便、抗干扰能力强，因此，广泛应用于各类机械设备中。

20 世纪 60 年代出现了一种能够根据需要，方便地改变控制系统的自动化装置—顺序控制器。它是通过组合逻辑元件插接或编程来实现继电器—接触器控制线路功能的装置，它能满足程序经常改变的控制要求，使控制系统具有较大的灵活性和通用性。

随着大规模集成电路和微处理器技术的发展和应用，在 20 世纪 70 年代出现了用软件手段来实现各种控制功能、以微处理器为核心的新型工业控制器——可编程序控制器。这种器件完全能够适应恶劣的工业环境，兼备计算机控制和继电器控制系统两方面的优点；同时，还具有程序编制清晰直观、方便易学、调试和查错容易等优点，故目前世界各国已作为一种标准化通用设备普遍应用于工业控制中。电子计算机控制系统的出现，不仅提高了电气控制的灵活性和通用性，而且其控制功能和控制精度都得到很大提高。

随着近代电力电子技术和计算机技术的发展以及现代控制理论的应用，自动化电力拖动正向着计算机控制的生产过程自动化方向迈进。

20 世纪 50 年代出现的数控机床，就是由计算机按照预先编好的程序对机床实现自动化控制的。数控机床综合应用了电子技术、检测技术、计算机技术、自动控制和机床结构设计等各领域的最新技术成就。

随着微型计算机成本的降低，数控机床得到了快速发展，先后出现了由硬件逻辑电路构成的专用数控（NC）装置、小型计算机控制（CNC）的数控系统、计算机群控（DNC）系统、自适应控制（AC）系统和微型计算机数控（MNC）系统，近年又出现了柔性制造系统（FMS）。FMS 是把一群数控机床与工件、刀具、夹具等用自动传递线连接起来，并在计算机的统一控制下形成管理和制造相结合的一个生产整体。当今兴起的计算机集成制造系统（CIMS）、设计制造一体化（CAD/CAM），是机械制造自动化的高级阶段，可实现产品从设计到制造的全部自动化，用以实现无人自动化工厂（FA）。

4. 伺服系统简介

在自动控制系统中，把输出量能够以一定准确度跟随输入量的变化而变化的系统称为随动系统，也称伺服系统。伺服系统由伺服驱动装置和驱动元件（或称执行元件）组成，高性能的伺服系统还有检测装置，以反馈实际的输出状态。

伺服系统按其驱动元件分，有步进式伺服系统、直流电动机伺服系统（简称直流伺服系统）和交流电动机伺服系统（简称交流伺服系统）。按控制方式分，有开环伺服系统、闭环伺服系统、半闭环伺服系统等。

（1）开环伺服系统

图 0.3 所示为开环伺服系统。开环伺服系统没有反馈元件，由驱动元件——步进电动机控制传动机构。步进电动机的工作实质是数字脉冲到角度位移的变换，它不是用位置检测元件实现定位，而是靠驱动装置本身，其转过的角度正比于指令脉冲的个数，运动速度由进给脉冲的频率决定。

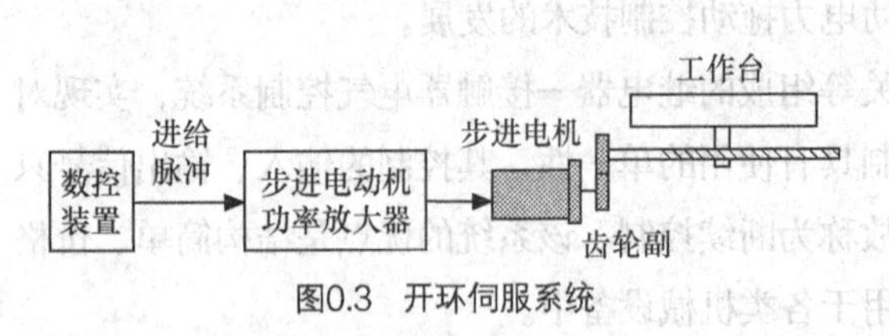

图0.3 开环伺服系统

开环系统的结构简单，易于控制，但精度差，低速不平稳，高速扭矩小。一般用于轻载且负载变化不大或经济型数控机床上。

（2）闭环伺服系统

图 0.4 所示为闭环伺服系统，其反馈元件有直线位移检测装置和速度检测装置。直线位移检测装置测出实际位移量或者实际所处位置，并将测量值反馈给 CNC 装置，与指令进行比较，再去控制伺服电机。直线位移检测装置一般采用直线光栅，可直接测得工作台的直线位移信号。

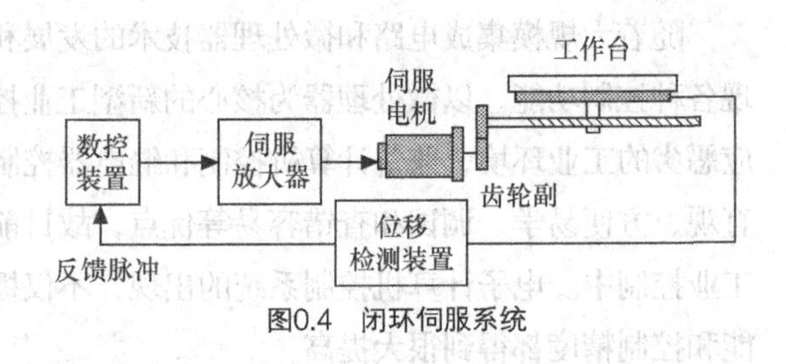

图0.4 闭环伺服系统

闭环伺服系统一般采用交流或直流伺服驱动及伺服电机，精度高。但该系统价格贵，调试困难。

（3）半闭环系统

闭环伺服系统环内包括较多的机械传动部件，其传动误差均可被补偿，理论上精度可以达到很高；但由于受机械变形、温度变化、振动以及其他因素的影响，系统稳定性难以调整。此外，机床运行一段时间后，系统精度只取决于测量装置的制造精度和安装精度，因此目前使用半闭环系统较多。

图 0.5 所示为半闭环伺服系统，其位置检测元件（反馈元件）不直接安装在进给坐标的最终运动部件上，而是要经过机械传动部件的位置转换（通常安装在电机轴端）。

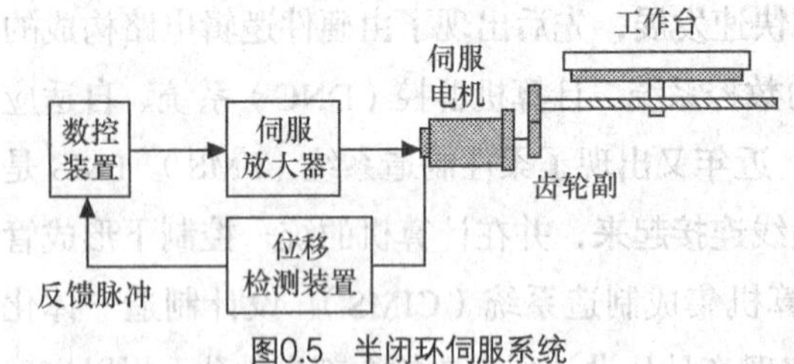

图0.5 半闭环伺服系统

半闭环伺服系统的反馈元件多为测量电动机转过角度的旋转变压器或圆光栅，通过角位移的反馈信号来推测工作台所移动的直线位移。

5. 课程的性质和任务

“电机与电气控制”是电气自动化、机电一体化、数控技术及机械电子工程等专业的一门专业基础课。本书围绕电力拖动技术阐述电机的原理，着重分析电机应用及电气控制实例。本书将“电机原理”“电力拖动基础”“机床电气控制”和“PLC 控制”等内容进行了有机结合。

由于三相异步电动机的应用广泛，且具有一定的代表性，因此本教材着重介绍三相异步电动机的工作原理及其控制的基本环节，分别给出继电器控制系统和 PLC 控制系统其基本环节的实例；并从这两个方面入手，对典型机床的电气控制系统进行分析，故应用性较强。

本书将介绍常用低压电器元件的工作原理和选用方法，介绍交、直流电机的基本结构与工作原理，介绍电力拖动系统的运行性能和控制方法，为学习“交流调速系统”“数控机床”及“计算机控制技术”等课程准备了必要的专业基础知识。

学习本课程后，应达到的具体要求如下：

① 熟悉常用低压电器元件的基本结构、工作原理及用途，具有正确的选用能力；

② 熟悉交、直流电机的基本结构和工作原理，了解电动机调速的基本概念和性能指标，初步掌握电动机的调速方法；

③ 熟练掌握机床电气控制电路的基本控制环节，初步具有对简单生产机械控制电路的设计、改造和维修能力；

④ 初步掌握可编程序控制器（PLC）的基本工作原理、指令系统、编程特点和方法，能根据生产工艺过程和控制要求正确选用 PLC 并编制用户程序，经调试应用于生产过程控制；

⑤ 初步掌握变频器控制电动机的方法。

第1章 | 三相异步电动机 |

异步电动机具有运行可靠、结构简单、制造方便、维护容易、价格低廉等一系列优点，因此在各行各业中被广泛使用。异步电动机可分为三相异步电动机和单相异步电动机。单相异步电动机因容量小，在实验室和家用电器设备中用得较多；而三相异步电动机则广泛用于生产中。三相异步电动机的种类及外形如图 1.1 所示。

YS 系列三相异步电动机

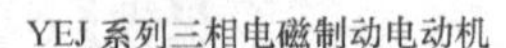

YEJ 系列三相电磁制动电动机　JR 系列三相绕线型异步电动机　MC/MY 系列单相铝壳异步电动机

JR 系列三相绕线型异步电动机　YB2 系列隔爆型三相异步电动机　Y2 系列三相异步电动机

图1.1　三相异步电动机的种类及外形图

1.1 三相异步电动机基础

1.1.1　三相异步电动机的结构

三相异步电动机的种类很多，但它们的基本结构类似，都是由定子和转子构成的，且定子和转子之间留有一定的气隙。此外，还有端盖、轴承、接线盒、吊环等其他附件，如图 1.2 所示。

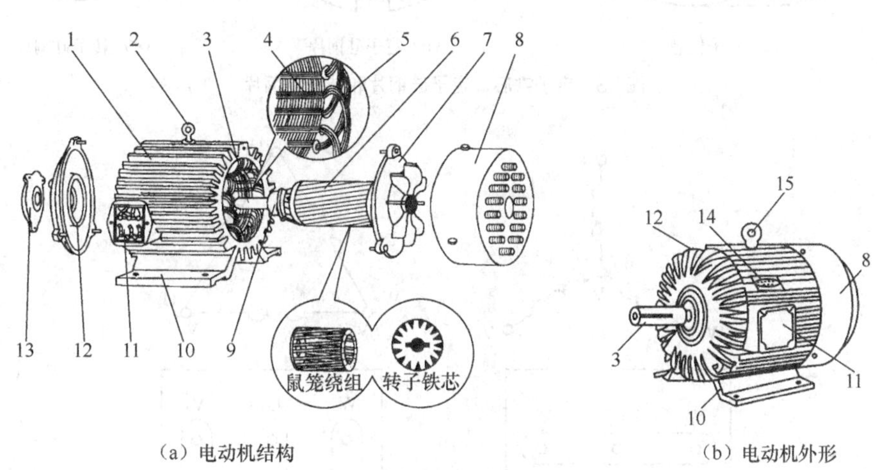

（a）电动机结构　　（b）电动机外形

图1.2　电动机的结构及外形

1—散热筋；2、15—吊环；3—转轴；4—定子铁芯；5—定子绕组；6—转子；7—风扇；8—罩壳；9—轴承；10—机座；11—接线盒；12—端盖；13—轴承盖；14—铭牌

1. 定子

定子是电动机的固定部分，是用来产生旋转磁场的，一般由定子铁芯、定子绕组和外壳等组成。

（1）定子铁芯

定子铁芯是电动机磁路的一部分，如图 1.3（a）所示，它是由厚度为 0.35～0.5mm、表面涂有绝缘漆的薄硅钢片叠压而成的圆筒。由于硅钢片较薄，且片与片之间是绝缘的，所以减少了由于交变磁通通过引起的铁芯涡流损耗。铁芯内圆有均匀分布的槽口，用来嵌放定子绕组。定子硅钢片如图 1.3（b）所示。

（2）定子绕组

定子绕组是电动机电路的一部分，由绝缘铜线或铝线绕制而成。中、小型三相电动机的定子绕组多采用圆漆包线，大中型三相电动机则用较大截面的绝缘扁铜线或扁铝线绕制。定子绕组由三个彼此独立的绕组组成，每个绕组即为一相，通入三相对称电流时，就会产生旋转磁场。它们在空间彼此相隔 120° 电角度，每相绕组的多个线圈均匀分布嵌放在定子铁芯槽中。定子绕组的 3 个首端 U_1、V_1、W_1 和 3 个末端 U_2、V_2、W_2，都通过外壳上的接线盒连接到三相电源上。图 1.4（a）所示为定子绕组的星形接法；图 1.4（b）所示为定子绕组的三角形接法。三相绕组具体应该采用何种接法，应视电力网的线电压和各相绕组的工作电压而定。目前我国生产的三相异步电动机，功率在 4kW 以下的一般采用星形接法，功率在 4kW 以上的采用三角形接法。

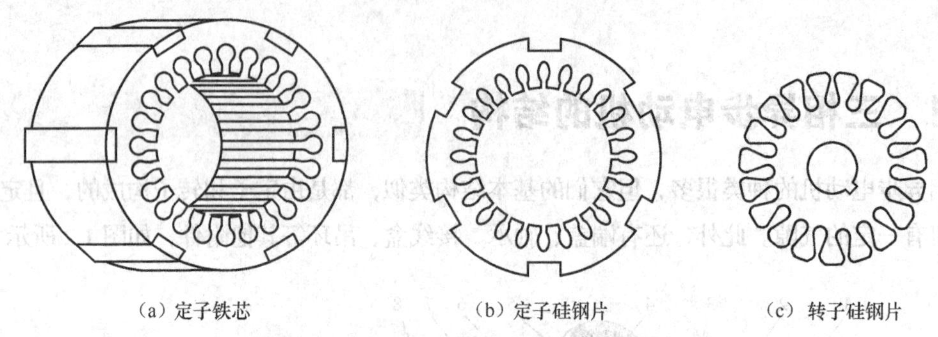
（a）定子铁芯　（b）定子硅钢片　（c）转子硅钢片

图1.3　定子铁芯、定子硅钢片和转子硅钢片

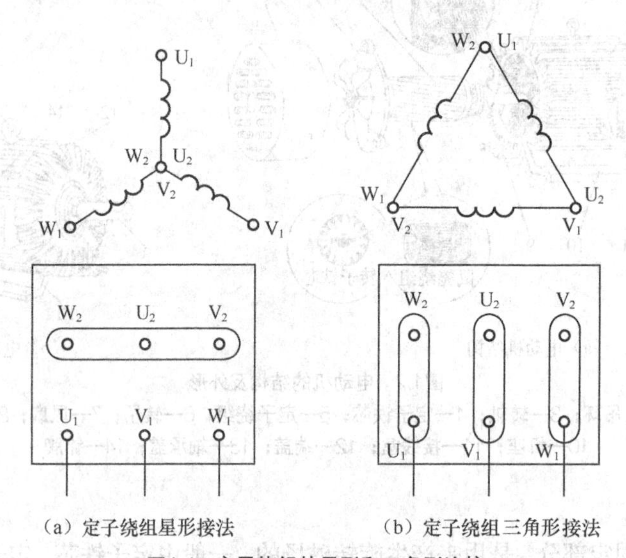

（a）定子绕组星形接法　（b）定子绕组三角形接法

图1.4　定子绕组的星形和三角形连接

（3）外壳

外壳包括机座、端盖、轴承盖、接线盒及吊环等部件（见图 1.2）。

机座：由铸铁或铸钢浇铸成型，是用来安装和固定电动机的。机座的外壳一般铸有散热片，具有散热功能。

端盖：由铸铁或铸钢浇铸成型，分布在电动机的两端，其作用是把转子固定在定子内腔中心，使转子能够在定子中均匀地旋转。

轴承盖：由铸铁或铸钢浇铸成型，其作用是固定转子，使转子不能轴向移动；另外，还具有存放润滑油和保护轴承的作用。

接线盒：一般是由铸铁浇铸的，其作用是保护和固定绕组，引出接线端子。

吊环：一般是用铸钢制造，安装在机座的上端，用来起吊、搬抬电动机的。

2. 转子

转子主要用来产生旋转力矩，拖动生产机械旋转，一般由转子铁芯、转子绕组、转轴等组成。转轴用来固定转子铁芯和传递功率，一般用中碳钢制成。转子铁芯属于磁路的一部分，如图 1.3（c）所示，是用厚 0.5mm 的硅钢片叠成的圆柱体，套在转轴上，铁芯外表面有均匀分布的槽用于放置转子绕组。根据转子绕组构造的不同，异步电动机的转子分为笼型转子和绕线型转子两种。

（1）笼型转子

笼型转子绕组在形式上与定子绕组完全不同。在转子铁芯的每个槽中放置一根铜条（也称为导条），铜条两端分别焊在两个端环上，称为铜排转子。用两个导电的铜环把槽内所有的铜条短接成一个回路，如图 1.5（a）所示。图 1.5（b）所示为去掉铁芯后的转子绕组，形状像一个笼子，故称为鼠笼式电动机。

目前，中小型电动机一般都采用铸铝转子，即在转子铁芯外表面的槽中浇入铝液，并连同两端的短路环和作为散热用的多片风扇浇注在一起，如图 1.6 所示。

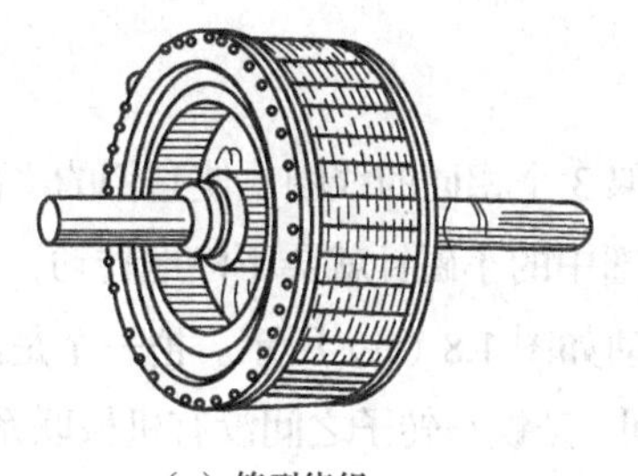

（a）笼型绕组

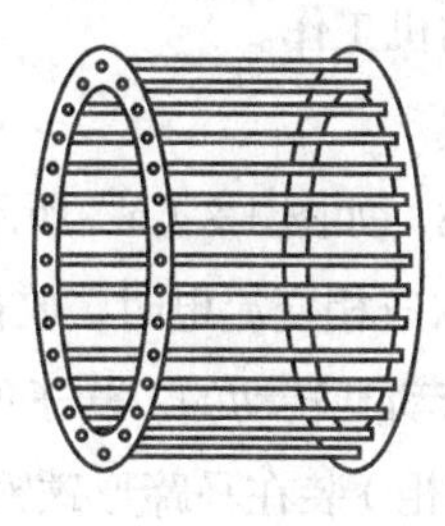

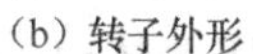

（b）转子外形

图1.5 笼型转子

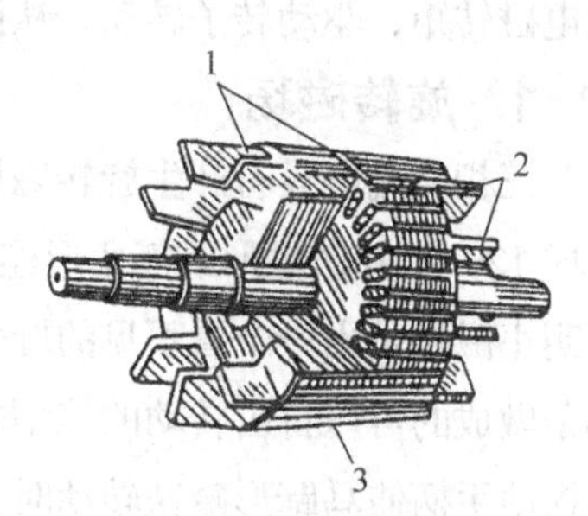

图1.6 铸铝的笼型转子

1—铸铝条；2—风叶；3—转子铁芯

（2）绕线型转子

绕线型转子的外形结构如图 1.7（a）所示。转子的绕组与定子绕组相似，也是对称的三相绕组，一般接成星形。星形绕组的 3 根端线，接到固定在转轴上 3 个互相绝缘的集电环上，通过一组电刷引出并与外电阻相连，其接线示意图如图 1.7（b）所示。使用时，可以在转子回路中串联电阻器或其他装置，以改善电动机的启动和调速特性。集电环上还安装提刷短路装置，如图 1.7（c）所示。当电动机启动完毕而又不需要调速时，可操作手柄将电刷提起切除全部电阻，同时使 3 个集电环短路，其目的是减少电动机在运行中电刷磨损和摩擦损耗。

3. 其他

风扇用来通风冷却电动机。定子与转子之间的空气隙，一般为 0.2～1.5mm。气隙太大，电动机运行时的功率因数会降低；气隙太小，装配困难，运行不可靠，高次谐波磁场增强，从而使附加损耗增加并使启动性能变差。

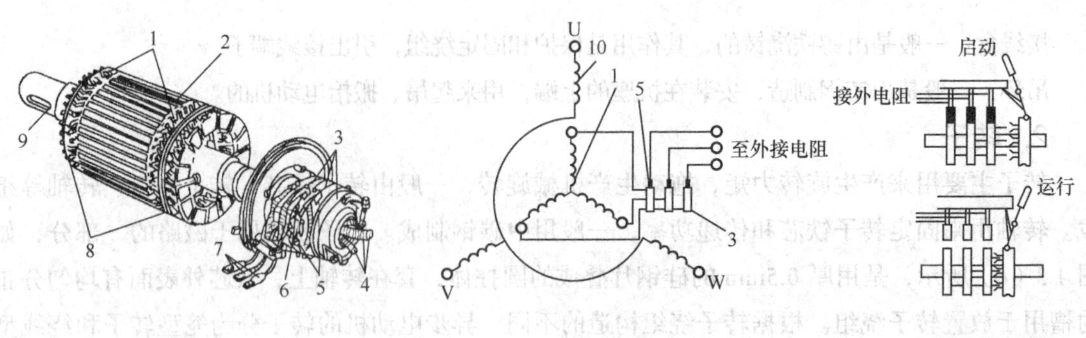

（a）外形结构　（b）接线示意图　（c）提刷短路装置

图1.7　绕线型转子

1—转子三相绕组；2—转子铁芯；3—集电环；4—转子绕组接线头；5—电刷；6—刷架；7—电刷外接线；8—镀锌钢丝箍；9—转轴；10—定子绕组

1.1.2　三相异步电动机的基本原理

电动机的工作原理是建立在电磁感应定律、全电流定律、电路定律、电磁力定律等基础上的。三相异步电动机之所以能旋转起来实现能量转换，是因为在定子空间内有一个旋转磁场。在定子绕组中通入三相交流电，产生旋转磁场；旋转磁场与转子绕组中的感应电流相互作用产生电磁力，形成电磁转矩，驱动转子转动，从而使电动机工作。

1. 旋转磁场

三相交流电具有产生旋转磁场的特性，如图 1.8（a）所示。取 3 个相同的线圈，使它们的平面互成 120°，并做星形或三角形连接。通入三相交流电时，放在线圈中的小磁针就会不停地转动，这证明小磁针是由一个看不见的旋转磁场带动其转动的。转子的转动如图 1.8（b）所示。把一个是由铜条做成的可以自由转动的笼型转子（铜框）装在马蹄形磁铁中间，磁铁与转子之间没有机械联系。当摇动手柄使马蹄形磁铁转动时，转子就会跟着转动；磁铁转得快，转子也转得快；磁铁转得慢，转子也转得慢；若磁铁反转，转子也跟着反转。

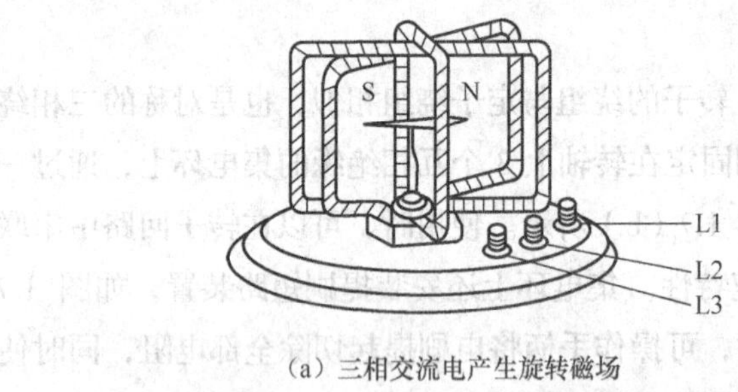

（a）三相交流电产生旋转磁场

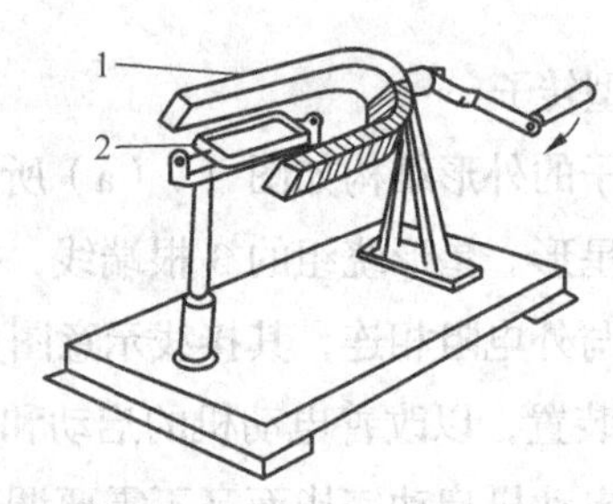

（b）转子的转动原理

图1.8　旋转磁场的产生

1—马蹄形磁铁；2—铜框

三相异步电动机定子绕组就是由三组互成 120° 的线圈绕组组成的。当通入三相交流电时，就会产生一个旋转磁场，设电流的参考方向如图 1.9（a）所示。将这 3 个绕组 U_1U_2，V_1V_2，W_1W_2 作星形连接，则定子绕组中三相对称电流分别为

$$i_A=I_m\sin\omega t$$
$$i_B=I_m\sin(\omega t-120°)$$
$$i_C=I_m\sin(\omega t+120°)$$

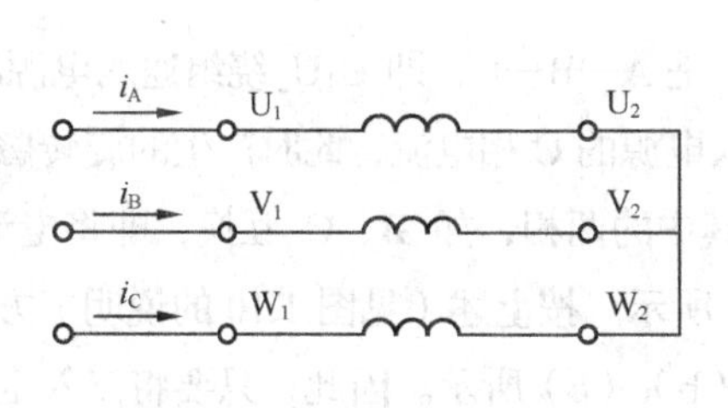

（a）三相定子绕组示意图

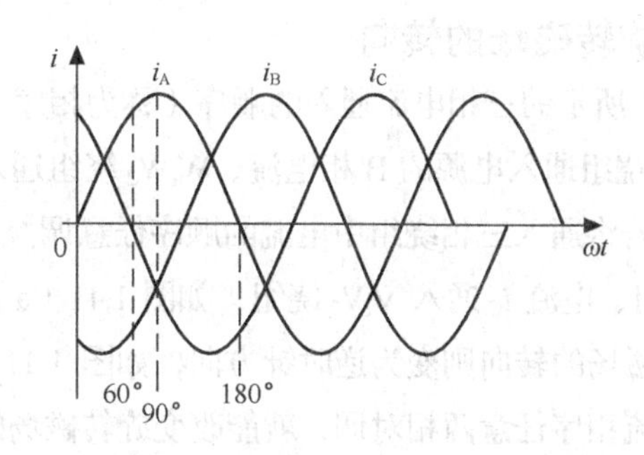

（b）三相对称电流的波形

图1.9 三相定子绕组及其波形

定子绕组中三相对称电流的波形如图 1.9（b）所示。下面取不同时刻来进行分析。假定由绕组首端流入末端流出的电流为正，反之为负。用“×”表示电流流入纸面，“·”表示电流流出纸面。

在ωt=0°时，电流瞬时值分别为 i_A=0；i_B 为负，表明电流的实际方向与参考方向相反，即从末端 V_2 流入，从首端 V_1 流出；i_C 为正，表明电流的实际方向与参考方向一致，即从首端 W_1 流入，从末端 W_2 流出。根据右手螺旋定则，三相电流在该瞬间所产生的磁场叠加结果，形成一个两极合成磁场，上为 N 极，下为 S 极，如图 1.10（a）所示。

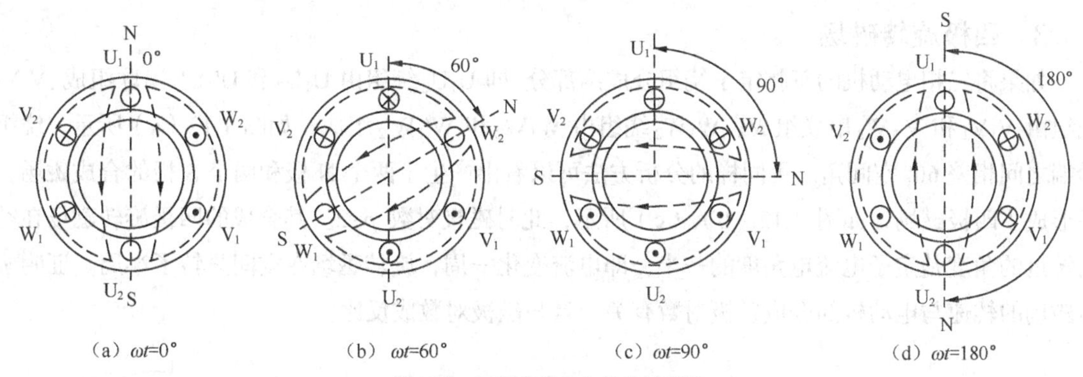

（a）ωt=0° （b）ωt=60° （c）ωt=90° （d）ωt=180°

图1.10 三相电流产生的旋转磁场

在ωt = 60° 时，i_A 为正，电流从首端 U_1 流入，从末端 U_2 流出；i_B 为负，电流从末端 V_2 流入，从首端 V_1 流出；i_C=0。其合成的两极磁场方位与ωt = 0° 时刻比，已按顺时针方向在空间旋转了 60°，如图 1.10（b）所示。

在ωt = 90° 时，i_A 为正，电流从首端 U_1 流入，从末端 U_2 流出；i_B 为负，电流从末端 V_2 流入，从首端 V_1 流出；i_C 为负，电流从末端 W_2 流入，从首端 W_1 流出，合成的两极磁场与ωt = 0° 时刻比，已按顺时针方向在空间旋转了 90°，如图 1.10（c）所示。

同理，当ωt =180° 时，合成磁场按顺时针方向在空间旋转了 180°，如图 1.10（d）所示。

综上分析可以看出：在空间相差 120° 的三相绕组中通入对称三相交流电流，产生的是一对磁极（即磁极对数 p=1）的合成磁场，且是一个随时间变化的旋转磁场。当电流经过一个周期的变化（即 ωt =0～360°）时，合成磁场也顺时针方向旋转 360° 的空间角度。

2. 旋转磁场的转向

图 1.9 所示的三相电流通入的顺序（称为相序）是 A—B—C，即 U_1U_2 绕组通入电源的 A 相电流、V_1V_2 绕组通入电源的 B 相电流、W_1W_2 绕组通入电源的 C 相电流，此时产生的旋转磁场是顺时针方向。若将通入三相绕组中电流的顺序任意调换其中的两相，如 B、C 互换，即将电流 i_B 通入 W_1W_2 绕组、电流 i_C 通入 V_1V_2 绕组，如图 1.11（a）所示。按上述（见图 1.10 的说明）方法进行分析，旋转磁场的转向则变为逆时针方向，如图 1.11（b）、（c）所示。因此，只要将流入定子三相绕组中的电流相序任意两相对调，就能改变旋转磁场的转向，也就改变了电动机的旋转方向。

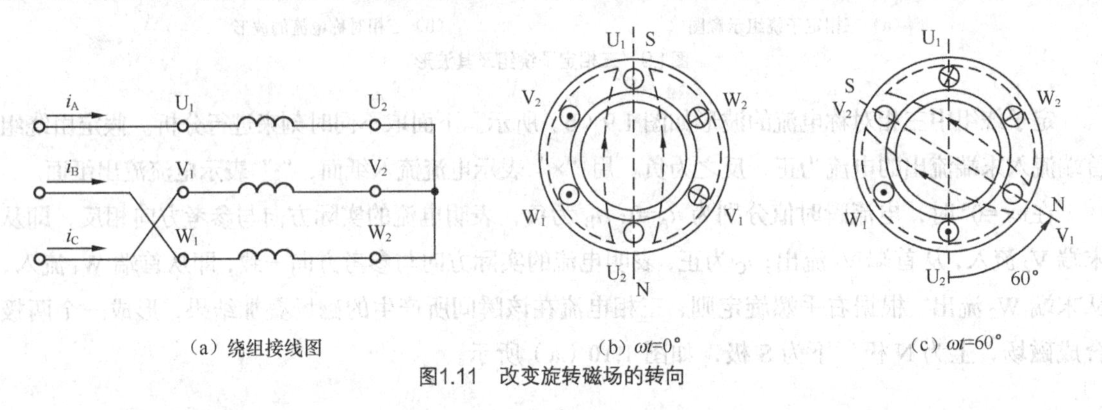

（a）绕组接线图　（b）ωt=0°　（c）ωt=60°

图1.11　改变旋转磁场的转向

3. 四极旋转磁场

如果将三相电动机的每相定子绕组分成两部分，即 U_1U_2 绕组由 U_1U_2 和 $U'_1U'_2$ 串联组成、V_1V_2 绕组由 V_1V_2 和 $V'_1V'_2$ 串联组成、W_1W_2 绕组由 W_1W_2 和 $W'_1W'_2$ 组成，如图 1.12（a）所示，绕组始端之间相差 60° 空间角。用同样的分析方法可以看出产生了两个 N 极和两个 S 极的合成磁场，即形成了四极磁场，如图 1.12（b）、（c）所示，此时磁极对数 p=2。其合成的四极旋转磁场在空间转过的角度是定子电流电角度的一半，即电流变化一周，旋转磁场在空间只转了半周。证明旋转磁场的转速与电动机的合成磁极对数有关，且与磁极对数成反比。

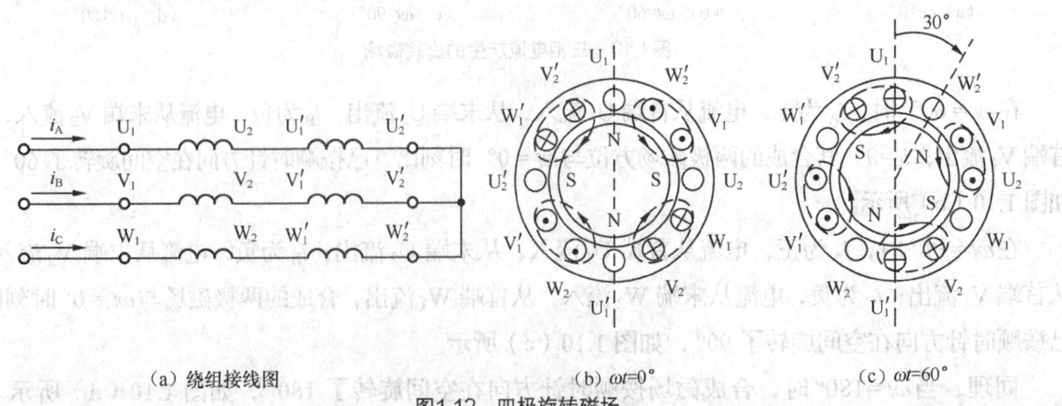

（a）绕组接线图　（b）ωt=0°　（c）ωt=60°

图1.12　四极旋转磁场

4. 三相异步电动机的转动原理

当电动机的定子绕组通以三相交流电时，便在定子空间中产生旋转磁场。设旋转磁场以 n_0（同步转速）的速度顺时针旋转，此时静止的转子与旋转磁场之间存在着相对运动（相当于磁场静止，转子以 n_0 转速沿逆时针方向切割磁力线），产生感应电动势，其方向可根据右手定则确定（假定磁场不动，导体以相反的方向切割磁力线）。由于转子电路为闭合电路，在感应电动势的作用下，在转子导体中便产生了感应电流。转子导体处在磁场中受电磁力作用形成电磁转矩，因而受到电磁力 F 的作用，由左手定则确定转子电流所受电磁力 F 的方向也是顺时针的，此电磁力 F 对转轴产生顺时针方向的电磁转矩 T，驱动转子以转速 n 顺着旋转磁场的方向旋转，并从轴上输出一定大小的机械功率，这就是转子转动的工作原理，如图 1.13 所示。

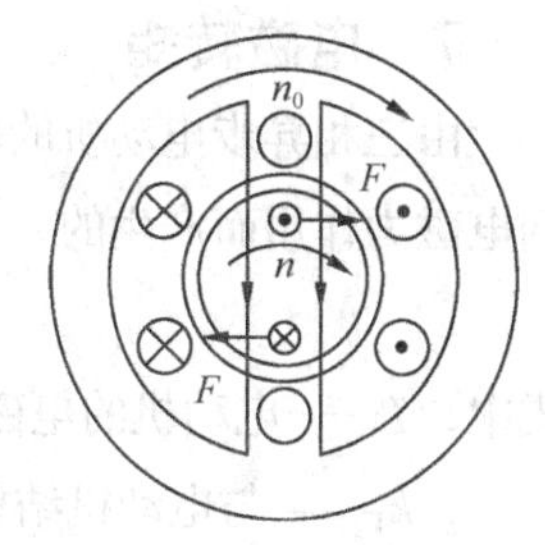

图1.13 异步电动机转动原理

由于异步电动机定子和转子之间的能量传递是靠电磁感应作用的，因此异步电动机也称为感应电动机。

5. 同步转速

三相交流电产生的旋转磁场的转速叫作同步转速，它与电流的频率成正比，与电动机的磁极对数 p 成反比，用 n_0 表示，可由下式确定：

$$n_0=60f_1/p \tag{1-1}$$

式中，n_0——电动机同步转速（即旋转磁场的转速），r/min；

f_1——定子电流频率，Hz；

p——磁极对数（由三相定子绕组的布置和连接决定）。

p=1 为二极，p=2 为四极，p=3 为六极，依次类推。对于一台已制造好的电动机，磁极对数 p 是固定的，且电网频率也是固定的，所以同步转速也是固定的，如表 1.1 所示。

表 1.1 磁极对数与同步转速的关系

磁极对数 p	L	2	3	4	5	6
同步转速 n_0 /（$r\cdot min^{-1}$）	3 000	1 500	1 000	750	600	500

6. 异步电动机中的“异步”、转差和转差率

异步电动机的转速是指转子的旋转速度，它接近于同步转速而又略小于同步转速。假设 $n=n_0$，则转子与旋转磁场之间将无相对运动，转子导体就不再切割磁力线，其感应电动势、感应电流和电磁转矩均为零，转子也不可能继续以 n_0 的转速转动。因此，异步电动机转子的转速 n 不可能达到同步转速 n_0，即“异步”。$n<n_0$ 是异步电动机工作的必要条件。

电动机的同步转速 n_0 与转子的转速 n 之差称为转差，转差与同步转速 n_0 的比值称为转差率，用 s 表示，即

$$s=(n_0-n)/n_0\times100\% \tag{1-2}$$

则

$$n=(1-s)60f_1/p \tag{1-3}$$

转差率是分析异步电动机运动情况的一个重要参数。在电动机启动时 n=0，s=1；当 $n=n_0$ 时（理想空载运行），s=0；稳定运行时，n 接近 n_0，此时 s 很小，一般在 2%～7%。

例如：一台四极异步电动机，三相电源频率为 50Hz，额定转差率为 0.04，则该台电动机在额定条件运行时的转速为

$$n=(1-s)\times 60f/p=(1-0.04)\times 60\times 50/2=1440\text{r/min}$$

7. 电磁转矩

由三相异步电动机的转动原理可知，异步电动机的电磁转矩 T 是由转子电流 I_2 在旋转磁场中受到电磁力作用而产生的，且满足：

$$T=k_T\Phi I_2\cos\varphi_2 \tag{1-4}$$

式中，T——电动机的电磁转矩，N·m；

k_T——与电动机结构相关的常数；

Φ——旋转磁场每极的磁通量，Wb；

I_2——转子电流的有效值，A；

$\cos\varphi_2$——转子电路的功率因数。

上式表明，异步电动机的电磁转矩与旋转磁场每极的磁通量 Φ 成正比，与转子电流的有功分量 $I_2\cos\varphi_2$ 成正比。

8. 机械特性曲线

根据理论分析，当电动机定子外加电压 U_1 和频率 f_1 一定时（磁通量 Φ 基本不变），转矩 T 与转差率 s 的关系曲线 $T=f(s)$，如图 1.14 所示，称为异步电动机的转矩特性。

由转矩特性可以看到，当 s=0，即 $n=n_0$ 时，T=0（d 点），这是理想空载运行；随着 s 的增大，T 也开始增大，但到达最大值 T_m 以后，随着 s 的增大，T 反而减小，最大转矩 T_m 也称为临界转矩，对应于 T_m 的 s_m 称为临界转差率。

通过转矩特性曲线 $T=f(s)$转换，可得转速与转矩的关系曲线 $n=f(T)$，如图 1.15 所示，称为异步电动机的机械特性曲线。从机械特性可以看到，当电动机的负载转矩从理想空载增加到额定转矩 T_N 时，它的转速相应地从 n_0 下降到 n_N。以最大转矩 T_m 为界，可以将机械特性曲线分为两个区，上部为稳定区（d—b 段）称为硬特性；下部为不稳定区（b—a 段）。当电动机工作在稳定区内某一点时，电磁转矩与负载转矩相平衡而保持匀速转动。如果负载转矩变化，电磁转矩将自动适应随之变化达到新的平衡，从而稳定运行。当电动机工作在不稳定区时，电磁转矩将不能自动适应负载转矩的变化，因而不能稳定运行。下面介绍 3 个转矩。

（1）额定转矩 T_N

电动机长期持续工作时轴上输出转矩的最大值，即电动机在额定电压下，带上额定负载，以额定转速运行，输出额定功率时的转矩为额定转矩，用 T_N 表示，即

$$T_N=9550P_N/n_N \tag{1-5}$$

式中，P_N——异步电动机的额定功率，kW；

n_N——异步电动机的额定转速，r/min；

T_N——异步电动机的额定转矩，N·m。

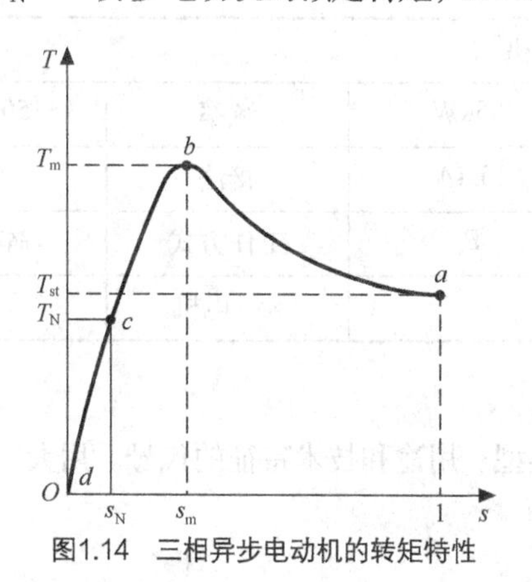

图1.14 三相异步电动机的转矩特性

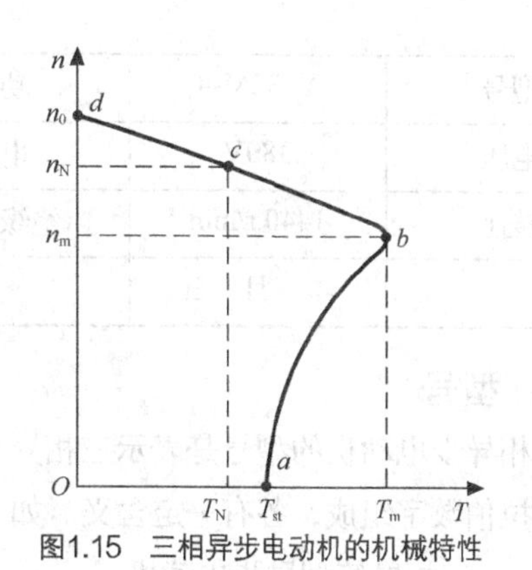

图1.15 三相异步电动机的机械特性

（2）最大转矩 T_m

电动机的电磁转矩的最大值称为最大转矩，用 T_m 表示（对应于图 1.15 特性曲线上 b 点）。电动机正常运行时，最大负载转矩不可超过最大转矩 T_m。当负载转矩超过 T_m 时，电动机将带不动负载而发生停车，俗称"闷车"。此时电动机的电流（堵转电流）立即增大到额定电流值的 6～7 倍，将引起电动机严重过热，甚至烧坏。因此，电动机在运行中一旦发生闷车，应立即切断电源，并卸去过重的负载。如果负载转矩只是短时间接近最大转矩而使电动机过载，这是允许的，因为时间很短，电动机不会立即过热。通常，额定转矩 T_N 要选得比最大转矩 T_m 小，这样电动机便具有短时过载运行的能力。过载能力通常用过载系数 λ 来表示，过载系数 λ 为最大转矩 T_m 与额定转矩 T_N 的比值，即

$$\lambda=T_m/T_N \tag{1-6}$$

一般三相异步电动机的过载系数为 1.8～2.2。

（3）启动转矩 T_{st}

电动机在接通电源被启动的最初瞬间，即 n=0，s=1 时的转矩称为启动转矩，用 T_{st} 表示（图 1.15 特性曲线上 a 点）。为了保证电动机能够启动，启动转矩 T_{st} 必须大于电动机静止时的负载转矩 T_L。电动机一旦启动，会迅速进入机械特性的稳定区运行。启动能力通常用 T_{st}/T_N 来表示。一般，电动机的启动能力 T_{st}/T_N 取 1.3～2.2。

当 $T_{st}<T_L$ 时，电动机无法启动，造成堵转现象，电动机电流达到最大，造成电动机过热，也会烧坏电动机。

1.1.3 三相异步电动机的铭牌

要想正确地使用三相异步电动机，首先必须了解三相异步电动机铭牌数据的含义。不按铭牌数据的要求使用，三相异步电动机的能力将得不到充分发挥，甚至会损坏。现以 Y132M-4 型三相异步电动机为例，说明铭牌上各个数据的含义，如表 1.2 所示。

表 1.2　　三相异步电动机的铭牌

三相异步电动机					
型号	Y132M-4	功率	7.5kW	频率	50Hz
电压	380V	电流	15.4A	接法	△
转速	1440 r/min	绝缘等级	B	工作方式	连续
	年　月　日			×××电机	

1. 型号

三相异步电动机的型号是表示三相异步电动机的类型、用途和技术特征的代号。用大写拼音字母和阿拉伯数字组成，各有一定含义。如 Y132M-4 中：

Y——三相鼠笼型异步电动机；

132——机座中心高 132mm；

M——机座长度代号（L 为长机座，M 为中机座，S 为短机座）；

4——磁极数（磁极对数 p=2）。

常用三相异步电动机产品名称代号及汉字意义如表 1.3 所示。

表 1.3　　常用三相异步电动机产品名称代号及汉字意义

产 品 名 称	新代号（旧代号）	汉 字 意 义	适 用 场 合
鼠笼式异步电动机	Y，Y-L（J，JO）	异步	一般用途
绕线式异步电动机	YR（JR，JRO）	异步 绕线	小容量电源场合
防爆型异步电动机	YB（JB，JBS）	异步 防爆	石油、化工、煤矿井下
防爆安全型异步电动机	YA（JA）	异步 安全	石油、化工、煤矿井下
高启动转矩异步电动机	YQ（JQ，JQO）	异步 启动	静负荷、惯性较大的机器

注：表中 Y、Y-L 系列是新产品。Y 系列定子绕组是铜线，Y-L 系列定子绕组是铝线。

2. 电压及接法

铭牌上的电压是指电动机额定运行时，加在定子绕组出线端的线电压，即额定电压，用 U_N 表示。电源电压值的变动一般不应超过额定电压的 ± 5%。电压过高，电动机容易烧毁；电压过低，电动机难以启动，即使启动，电动机也可能带不动负载，容易烧坏。三相异步电动机的额定电压有 380V、3000V、6000V 等多种。

Y 系列三相异步电动机的额定电压一般为 380V。电动机如标有两种电压值，如 220/380V，则表示当电动机定子绕组额定电压为 220V 时，电动机应作星形连接；当电动机定子绕组额定电压为 380V 时，电动机应作三角形连接。铭牌上的接法是指电动机在额定运行时定子绕组的连接方式。通常，Y 系列 4kW 以上的三相异步电动机运行时采用三角形接法，便于采用 Y-△换接启动。

3. 电流

铭牌上的电流是指电动机在额定运行时，定子绕组中的线电流，即额定电流，用 I_N 表示。若超过额定电流（过载）运行，三相电动机就会过热乃至烧毁。

4. 功率、功率因数和效率

铭牌上的功率指电动机在额定运行状态下，其轴上输出的机械功率，即额定功率，用 P_N 表示。对电源来说电动机为三相对称负载，则电动机的输入功率为

$$P_{1N}=\sqrt{3}\,U_N\,I_N\cos\varphi \tag{1-7}$$

式中，$\cos\varphi$——定子的功率因数，即定子相电压与相电流相位差的余弦。

鼠笼式异步电动机在空载或轻载时的 $\cos\varphi$ 很低，为 0.2～0.3。随着负载的增加，$\cos\varphi$ 迅速升高，额定运行时功率因数为 0.7～0.9。为了提高电路的功率因数，要尽量避免电动机轻载或空载运行。因此，必须正确选择电动机的容量，防止"大马拉小车"，并力求缩短空载运行时间。

电动机的效率为

$$\eta=P_N/P_{1N}\times100\% \tag{1-8}$$

通常情况下，电动机额定运行时的效率为 72%～93%。

5. 频率

铭牌上的频率是指定子绕组外加的电源频率，即额定频率，用 f_1 或 f_N 表示。我国电网的频率（工频）为 50Hz。

6. 转速

铭牌上的转速是指电动机在额定电压、额定频率及输出额定功率时的转速，用 n_N 表示。由于额定状态下 s_N 很小，n_N 和 n_0 相差很小，故可根据额定转速判断出电动机的磁极对数。例如，若 n_N=1440r/min，则其 n_0 应为 1500r/min，从而推断出磁极对数 p=2。

7. 绝缘等级

绝缘等级是根据电动机绕组所用的绝缘材料，按使用时的最高允许温度而划分的不同等级。常用绝缘材料的等级及其最高允许温度如表 1.4 所示。

表 1.4　　常用绝缘材料的等级及其最高允许温度

绝 缘 等 级	A	E	B	F	H	C
最高允许温度/℃	105	120	130	155	180	＞180

上述最高允许温度为环境温度（40℃）和允许温升之和。

8. 工作方式

工作方式是对电动机在铭牌规定技术条件下持续运行时间的限制，以保证电动机的温升不超过允许值。电动机的工作方式可分为以下 3 种。

（1）连续工作方式

在额定状态下可长期连续工作，用 S1 表示，如机床，水泵，通风机等设备所用的异步电动机。

（2）短时工作

在额定情况下，持续运行时间不允许超过规定的时限，否则会使电动机过热，用 S2 表示。短时工作分为 10，30，60，90（分钟）4 种。

（3）断续工作

可按一系列相同的工作周期、以间歇方式运行，用 S3 表示，如吊车、起重机等。

9. 防护等级

防护等级是指外壳防护型电动机的分级，用 IP××表示。其后面的两位数字分别表示电动机防固体和防水能力。数字越大，防护能力越强，如 IP44 中第一位数字“4”表示电机能防止直径或厚度大于 1mm 的固体进入电机内壳；第二位数字“4”表示能承受任何方向的溅水。

在铭牌上除了给出以上主要数据外，有时还要了解其他一些数据，一般可从产品资料和有关手册中查到。

三相异步电动机的选择

三相异步电动机的选择是否合理，对电气设备是否能安全运行、是否具有良好的经济技术指标有很大影响。在选择电动机时，应根据电源类型、生产机械对拖动性能的需要，合理选择其功率、种类和型号等。

1. 种类和结构的选择

三相异步电动机的主要种类、性能特点及典型应用实例如表 1.5 所示。根据电源类型、机械特性、调速与启动特性、维护及价格等方面来选择电动机。

表 1.5　　三相异步电动机的主要种类、性能特点及应用场合

<table>
<tr><th colspan="3">电动机种类</th><th>主要性能特点</th><th>应用场合</th></tr>
<tr><td rowspan="4">交流异步电动机</td><td rowspan="3">笼式</td><td>普通笼式</td><td>机械特性硬、启动转矩不大、调速时需要调速设备</td><td>调速性能要求不高的各种机床、水泵、通风机</td></tr>
<tr><td>高启动转矩</td><td>启动转矩大</td><td>带冲击性负载的机械，如剪床、冲床、锻压机；静止负载或惯性负载较大的机械，如压缩机、粉碎机、小型起重机</td></tr>
<tr><td>多速</td><td>有多挡转速（2～4 速）</td><td>要求有级调速的机床、电梯、冷却塔等</td></tr>
<tr><td colspan="2">绕线式</td><td>机械特性硬（转子串电阻后变软）、启动转矩大、调速方法多、调速性能及启动性好</td><td>要求有一定调速范围、调速性能较好的生产机械，如桥式起重机；启动、制动频繁且对启动、制动转矩要求高的生产机械</td></tr>
</table>

① 电动机的机械特性（调速范围、调速的平滑性、经济性等）应与所拖动的生产机械的机械特性相匹配；在满足性能的前提下应优先采用笼型电动机。

② 电动机的启动性能应满足生产机械对电动机启动性能的要求，同时还应注意电网容量对电动机启动电流的限制。启动、制动频繁且具有较大启动转矩、制动转矩和小范围调速要求的，可选用

绕线转子电动机，如起重机、锻压机、卷扬机等设备。

③ 电动机的结构形式应适应周围环境条件的要求。电动机工作场所的空气中含有不同分量的灰尘和水分，有的还含有腐蚀性气体甚至含有易燃易爆气体；有的电动机则要在水中或其他液体中工作。灰尘会使电动机绕组黏结上污垢而妨碍散热；水分、瓦斯、腐蚀性气体等会使电动机的绝缘材料性能退化，甚至会完全丧失绝缘能力；易燃、易爆气体与电动机内产生的电火花接触时将有发生燃烧、爆炸的危险。因此，为了保证电动机能够在其工作环境中长期安全运行，必须根据实际环境条件合理地选择电动机的防护方式。电动机结构形式的特点及应用场合如表1.6所示。

表1.6 电动机结构形式的特点及应用场合

结构形式	特点	适用场合
开起式	结构上无防护装置，通风良好	干燥、无尘的场合
防护式	机壳或端盖下有通风罩，可防杂物掉入	一般场合
封闭式	外壳严密封闭，电动机靠自身风扇或外部风扇冷却，并带散热片	潮湿、多灰尘或酸性气体场合
防爆式	整个电动机严密封闭	有爆炸性气体的场合

电动机的安装形式有立式和卧式两种，带底座的通常为卧式电动机。

2. 功率（即容量）的选择

电动机的容量必须与生产机械的负载大小相匹配，同时要考虑生产机械的工作性质与其持续、间断的规律相适应。对连续运行的电动机，要先算出生产机械的功率，使所选电动机的额定功率等于或稍大于生产机械功率即可。对短时运行的电动机，可根据过载系数 λ 来选择功率。电动机的额定功率可以是生产机械所要求功率的 $1/\lambda$。

3. 电压的选择

电压的选择要根据电动机类型、功率及使用地点的电源电压等级来决定。我国的交流供电电源，低压通常为380V，高压通常为3kV、6kV或10kV。中等功率（约200kW）以下的交流电动机，额定电压一般为380V；大容量的电动机（大于100kW）在允许条件下一般选用3kV或6kV的高压电动机。

4. 转速的选择

对电动机本身来说，额定功率相同的电动机，额定转速越高，体积就越小，造价就越低，效率也越高，转速高的异步电动机的功率因数也高。但是，如果生产机械要求低转速，那么选用较高转速的电动机时，就需要增加一套传动比高、体积较大的减速传动装置。因此，在选择电动机的额定转速时，应综合电动机和生产机械两方面的因素来确定。

① 对不需要调速的高、中速生产机械（如泵、鼓风机），可选择相应额定转速的电动机，从而省去减速传动机构。

② 对不需要调速的低速生产机械（如球磨机、粉碎机），可选用相应的低速电动机或者传动比较小的减速机构。

③ 对经常启动、制动和反转的生产机械，选择额定转速时则应主要考虑缩短启、制动时间以提高生

产率。启、制动时间的长、短主要取决于电动机的飞轮矩和额定转速，应选择较小的飞轮矩和额定转速。

④ 对调速性能要求不高的生产机械，可选用多速电动机或者选择额定转速稍高于生产机械的电动机配以减速机构，也可以采用电气调速的电动机拖动系统。在可能的情况下，应优先选用电气调速方案。

⑤ 对调速性能要求较高的生产机械，应使电动机的最高转速与生产机械的最高转速相适应，直接采用电气调速。

例 1.1 有一台异步电动机的技术数据为：额定功率 P_N=40kW，△形连接（额定电压 U_N=380V），额定转速 n_N=1 470r/min，额定工作时的效率 η=90%，定子功率因数 $\cos\varphi$=0.85，启动能力 T_{st}/T_N=1.2，过载系数 λ=2.0，工频 f_1=50Hz，启动电流比 I_{st}/I_N=7.0。试求：（1）极对数 p；（2）额定转差率 s_N；（3）额定转矩 T_N；（4）最大转矩 T_m；（5）直接启动转矩 T_{st}；（6）额定电流 I_N；（7）直接启动电流 I_{st}。

解：（1）求极对数 p

由于电动机的额定转速略小于旋转磁场的同步转速 n_0，因此，可根据 n_N=1 470r/min 判断其同步转速 n_0=1500r/min，故得

$$p=60f_1/n_0=60\times50/1500=2$$

（2）求额定转差率 s_N

$$s_N=(n_0-n_N)/\ n_0\times100\%=(1500-1470)/1500\times100\%=2\%$$

（3）求额定转矩 T_N

$$T_N=9550P_N/\ n_N=9550\times40/1470\ \text{N}\cdot\text{m}=259.9\ \text{N}\cdot\text{m}$$

（4）求最大转矩 T_m

$$T_m=\lambda T_N=2\times259.9\ \text{N}\cdot\text{m}=519.8\ \text{N}\cdot\text{m}$$

（5）求直接启动转矩 T_{st}

$$T_{st}=1.2T_N=1.2\times259.9\ \text{N}\cdot\text{m}=311.9\ \text{N}\cdot\text{m}$$

（6）求额定电流 I_N

$\because$ 电动机的额定输入功率 $P_{1N}=P_N/\eta=\sqrt{3}\,U_N\,I_N\,\cos\varphi$

$\therefore\ I_N=P_N/\sqrt{3}\,U_N\,\cos\varphi=40\times10^3/\sqrt{3}\times380\times0.9\times0.85\text{A}=79.5\text{A}$

（7）求直接启动电流 I_{st}

$$I_{st}=7.0\ I_N=7.0\times79.5\text{A}=556.5\text{A}$$

三相异步电动机的安装与使用

1. 三相异步电动机的安装

如图 1.16 所示，三相异步电动机的安装包括电动机基础的制作和电动机的安装。电动机基础的

制作，主要选好安装地点，确定好基础形式。安装地点尽可能在干燥、防雨、通风散热条件好、便于操作、维护、检修的地方。电动机的基础分为永久性、流动性和临时性 3 种形式，根据实际需要来选择。无论哪种形式，电动机一定要固定牢固，不能松动。

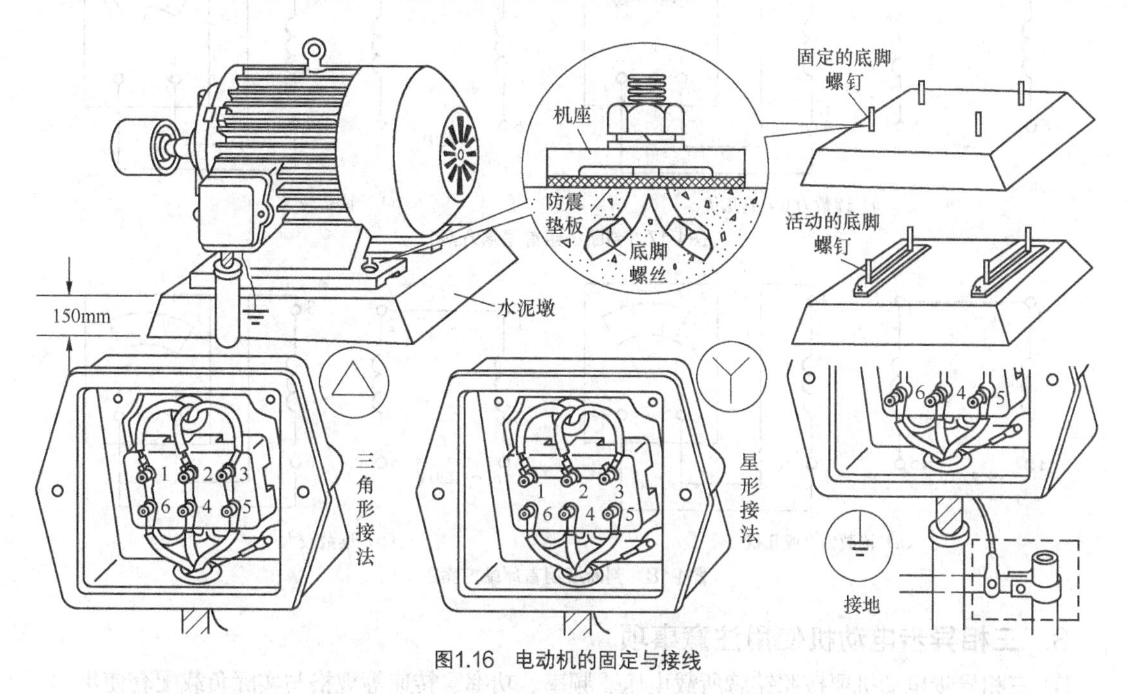

图1.16　电动机的固定与接线

2. 三相异步电动机电气部分的接线

三相异步电动机的定子绕组由三相对称绕组构成，首端常用 U_1、V_1、W_1 表示，尾端常用 U_2、V_2、W_2 表示。在接线盒中，常将电动机的 3 个首端接到接线盒下排 3 个接线柱上，3 个尾端接在上排 3 个接线柱上。上下两接线柱不是接同一相绕组的两端，同一相绕组的两端已错开接线。若电动机的接线柱烧毁，3 个绕组的 6 个端已搞乱，则须对绕组的首尾端进行判断。下面介绍用交流电源和万用表判断绕组首尾端的方法。

① 用万用表判断同一相绕组的两个线头。用万用表的电阻挡接 6 个线头中的任意两个，若阻值很大，则不是同一相绕组的两端；此时万用表的红表笔（或黑表笔）不动，另一支表笔依次接其他 5 个线头，若阻值很小，则表明此时两支表笔接的两个线头同属同一相绕组。

同理，可测出另外两相绕组各自的线头。为了叙述方便，可以把第 1 个绕组的两端编号为 1、4，第 2 个绕组的两端编号为 2、5，第 3 个绕组的两端编号为 3、6。

② 将第一个绕组的 1、4 端接万用表的交流电压挡，将另两个绕组的 2、3 端短接（串联），然后将另两个绕组的 5、6 端接 220V 交流电，如图 1.17 所示。指定 2 端为首端，若读数为 0V 或几伏，如图 1.17（a）所示，则表明串联的两个绕组是首首相接，即 3 为首端；若万用表的读数较大，如图 1.17（b）所示，则为首尾相接，即 3 为尾端。

③ 同理，将 3、6 端接万用表的交流电压挡，将1、2 端短接（串联），然后将另两个绕组的 4、5 端接 220V 交流电，若读数为 0V 或几伏，如图 1.18（a）所示，则表明 1 为首端；若读数较大，

如图1.18（b）所示，则表明1为尾端。

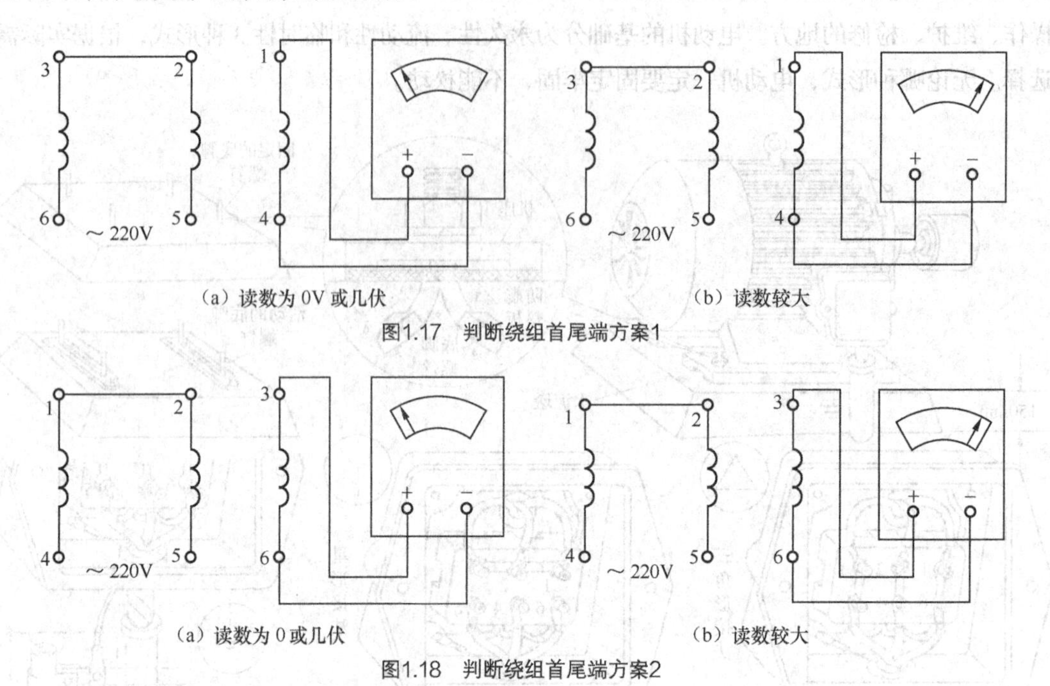

图1.17 判断绕组首尾端方案1

图1.18 判断绕组首尾端方案2

3. 三相异步电动机使用注意事项

① 三相异步电动机要按照铭牌所载电压、频率、功率、转速等规格与实际负载配套使用。

② 经常进行外部机械检查，注意检查各部件是否完好、螺丝是否松动及轴承的润滑情况。

③ 使用前要用500V兆欧表检查电动机的绝缘情况，绝缘电阻值大于0.5MΩ后方能使用；低于0.5MΩ时要作烘干处理，电动机应在70℃～80℃下烘7～8h。

④ 检查线路电压与电动机额定电压是否相符，线路电压的变动不应超出电动机额定电压的±5%。

⑤ 检查线路连接是否正确，各触点是否接触良好，保险设备是否完好，熔丝额定电流应为电动机额定电流的1.5～2.5倍。

⑥ 电动机在运行前应该装保护接地线或保护接零线。

本章介绍了三相异步电动机的结构、基本原理及铭牌说明，重点介绍了三相异步电动机的选择、安装及使用注意事项。

三相异步电动机都是由定子和转子构成的，定子是由定子铁芯、定子绕组和外壳等组成；转子是由转子铁芯、转子绕组、转轴等组成。

三相交流电具有产生旋转磁场的特性，在定子绕组中，通入三相交流电所产生的旋转磁场与转子绕组中的感应电流相互作用产生的电磁力形成电磁转矩，驱动转子转动，从而使电动机旋转。只要将流入定子三相绕组中的电流相序任意二相对调，就能改变电动机的旋转方向。

只有了解和掌握了三相异步电动机铭牌数据的含义，才能正确地选择和使用三相异步电动机。必须使选用的电动机的结构形式应适应周围环境条件的要求，合理地选择电动机的防护方式，才能保证电动机在其工作环境中长期安全运行。

三相异步电动机的安装包括电动机基础的制作和电动机的安装。电动机的基础分为永久性、流动性和临时性 3 种形式，根据实际需要来选择。无论哪种形式，电动机一定要固定牢固，不能松动。

1. 填空

（1）三相异步电动机产生的电磁转矩是由于________的相互作用。

（2）三相异步电动机的转动方向取决于________。

（3）三相异步电动机在运行中如提高其供电频率，电动机的转速将________。

（4）某三相异步电动机，其电源频率为 50Hz，额定转速为 2850 r/min，则其极对数为________。

2. 简述三相异步电动机的结构，并简述三相异步电动机的转动原理。

3. 旋转磁场是如何产生的？如何改变旋转磁场的转向？解释“异步”的意义。

4. 何谓三相异步电动机的转差率？额定转差率一般是多少？启动瞬时的转差率是多少？

5. 三相异步电动机的电磁转矩与电源电压大小有何关系？若电源电压下降 20%，电动机的最大转矩和启动转矩将变为多大？

6. 三相异步电动机接通电源后，如果转轴受阻而长时间不能启动旋转，会有何后果？

7. 三相异步电动机带额定负载运行时，如果电源电压降低，电动机的转矩、转速及电流有无变化？如何变化？

8. 异步电动机长时间过负载运行时，为什么会造成电动机过热？当电动机运行过程中负载转矩增加而大于 T_m 时，将会发生什么情况？

9. 如图 1.19 所示，在运行中三相异步电动机的负载转矩从 T_1 增加到 T_2 时，将稳定运行在机械特性曲线的哪一点（d 点还是 b 点）？

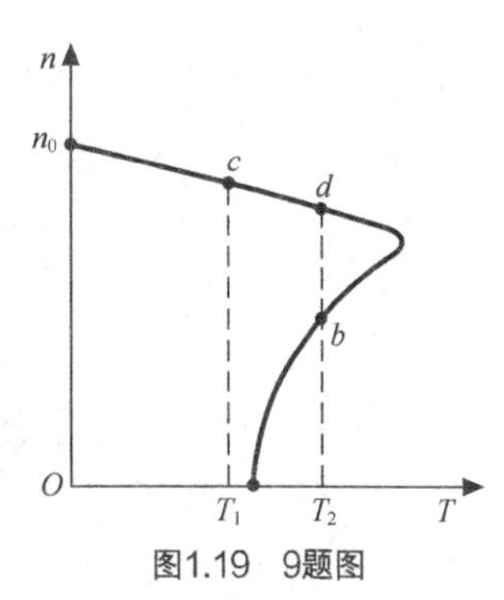

图1.19　9题图

10. 说明电动机型号 Y160L-4 的意义；说明三相异步电动机铭牌的意义：2.8kW、Y/△、220/380V、10.9/6.3A、1370r/min、50Hz、$\cos\varphi$=0.9。

11. 电网电压太高或太低，都易使三相异步电动机定子绕组过热而损坏，为什么？

12. 已知 Y132S-4 型三相异步电动机的额定技术数据为：额定功率 P_N=5.5kW，额定电压 U_N=380V，额定转速 n_N=1440r/min，额定工作时的效率 η=85%，定子功率因数 $\cos\varphi$=0.84，启动能力 T_{st}/T_N=1.5，过载

系数λ=2.2，工频f_1=50Hz，启动电流比I_{st}/I_N=7.0。试求：

（1）额定转差率s_N；

（2）额定电流I_N；

（3）额定转矩T_N；

（4）最大转矩T_m；

（5）直接启动转矩T_{st}；

（6）直接启动电流I_{st}。

13. 一台三相异步电动机的额定功率为15kW，额定电压为220/380V，接法Y/△，额定转速为1 450r/min，额定工作时的效率为90%，功率因数为0.8，试求：

（1）额定运行时的输入功率；

（2）定子绕组接成Y形和△形的额定电流；

（3）额定转矩。

Chapter 2

第2章 三相异步电动机的基本控制

在电力拖动自动控制系统中，各种生产机械均由电动机来拖动。不同的生产机械，对电动机的控制要求也不尽相同。但是，任何电气控制线路，都是按照一定的控制原则、由基本的控制环节组成。电气控制的基本环节包括电动机的启动、制动、正反转及调速等控制。掌握这些基本的控制原则和控制环节，是学习电气控制的基础。

三相异步电动机的应用广泛、控制简单，并具有一定的代表性。因此，本章着重介绍三相异步电动机常用的低压电器及其控制的基本环节。

2.1 三相异步电动机的全电压启动控制

电动机接通电源，转速由零上升到稳定值的过程为启动过程。在电动机接通电源的瞬间（即转子尚未转动时），n=0，s=1，此时，启动电流（I_{st}）很大，但启动转矩却不大，通常 T_{st}/T_{N}=1.1～2.0。启动转矩太小，就很难带负载启动，或延长了启动时间；若启动转矩过大，就会冲击负载，甚至损坏负载。这说明异步电动机的启动性能较差。因此，异步电动机的启动要根据电网、电动机的容量及负载的情况来选择启动方式。

三相异步电动机一般有全电压直接启动和降压启动两种方式。对于容量不大、且不频繁启动的电动机来说，启动电流虽然很大，但启动时间却很短，一般仅几分之一秒到几秒，而且随着电动机转速的上升电流会迅速减小，因此可采用全电压直接启动方式；对于容量较大（大于10kW）的电动机，因启动电流较大（可达额定电流的4～7倍），一般采用降压启动方式来降低启动电流。

2.1.1 全电压启动相关低压电器元件介绍

1. 刀开关

如图 2.1 所示，刀开关（俗称闸刀开关）主要用来接通和断开长期工作设备的电源。常用的刀开关有胶盖开关、铁壳开关等。

刀开关安装时，手柄要向上，不得倒装或平装。如果倒装，拉闸后手柄可能会因自重下落而引起误合闸，造成人身及设备安全事故。接线时正确的做法是：将电源线接在刀开关的上端，负载线接在其下端。

(a) 开关板用刀开关

(b) 带熔断器式刀开关

图2.1 刀开关实物图

（1）胶盖开关

常用的 HK 系列胶盖开关也称为开启式负荷开关，其结构简单，主要由操作手柄、动刀片触点、静刀片触点、熔丝和底板等组成，如图 2.2 所示。

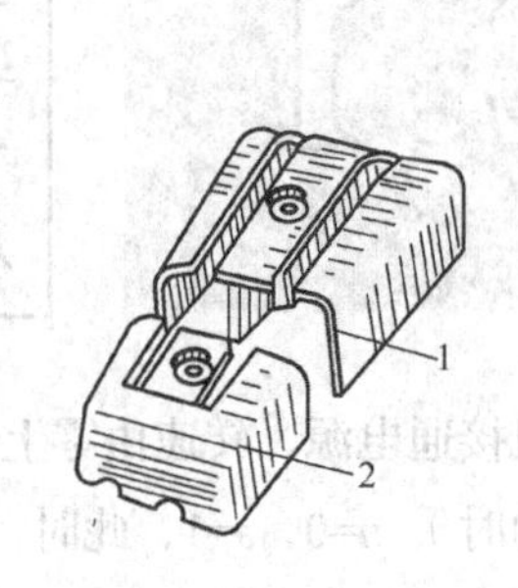

图2.2 刀开关实物及结构图

1—上盖；2—下盖；3—熔丝；4—静夹刀；5—瓷手柄；6—进线座；7—瓷底板；8—出线座

胶盖开关分单极、双极和三极。三极开关的额定电流通常有 100A、200A、400A、600A 和 1000A 五种；常用产品有 HD（单投）和 HS（双投）等系列。

（2）铁壳开关

常用的 HH 系列铁壳封闭式负荷开关也称为铁壳开关，它把速断刀闸的刀开关与熔断器组合在一起，主要由操作机械、刀开关、熔断器、灭弧罩和速断弹簧等组成，如图 2.3 所示。

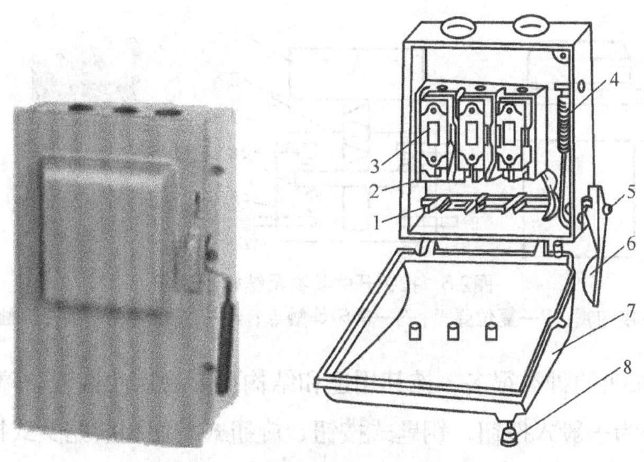

图2.3　铁壳开关实物及结构图

1—U形动触刀；2—静夹座；3—瓷插式熔断器；4—速断弹簧；5—转轴；6—手柄；7—开关盖；8—开关盖锁紧螺钉

三把闸刀（三极）固定在一根绝缘方轴上，由手柄操作，操作机械有机械连锁，使盖子打开时手柄不能合闸而手柄合闸时盖子不能打开，以确保安全。铁壳开关常用来控制小容量异步电动机的不频繁启动和停止。

（3）刀开关的选用

刀开关主要根据电源种类、电压等级、电动机容量、所需极数及使用场合来选用。如果用来控制不经常起停的小容量异步电动机时，其额定电流不要小于电动机额定电流的 3 倍。

刀开关的图形符号及文字符号，如图 2.4 所示。

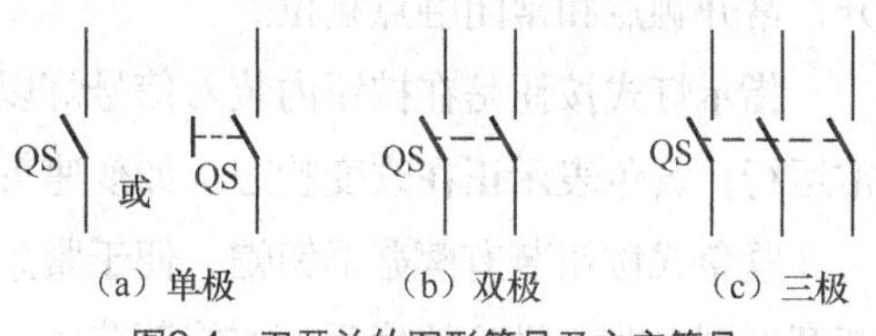

图2.4　刀开关的图形符号及文字符号

2. 主令电器

自动控制系统中用于发送控制指令的电器称为主令电器。常用的主令电器有控制按钮、行程开关、接近开关、万能转换开关等多种。

（1）控制按钮

控制按钮通常是在低压控制电路中，用于手动短时接通或断开小电流控制电路的开关，如图 2.5 所示。

图2.5　控制按钮实物图

① 按钮的组成。控制按钮由按钮帽、复位弹簧、桥式触点和外壳等组成，通常制成具有常开触点和常闭触点的复合式结构，如图 2.6 所示。

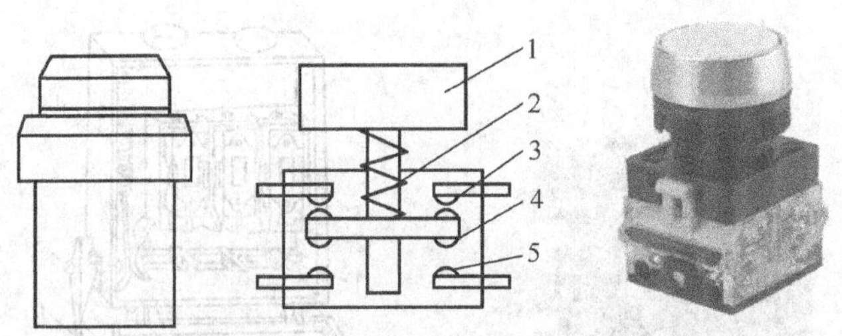

图2.6　按钮开关实物及结构示意图
1—按钮帽；2—复位弹簧；3—常闭静触点；4—动触点；5—常开静触点

② 按钮的分类。按钮的种类很多，按其用途和结构可分为启动按钮、停止按钮和复合按钮等；按其按钮帽的类型可分为一般式按钮、钥匙式按钮、旋钮式按钮和蘑菇头式按钮等；按其按钮的工作形式可分为自锁式按钮和复位式按钮。

启动按钮通常带有常开触点，手指按下按钮帽，常开触点闭合；手指松开，常开触点复位。启动按钮的按钮帽通常采用绿色。

停止按钮带有常闭触点，手指按下按钮帽，常闭触点断开；手指松开，常闭触点复位。停止按钮的按钮帽通常采用红色。

复合按钮带有常开触点和常闭触点。手指按下按钮帽，常闭触点断开，常开触点闭合；手指松开，常开触点和常闭触点复位。

指示灯式按钮是在按钮内装入信号灯以显示信号。用红色表示报警或停止；绿色表示启动或正常运行；黄色表示正在改变状态（如变速）；白色用于电源指示。

紧急式按钮装有蘑菇形钮帽，便于紧急操作，通常也称为急停按钮。在紧急状态按下此按钮，断开控制电路。排除故障后，右旋蘑菇头，即可使按钮复位。

旋钮式按钮是通过旋转旋钮位置来进行操作的。它也是带自锁的按钮。

③ 按钮开关的型号意义。按钮开关的型号意义如下：

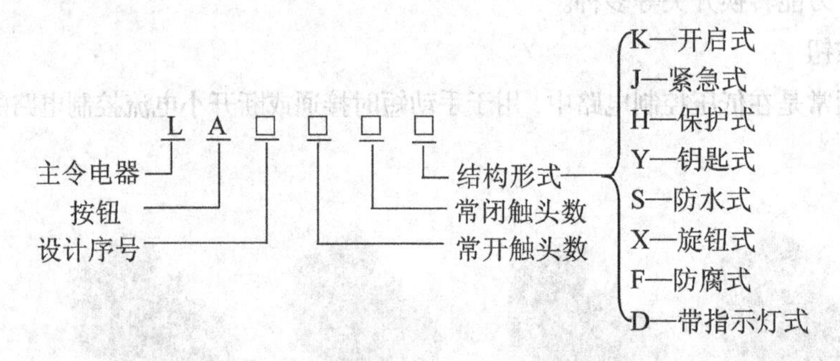

④ 按钮的选用。按钮的额定电压、额定电流有多种，额定电压通常为交流380V、交流110V、直流220V等；额定电流为5A、2A等。在机床上常用的型号很多，有LA2（老产品）、LA18、LA19及LAY3等。按钮主要根据所需要的触点数和使用场合来选择。

按钮开关的图形符号及文字符号，如图2.7所示。

（2）行程开关

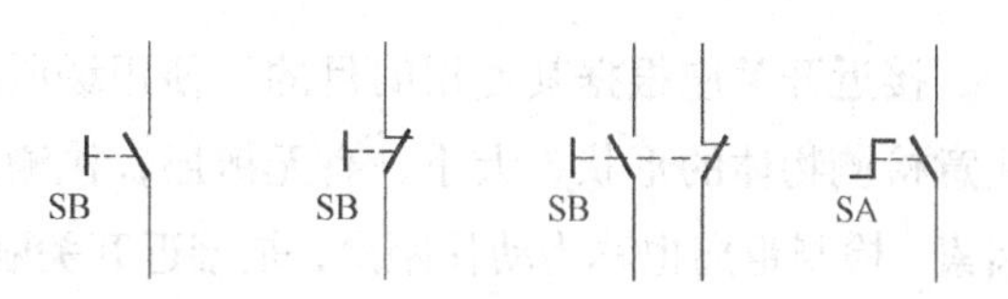

（a）常开触点　（b）常闭触点　（c）复合式触点　（d）带自锁按钮

图2.7　按钮开关的图形符号及文字符号

行程开关又称限位开关，是根据运动部件的位置切换电路控制的电器元件，主要用来控制运动部件的运动方向、行程大小或进行位置保护。行程开关按其工作原理可分为机械式行程开关和电子式行程开关。常用的机械式行程开关有按钮式和滚轮式两种。

如图 2.8 所示，行程开关的结构、工作原理与按钮相同，区别是位置开关不靠手动而是利用运动部件上的挡块碰压使触点动作，它也分为自动复位式和自锁（非自动复位）式两种。机床上常用的行程开关型号有 LX2、LXl9、JLXK1 型及 LXW-11、JLXWl-11 型（微动开关）等。

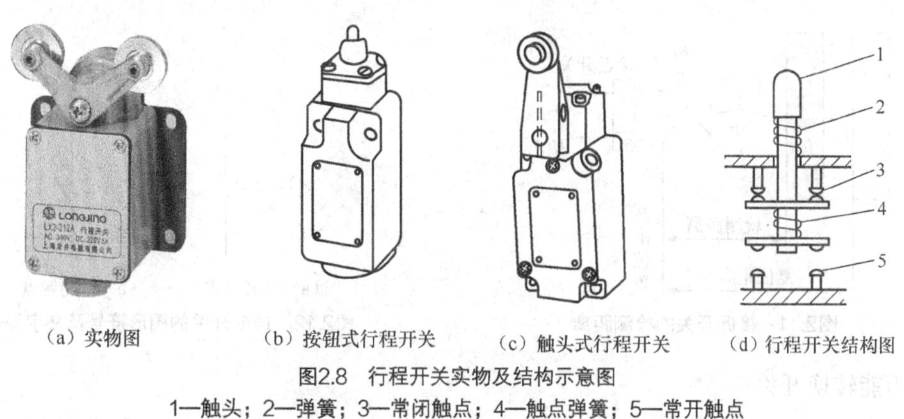

（a）实物图　（b）按钮式行程开关　（c）触头式行程开关　（d）行程开关结构图

图2.8　行程开关实物及结构示意图

1—触头；2—弹簧；3—常闭触点；4—触点弹簧；5—常开触点

行程开关允许的操作频率通常为每小时 1200～2400 次，机电寿命为 1×10^6～2×10^6 次。行程开关的选择主要是根据机械位置对开关的要求及触点数目的要求来选择其型号。行程开关的图形符号及文字符号，如图 2.9 所示。

（3）接近开关

接近开关也称为无触点开关。按其工作原理可分为高频振荡型、电容型、感应电桥型、永久磁铁型、霍尔效应型等多种，其中以高频振荡型最为常用。

高频振荡型接近开关的电路由振荡器、晶体管放大器和输出电路 3 部分组成。其基本工作原理是：当装在运动部件上的金属物体接近高频振荡器的线圈（感辨头）时，由于该物体内部产生涡流损耗，使振荡回路等效电阻增大，能量损耗增加，使振荡减弱直至终止，开关输出控制信号。图 2.10 所示为圆柱形接近开关实物图。

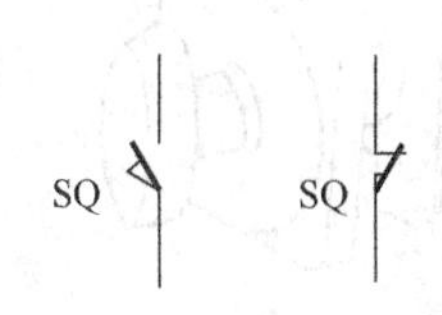

（a）常开触点　（b）常闭触点

图2.9　行程开关的图形符号及文字符号

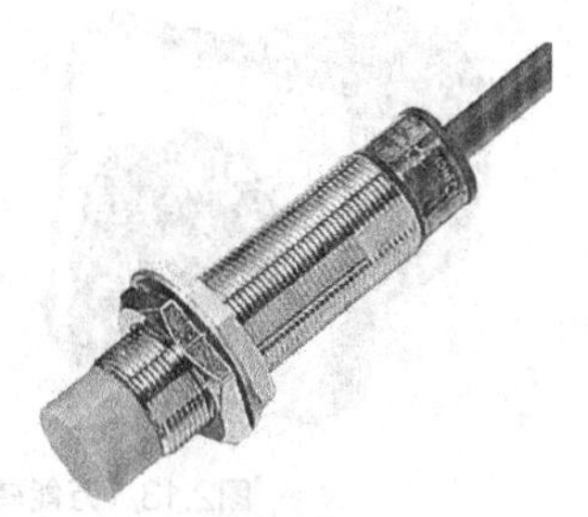

图2.10　圆柱形接近开关实物图

接近开关应根据其使用的目的、使用场所的条件以及与控制装置的相互关系等来选择。要注意检测物体的形状、大小、有无镀层，检测物体与接近开关的相对移动方向及其检测距离等因素。检测距离也称为动作距离，是接近开关刚好动作时感辨头与检测体之间的距离，如图 2.11 所示。

接近开关多为三线制。三线制接近开关有 2 根电源线（通常为直流 24V）和 1 根输出线。

常用的接近开关有 LJ1、LJ2、JX10 及 JK 等系列。接近开关具有工作稳定可靠、使用寿命长、重复定位精度高、操作频率高、动作迅速等优点，因此，应用越来越广泛。

接近开关的图形符号及文字符号如图 2.12 所示。接近开关可视为行程开关的一种，所以在机床电气中，也可通用行程开关的图形符号。

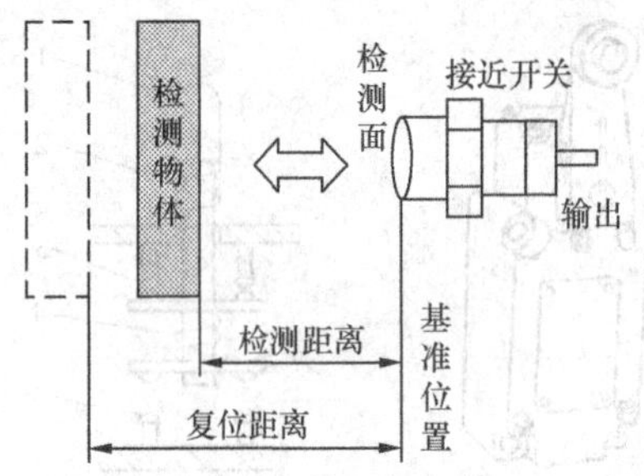

图2.11　接近开关的检测距离

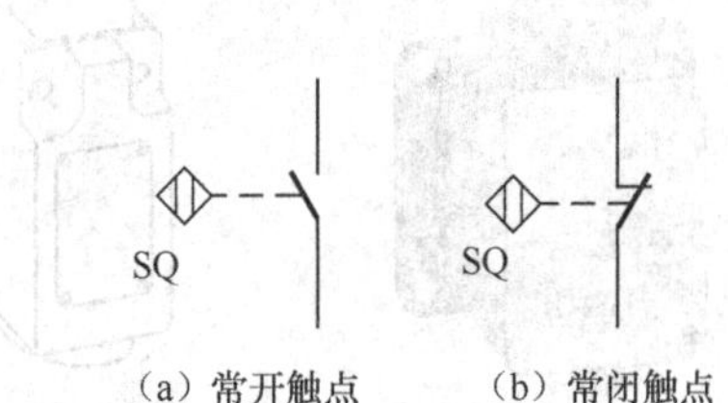

图2.12　接近开关的图形符号及文字符号

（4）万能转换开关

万能转换开关也称为波段开关，是一种多挡控制多个回路的开关电器。一般用于多挡位的功能选择控制，也可以作为电气测量仪表的换相开关或作为小容量电动机的启动、制动、调速和换向开关。其换接线路多，用途十分广泛。

万能转换开关由凸轮机构、触点系统和定位装置等组成。它依靠操作手柄带动转轴和凸轮转动，使触点动作或复位，从而按预定的顺序接通与分断电路，同时由定位机构确保其动作的准确可靠。

常用的万能转换开关有 LW8、LW6 系列。其中 LW6 系列万能转换开关还可以装配成双列型式，列与列之间用齿轮啮合，并由公共手柄进行操作，因此装入的触点数最多可达 60 对。图 2.13 所示为万能转换开关的实物及结构示意图。

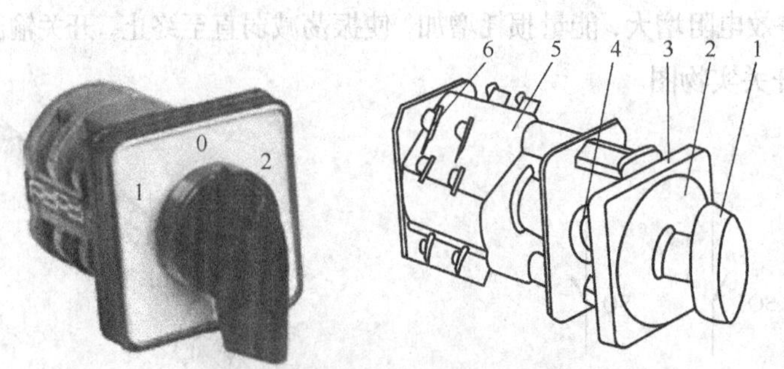

图2.13　万能转换开关实物及结构示意图

1—手柄；2—面板；3—绝缘垫板；4—凸轮；5—绝缘杆；6—接线端子

万能转换开关的图形符号及文字符号，如图 2.14 所示。

如图 2.14（a）所示，虚线表示操作位置，若在其相应触点下涂黑圆点，即表示该触点在此操作位置是接通的，没有涂黑点则表示该触点在此操作位置是断开状态。图 2.14（b）所示的通断表，是用通断状态表示的转换开关触点形式，表中以“×”或“+”表示触点闭合，用“−”或无记号表示分断。

(a) 图形符号及文字符号

触点号	I	0	II
1	×	×	
2		×	×
3	×	×	
4		×	×
5		×	×

(b) 通断表

图2.14 万能转换开关的图形符号及文字符号

3. 熔断器

熔断器是一种广泛应用的最简单有效的保护电器。在使用时，熔断器串接在所保护的电路中，当电路发生短路或严重过载时，它的熔体能自动迅速熔断，从而切断电路，使导线和电气设备不致损坏。熔断器实物图如图 2.15 所示。

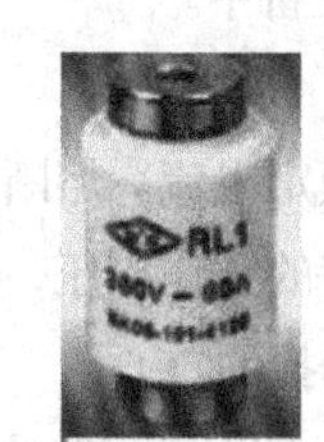

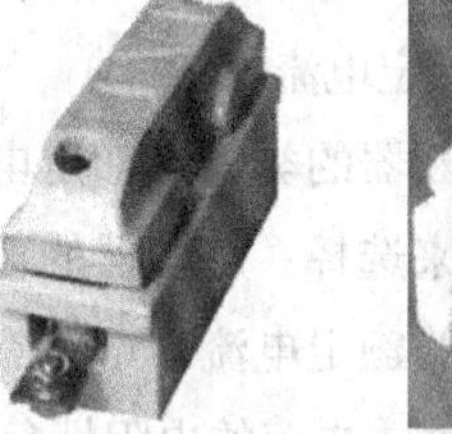

螺旋式熔断器　　磁插式熔断器

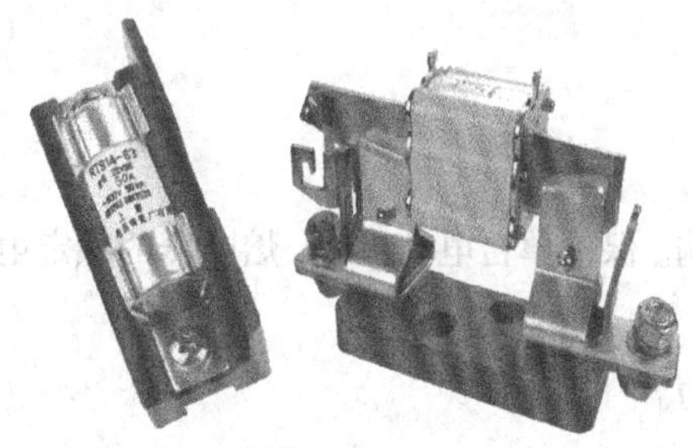
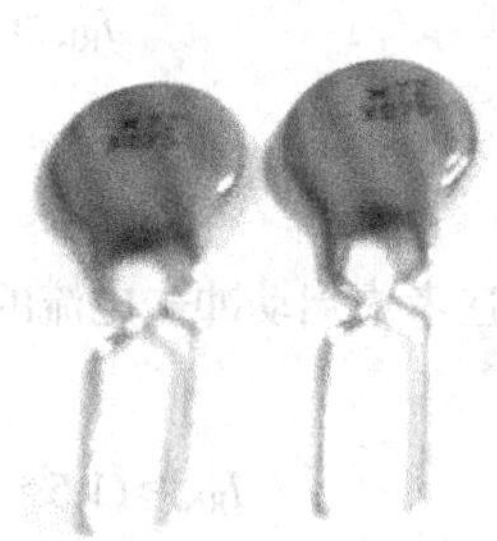
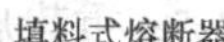
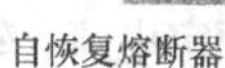

填料式熔断器　　自恢复熔断器

图2.15 熔断器实物图

（1）熔断器的组成

熔断器主要由熔体（俗称保险丝）和安装熔体的熔管（或熔座）两部分组成。熔体一般由熔点低、易于熔断、导电性能良好的合金材料制成。在小电流的电路中，常用铅合金或锌制成的熔体（熔丝）。对大电流的电路，常用铜或银制成片状或笼状的熔体。在正常负载情况下，熔体温度低于熔断所必须的温度，熔体不会熔断。当电路发生短路或严重过载时，电流变大，熔体温度达到熔断温度而自动熔断，切断被保护的电路。熔体为一次性使用元件，再次工作时必须更换新的熔体。

（2）熔断器的分类

熔断器常用产品有瓷插（插入）式、螺旋式和密封管式 3 种。

① 插入式熔断器如图 2.16（a）所示，常用于低压分支电路的短路保护。

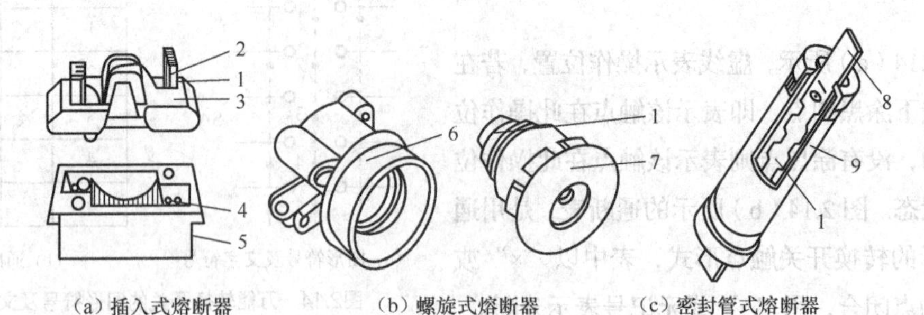

（a）插入式熔断器 （b）螺旋式熔断器 （c）密封管式熔断器

图2.16 熔断器结构图

1—熔体；2—动触点；3—瓷插件；4—静触点；5—瓷座；6—底座；7—瓷帽；8—熔片；9—熔断管

② 螺旋式熔断器如图 2.16（b）所示，熔体上的上端盖有一熔断指示器，一旦熔体熔断，指示器马上弹出，可透过瓷帽上的玻璃孔观察到。常用于机床电气控制设备中。

③ 密封管式熔断器如图 2.16（c）所示，常用于低压电力网或成套配电设备中。

（3）熔断器的选用（熔体额定电流的选择）

选择熔断器主要是选择熔断器的类型、额定电压、额定电流及熔体的额定电流。熔断器的类型应根据线路要求和安装条件来选择：熔断器的额定电压应大于或等于线路的工作电压，熔断器的额定电流应大于或等于熔体的额定电流。熔体额定电流的选择是熔断器选择的核心。

① 对于照明、电炉等没有冲击电流的电阻性负载，熔体的额定电流等于或稍大于电路的工作电流，即

$$I_{RN} \geqslant I \tag{2-1}$$

式中，I_{RN}——熔体的额定电流；

I——电路的工作电流。

② 对于电动机类负载，应考虑启动冲击电流的影响。保护单台电动机时，熔断器的额定电流按下式计算：

$$I_{RN} \geqslant (1.5 \sim 2.5)\, I_N \tag{2-2}$$

式中，I_N为电动机的额定电流，轻载启动或启动时间较短时，系数可取 1.5；重载启动或启动时间较长时，系数可取 2.5。

对于多台电动机，由一个熔断器保护时，熔体的额定电流按下式计算：

$$I_{RN} \geqslant (1.5 \sim 2.5)\, I_{N\max} + \sum I_N \tag{2-3}$$

式中，$I_{N\max}$——容量最大的一台电动机的额定电流；

$\sum I_N$——其余电动机额定电流之和。

③ 在配电系统中，通常有多级熔断器保护。发生短路故障时，远离电源端的前级熔断器应先熔断，因此后一级熔体的额定电流通常比前一级熔体的额定电流至少应大一个等级，以防止熔断器越级熔断而扩大停电范围。

④ 常用熔断器的主要技术数据如表 2.1 所示。

表 2.1　常用熔断器的主要技术数据

型　号	熔断器额定电流 / A	熔体额定电流 / A	型　号	熔断器额定电流 / A	熔体额定电流 / A
RC1A-5	5	1，2，3，5	RL1-15	15	2，4，5，10，15
RC1A-10	10	2，4，6，8，10	RL1-60	60	20，25，30，35，40，50，60
RC1A-15	15	6，10，12，15	RL1-100	100	60，80，100
RC1A-30	30	15，20，25，30	RL1-200	200	100，125，150，200
RC1A-60	60	30，40，50，60	RS3-50	50	10，15，30，50
RC1A-100	100	60，80，100	RS3-100	100	80，100
RC1A-200	200	100，120，150，200	RS3-200	200	150，200

熔断器的图形符号及文字符号如图 2.17 所示。

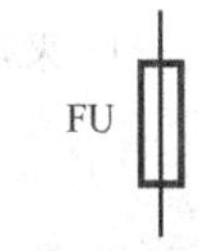

图2.17　熔断器的图形符号及文字符号

4. 接触器

接触器是电力拖动自动控制系统中使用量很大的一种低压控制电器，用来频繁地接通或分断带有负载的主电路。主要控制对象是电动机，能实现远距离控制，具有欠（零）电压保护功能。按其线圈工作电源的种类，分为直流接触器和交流接触器。机床上应用最多的是交流接触器，如图 2.18 所示。

(a) CJX1（3TB）型接触器

(b) CJ20型接触器

(c) CJ12型接触器

图2.18　交流接触器实物图

（1）接触器的结构

接触器由电磁机构、触点系统、灭弧装置及其他部件等组成，交流接触器的结构如图 2.19 所示。

① 电磁机构。如图 2.20 所示，电磁机构由动铁芯（衔铁）、静铁芯和电磁线圈 3 部分组成，其作用是将电磁能转换成机械能，产生电磁吸力，带动触点动作。电磁系统的铁芯形状有 U 形和 E 形两种。

② 触点系统。触点有桥式触头和指形触头两种，其触头的接触形式有点接触、面接触及线接触，如图 2.21 所示。触点系统包括主触点和辅助触点。主触点通常为 3 对，构成 3 对常开触点，用于通断主电路。辅助触点一般有常开、常闭各两对，用于控制电路中的电气自锁或互锁。

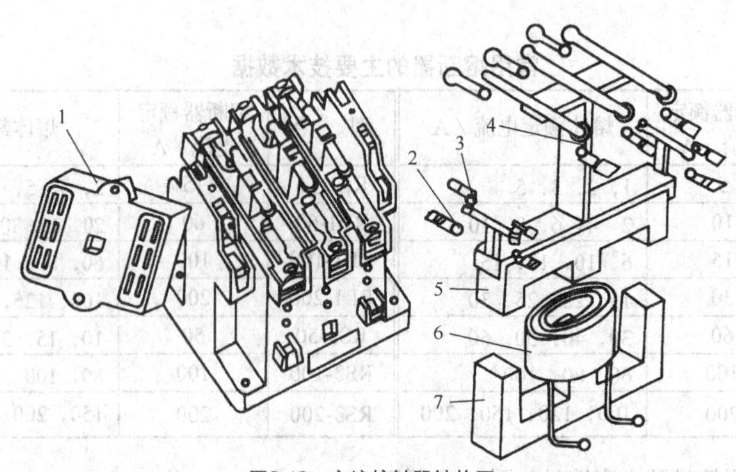

图2.19 交流接触器结构图

1—灭弧罩；2—常开辅助触点；3—常闭辅助触点；4—常开主触点；5—衔铁；6—线圈；7—铁芯

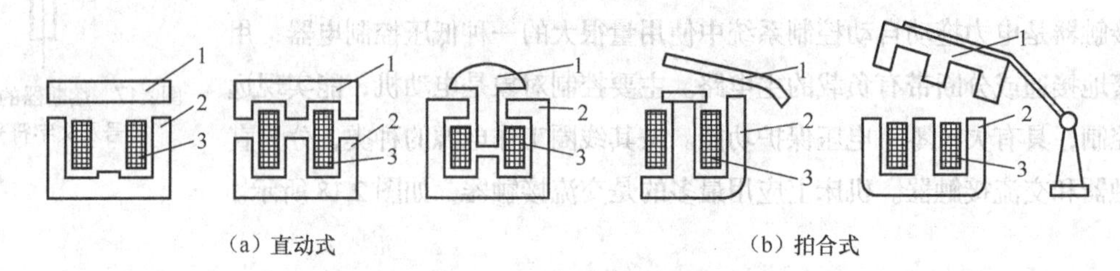

（a）直动式　　（b）拍合式

图2.20 电磁机构

1—衔铁；2—静铁芯；3—电磁线圈

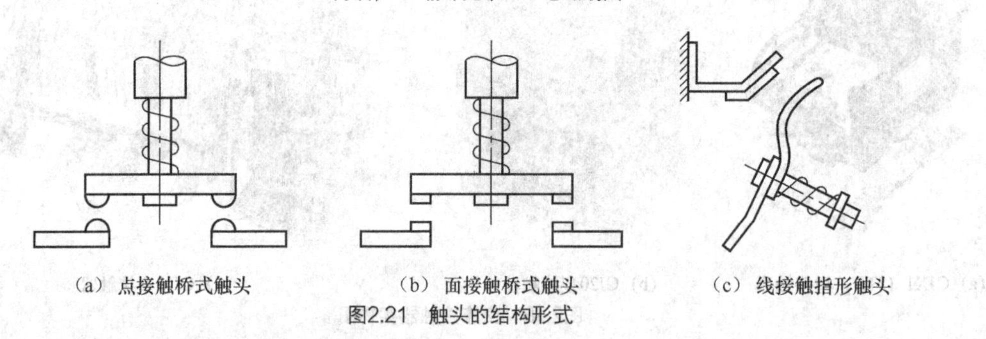

（a）点接触桥式触头　（b）面接触桥式触头　（c）线接触指形触头

图2.21 触头的结构形式

所谓常开触点，是指原始状态（即线圈未通电）断开、线圈通电后闭合的触点；而常闭触点是指原始状态闭合、线圈通电后断开的触点，线圈断电后所有触点复原。

③ 电弧的产生和灭弧方法。当触点断开大电流回路时，在动、静触点间会产生强烈的电弧，从而烧坏触点并使切断时间拉长。电弧产生的原因有：强电场放射、撞击电离、热电子发射、高温游离等。

为使接触器可靠工作，必须采用灭弧装置使电弧迅速熄灭。灭弧的基本方法有：拉长电弧，从而降低电场强度；用电磁力使电弧在冷却介质中运动，降低弧柱周围的温度；将电弧挤入绝缘壁组成的窄缝中以冷却电弧；将电弧分成许多串联的短弧，增加维持电弧所需的临极电压降等。常用的灭弧装置如图 2.22 所示，容量在 10A 以上的接触器都应有灭弧装置。

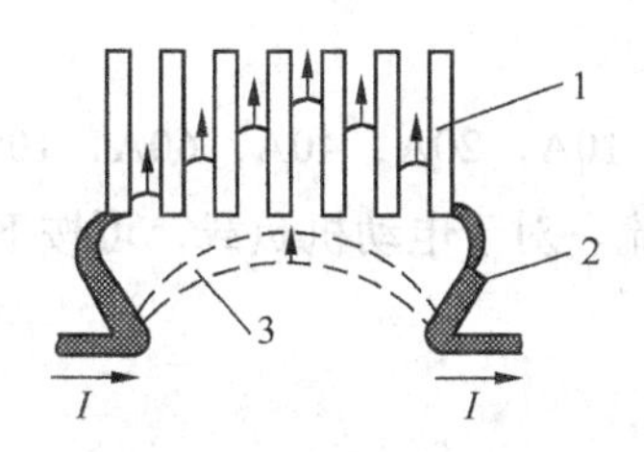

（a）栅片灭弧

1—灭弧栅片；2—触头；3—电弧

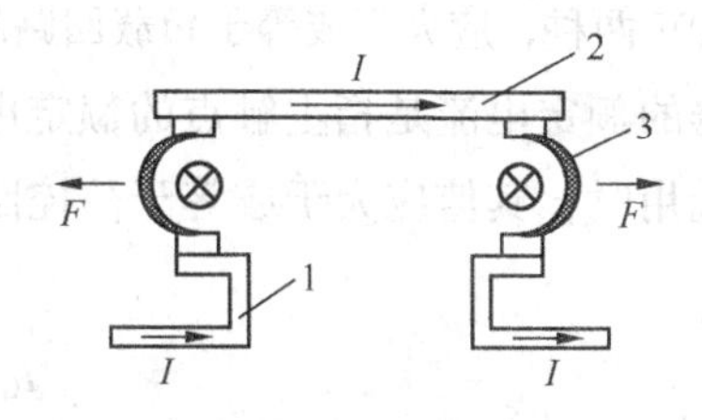

（b）双断口电动力吹弧

1—静触头；2—动触头；3—电弧

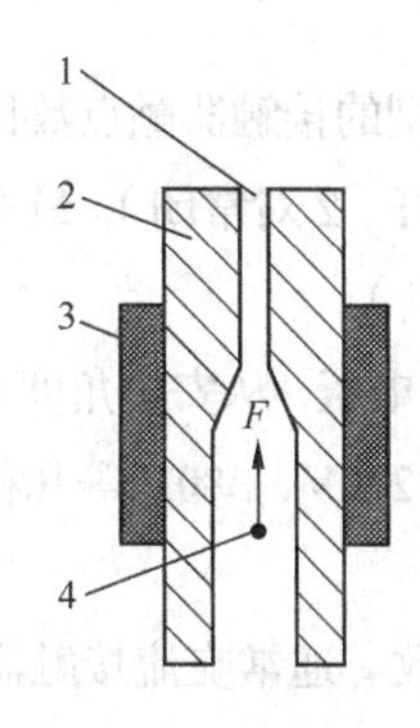

（c）窄缝灭弧

1—纵缝；2—介质；3—磁磁性夹板；4—电弧

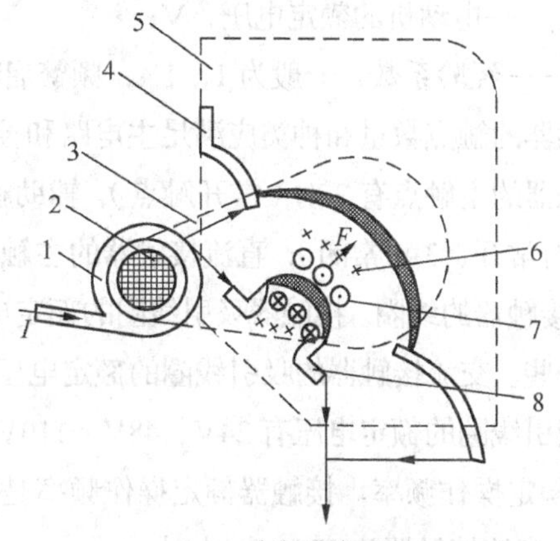

（d）磁吹灭弧

1—磁吹线圈；2—铁芯；3—导磁夹板；4—引弧角；5—灭弧罩；6—磁吹线圈磁场；7—电弧电流磁场；8—动触头性夹板

图2.22　常用的灭弧装置

④ 其他部件。其他部件包括反作用弹簧、触点压力弹簧、传动机构及外壳等。

（2）接触器的工作原理

如图 2.23 所示，当线圈通电后，线圈电流产生磁场，静铁芯产生电磁吸力将衔铁吸合。衔铁带动触点系统动作，使常闭触点断开，常开触点闭合。当线圈断电时，电磁吸力消失，衔铁在反作用弹簧的作用下释放，触点系统随之复位。

（3）接触器的选用

交流接触器的选择主要考虑主触点的额定电压、额定电流、辅助触点的数量与种类、吸引线圈的电压等级、操作频率、机械寿命、电寿命等。

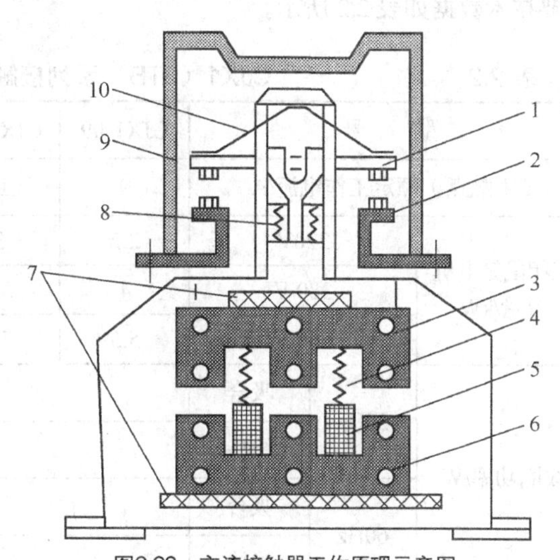

图2.23　交流接触器工作原理示意图

1—动触头；2—静触头；3—衔铁；4—弹簧；5—线圈；6—铁芯；7—垫毡；8—触头弹簧；9—灭弧罩；10—触头压力弹簧

① 接触器的触点。接触器的额定电压是指主触点的额定电压。交流接触器的额定电压，一般为

500V 或 380V 两种，应大于或等于负载回路的电压。

接触器的额定电流是指主触点的额定电流，有 5A，10A，20A，40A，60A，100A、150A 等几种。选用时，其值应大于或等于被控回路的额定电流。对于电动机负载，可按下列经验公式计算：

$$I_C=P_N/KU_N \tag{2-4}$$

式中，I_C——接触器主触点电流，A；

P_N——电动机的额定功率，kW；

U_N——电动机的额定电压，V；

K——经验系数，一般为 1～1.4，频繁启动时取最小值。

接触器的触点数量和种类应满足主电路和控制线路的需要。各种类型的接触器触点数目不同：交流接触器的主触点有 3 对（常开触点），辅助触点通常有 4 对（2 对常开、2 对常闭），最多可达到 6 对（3 对常开、3 对常闭）；直流接触器的主触点一般有 2 对（常开触点）。

② 接触器的线圈。接触器吸引线圈的额定电压等于控制回路的电源电压，从安全角度考虑，应选择低一些。交流接触器的吸引线圈的额定电压有 36V、110（127）V、220V、380V 等几种；直流接触器吸引线圈的额定电压有 24V、48V、110V、220V 等。

③ 额定操作频率。接触器额定操作频率是指每小时线圈接通的次数。通常交流接触器为 600 次/小时；直流接触器为 1200 次/小时。

常用的交流接触器型号有 CJ0、CJ10、CJ12 及 CJX1（3TB）等。CJX1-32 型号的意义是：CJ 表示交流接触器，X1 表示设计序号，32 表示主触点额定电流为 32A。CJX1（3TB）系列接触器的主要技术数据如表 2.2 所示。

表 2.2　　CJX1（3TB）系列接触器的主要技术数据

<table>
<tr><th colspan="3">型　号</th><th>CJX1-09</th><th>CJX1-12</th><th>CJX1-16</th><th>CJX1-22</th><th>CJX1-32</th><th>CJX1-45</th></tr>
<tr><td colspan="3">（主触点）额定工作电流/A</td><td>9</td><td>12</td><td>16</td><td>22</td><td>32</td><td>45</td></tr>
<tr><td rowspan="3">三相鼠笼电机容量/kW</td><td colspan="2">220V</td><td>2.2</td><td>3</td><td>4</td><td>5.5</td><td>8.5</td><td>15</td></tr>
<tr><td colspan="2">380 V</td><td>4</td><td>5.5</td><td>7.5</td><td>11</td><td>15</td><td>30</td></tr>
<tr><td colspan="2">660 V</td><td>5.5</td><td>7.5</td><td>11</td><td>15</td><td>18</td><td>49</td></tr>
<tr><td rowspan="4">线圈功率/W</td><td rowspan="2">50Hz</td><td>吸合</td><td colspan="5">68</td><td>183</td></tr>
<tr><td>维持</td><td colspan="5">10</td><td>17</td></tr>
<tr><td rowspan="2">60Hz</td><td>吸合</td><td colspan="5">72</td><td>230</td></tr>
<tr><td>维持</td><td colspan="5">10.5</td><td>18</td></tr>
<tr><td colspan="3">线圈电压/V</td><td colspan="6">24、48、110、220、380</td></tr>
</table>

接触器的图形符号及文字符号如图 2.24 所示。

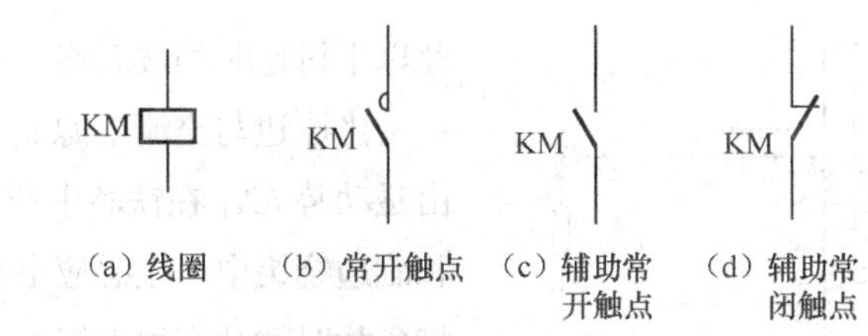

图2.24 接触器的图形符号及文字符号

5. 变压器

变压器是根据电磁感应原理制成的一种电气设备，它具有变换电压、变换电流和变换阻抗的功能，因而在各领域中获得广泛地应用。

变压器是电力系统中不可缺少的重要设备。在发电厂或电站，当输送一定的电功率且线路的 $\cos\varphi$ 一定时，由于 $P=UI\cos\varphi$，则电压 U 越高、线路电流 I 就越小。可见高压送电既减小了输电导线的截面积，也减少了线路损耗。所以电力系统中均采用高电压输送电能，再用变压器将电压降低供用户使用。

在机床线路中，变压器把电路分为两部分，一个是主电路，即大电流电路（通常为交流 380V 电路，如电动机电路或电源电路）；另一个就是控制电路，即小电流电路（通常为交流 110V、交流 24V 或其他低电压电路，如接触器电路、照明电路等）。控制电路一般是经变压器降压得到的中低电压电路，有的变压器（如隔离变压器）还起到隔离噪声等干扰信号的作用，因此应用很广。

（1）变压器的结构

虽然变压器种类繁多、形状各异，但其基本结构是相同的。变压器的主要组成部分是铁芯和绕组。

铁芯构成变压器的磁路。按照铁芯结构的不同，变压器可分为心式和壳式两种。图 2.25（a）所示为心式铁芯的变压器，其绕组套在铁芯柱上，容量较大的变压器多为这种结构。图 2.25（b）所示为壳式铁芯的变压器，铁芯把绕组包围在中间，常用于小容量的变压器中。

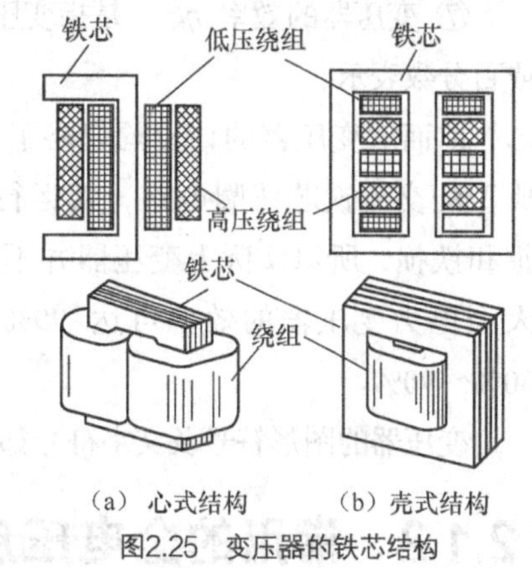

图2.25 变压器的铁芯结构

绕组是变压器的电路部分。与电源连接的绕组称为一次绕组（也叫原绕组或原边），与负载连接的绕组称为二次绕组（也叫副绕组或副边）。原绕组与副绕组及各绕组与铁芯之间都进行绝缘。为了减小各绕组与铁芯之间的绝缘等级，一般将低压绕组绕在里层，将高压绕组绕在外层。

大容量的变压器一般都配备散热装置，如三相变压器配备散热油箱、油管等。

（2）变压器的工作原理

图 2.26 所示为单相变压器有载时的原理图。为了分析问题方便，将原、副边绕组分别画在两侧。原边匝数为 N_1，副边匝数为 N_2。由于线圈电阻产生的压降及漏磁通产生的漏磁电动势都非常小，因

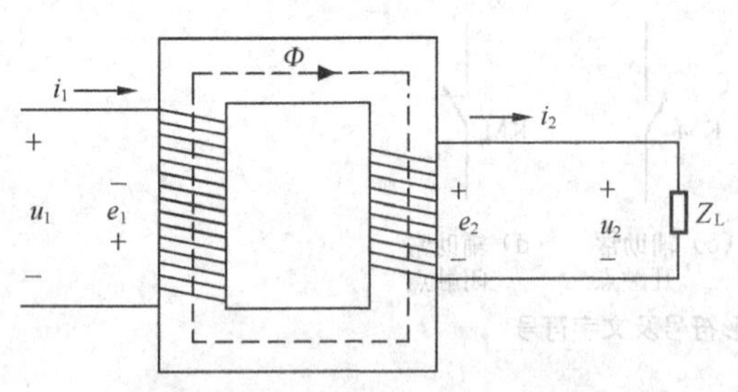

图2.26 单相变压器有载时的原理图

此以下讨论时均被忽略。

当原边与交流电源 u_1 接通时便产生电流 i_1，由磁动势 i_1N_1 在铁芯中产生主磁通 Φ，从而原边和副边绕组中产生感应电动势 e_1 和 e_2，当副边接负载时就会产生电流 i_2。

图中各量的参考方向是这样选定的：原边是电源的负载，u_1 与 i_1 的参考方向选得一致；i_1、e_1 及 e_2 的参考方向与主磁通 Φ 的参考方向之间符合右手螺旋法则，因此 e_1 与 i_1 的参考方向是一致的；副边是负载的电源，规定 i_2 与 e_2 的参考方向一致。

此时原、副边电压有

$$\frac{U_1}{U_2}=\frac{N_1}{N_2}=K \tag{2-5}$$

（3）变压器的额定技术指标

① 原边额定电压 U_{1N}：是指原边绕组应当施加的正常电压。

② 原边额定电流 I_{1N}：是指在 U_{1N} 作用下原边绕组允许通过电流的限额。

③ 副边额定电压 U_{2N}：是指原边为额定电压 U_{1N} 时副边的空载电压。

④ 副边额定电流 I_{2N}：是指原边为额定电压时，副边绕组允许长期通过的电流限额。

⑤ 额定容量 S_N：是指变压器输出的额定视在功率，对单相变压器：

$$S_N = U_{2N}I_{2N} = U_{1N}I_{1N}(\text{VA})$$

⑥ 额定频率 f_N：是指电源的工作频率。我国工业用电频率是50Hz。

⑦ 变压器的效率 η_N：是指变压器的输出功率 P_{2N} 与对应的输入功率 P_{1N} 的比值，通常用小数或百分数表示。

前面对变压器的讨论均忽略了其各种损耗，而变压器是典型的交流铁芯线圈电路，其运行时原边和副边必然有铜损和铁损，所以实际上变压器并不是百分之百地传递电能。大型电力变压器的效率可达 99%，小型变压器的效率为 60%～90%。

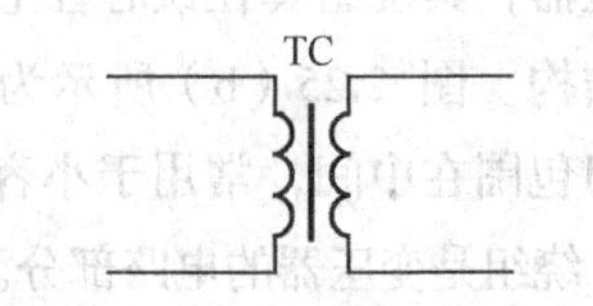

图2.27 变压器的图形符号及文字符号

变压器的图形符号及文字符号如图 2.27 所示。

2.1.2 常用的全电压启动控制

1. 刀开关直接启动控制

启动时直接给电动机加额定电压的称为全压启动。一般来讲，电动机的容量不大于直接供电变压器容量的 20%～30%时，如小容量电动机（在生活中，见到的小水泵、普通机床上的冷却泵、小型台钻和砂轮机等）可采用开关直接启动。图 2.28 所示为某小型台钻的直接启动实例，图 2.28（a）

为小型台钻实物图，图 2.28（b）为该台钻直接启动电路图。

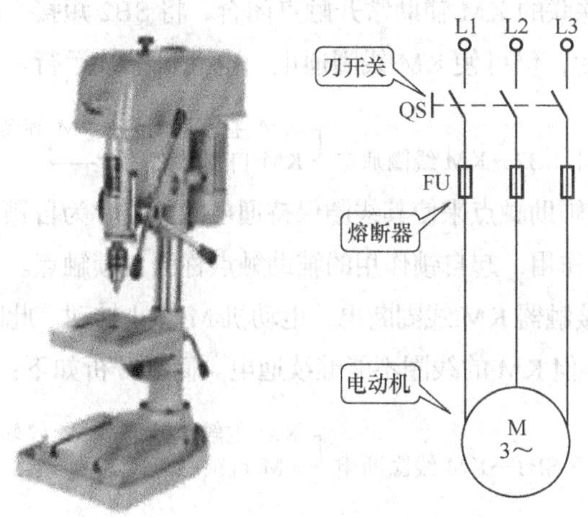

（a）小型台钻实物图　（b）直接启动电路图

图2.28　小型台钻的应用

线路的工作过程如下：

合上刀开关 QS，电动机通三相交流电（通常为交流 380V），启动并运行。断开刀开关 QS，电动机断电，停止运行。

2. 单向全电压启动控制

10kW 以下交流电动机，在需要频繁关断时，不可以用开关直接通断，常采用按钮和接触器进行间接通断。

图 2.29 所示为单向接触器全电压启动电路。变压器左边的电路为主电路，与图 2.28（b）所示电路类似，只是多了接触器的主触点；变压器右边的电路为控制电路，由启动按钮 SB2、停止按钮 SB1、接触器 KM 的线圈及其辅助常开触点组成。

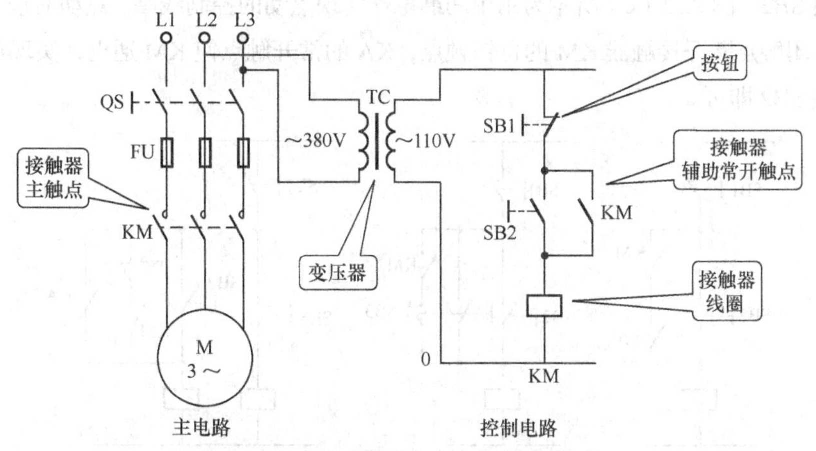

图2.29　单向接触器全电压启动控制线路

电路的工作过程如下。

① 首先合上电源开关 QS。按下启动按钮 SB2，接触器 KM 的线圈通电，其主触点闭合，电动机启动运行。同时与 SB2 并联的 KM 辅助常开触点闭合，将 SB2 短接。KM 辅助常开触点的作用是，当松开启动按钮 SB2 后，仍可使 KM 线圈通电，电动机继续运行。简要分析如下：

按下 SB2→KM 线圈通电→ KM 主触点闭合 → M 旋转
　　　　　　　　　　　→ KM 自锁触点闭合

这种依靠接触器自身的辅助触点来使其线圈保持通电的电路称为自锁或自保电路。带有自锁功能的控制线路具有欠压保护作用，起自锁作用的辅助触点称为自锁触点。

② 按停止按钮 SB1，接触器 KM 线圈断电，电动机 M 停止转动。此时 KM 的自锁常开触点断开，松手后 SB1 虽又闭合，但 KM 的线圈不能继续通电。简要分析如下：

按下 SB1→KM 线圈断电→ KM 主触点断开 → M 停转
　　　　　　　　　　　→ KM 自锁触点断电

3. 点动控制

在图 2.29 所示的控制线路中，若去掉接触器 KM 的辅助常开触点，如图 2.30 所示，则按下按钮 SB 时电动机运转，松手时电动机停转，这种控制为点动控制。点动控制多用于机床刀架、横梁、立柱等快速移动和机床对刀等场合。

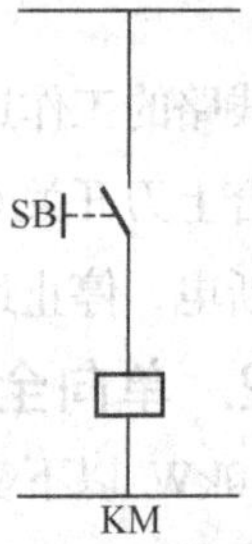

点动控制线路的主电路同图 2.29 的主电路。电路分析简述如下：

按下 SB→KM 线圈通电→KM 主触点闭合 M 旋转

松开 SB→KM 线圈断电→KM 主触点断开 M 停转

图 2.31 列出了实现点动控制的几种常见控制线路（为分析方便，省去了主电路及变压器线路等）。

图2.30　点动控制线路

图 2.31（a）所示为带手动开关 SA 的点动控制线路。打开 SA 将自锁触点断开，可实现点动控制；合上 SA 可实现连续控制。图 2.31（b）所示增加了一个点动用的复合按钮 SB3，点动时用其常闭触点（SB3）断开接触器 KM 的自触点，实现点动控制；连续控制时，可按启动按钮 SB2。图 2.31（c）所示为用中间继电器实现点动的控制线路。点动时按 SB3，中间继电器 KA 的常闭触点断开接触器 KM 的自锁触点，KA 的常开触点使 KM 通电，实现点动控制；连续控制时，按 SB2 即可。

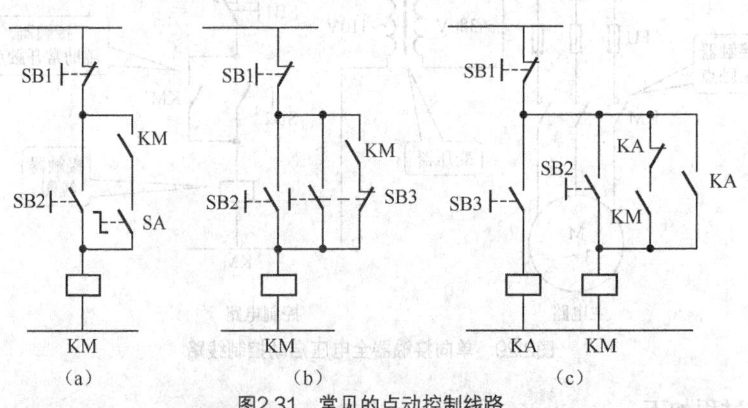

图2.31　常见的点动控制线路

4. 多点控制

大型机床为操作方便，往往要求在两个或两个以上的地点都能进行操作。实现多点控制的控制线路如图 2.32（a）所示，在各操作地点各安装一套按钮，其接线原则是各按钮的常开触点并联连接，常闭触点串联连接。

多人操作的大型冲压设备，为保证操作安全，要求几个操作者都必须发出准备好信号后设备才能动作。此时应将启动按钮的常开触点串联，如图 2.32（b）所示。

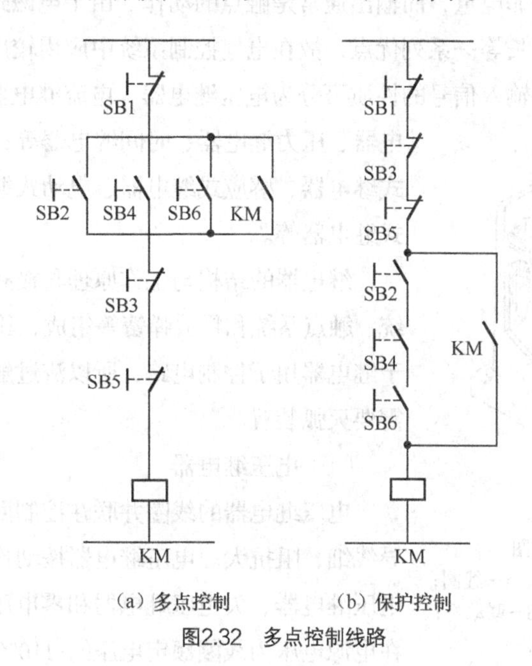

（a）多点控制　　（b）保护控制

图2.32　多点控制线路

2.2 三相异步电动机的降压启动控制

对于容量较大的电动机，由于启动电流过大，会引起较大的电网压降，严重时可直接影响接在同一线路上的其他负载的正常工作，易造成运行中的电动机转速下降、甚至停转等事故，所以要采用降压启动，以减小启动电流。

降压启动时，要先降低加在定子绕组上的电压，当电动机接近额定转速时，再加上额定电压运行。由于降低了启动电压，启动电流也就降低了。但是，由于启动转矩正比于定子相电压的平方，因此降压启动时启动转矩会显著减小。可见降压启动只适用于可以轻载或空载启动的场合。三相鼠笼型电动机的降压启动方法有定子绕组串电阻（或电抗器）启动、自耦变压器降压启动及星形-三角形降压启动等。

2.2.1 降压启动相关低压电器元件介绍

1. 继电器

继电器是一种根据某种输入信号的变化，接通或断开控制电路，以实现控制目的的电器，主要用于控制和保护电路或作为信号转换之用。继电器的输入信号可以是电流、电压等电量，也可以是温度、速度、时间、压力等非电量，而输出通常是触点的动作。由于电磁式继电器具有工作可靠、结构简单、制造方便、寿命长等一系列优点，故在电气控制系统中应用较广泛。

继电器的种类很多，按输入信号的性质可分为电压继电器、电流继电器、温度继电器、速度继电器、压力继电器、时间继电器等；按动作原理可分为电磁式继电器、感应式继电器、电动式继电器、热继电器和电子式继电器等。

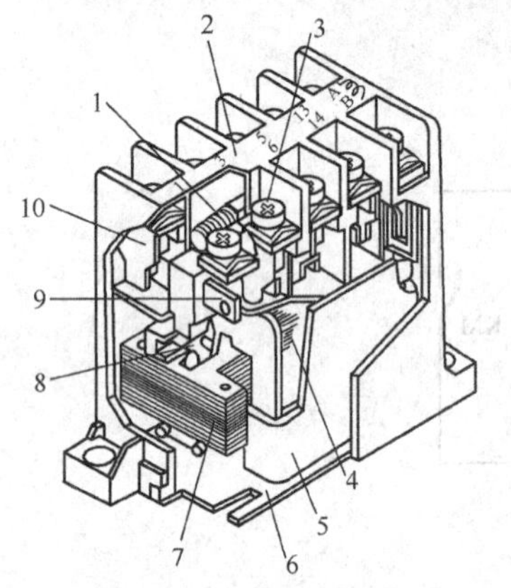

图2.33 继电器结构示意图

1—弹簧；2—框架；3—接线端子；4—线圈；5—护轨夹；6—底座；7—铁芯；8—联动杆；9—动触点；10—静触点

继电器的结构与工作原理与接触器相似，也是由电磁系统、触点系统和释放弹簧等组成，其结构如图 2.33 所示。由于继电器用于控制电路，所以流过触点的电流比较小，故不需要灭弧装置。

（1）电压继电器

电压继电器的线圈并联在控制回路中，所以其匝数多，导线细，阻抗大。电压继电器按动作电压值的不同，分为过电压继电器、欠电压继电器和零电压继电器。过电压继电器在电源电压为线圈额定电压的 110%～115%以上时动作；欠电压继电器在电源电压为线圈额定电压的 40%～70%时有保护动作；零电压继电器当电源电压降至线圈额定电压的 5%～25%时有保护动作。机床上常用的型号有 JT3 和 JT4 型继电器。

（2）中间继电器

如图 2.34（a）所示，中间继电器实质上是电压继电器的一种，但它的触点数可达 6 对甚至更多，触点额定电流一般为 5～10A，其动作时间不大于 0.05s，动作灵敏。它可用于扩大继电器或接触器辅助触点的数量，也可用于扩大 PLC（可编程序控制器）的触点容量，起到中间转换的作用。

(a) 中间继电器

(b) 电流继电器

图2.34 继电器结构示意图

中间继电器主要依据被控制电路的电压等级，触点的数量、种类及容量来选用。机床上常用的型号有 JZ7 系列交流中间继电器和 JZ8 系列交直流两用中间继电器。中间继电器的图形符号及文字符号如图 2.35 所示。

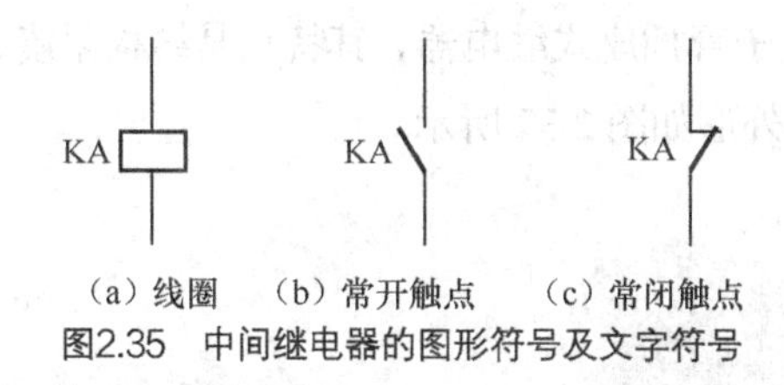

（a）线圈 （b）常开触点 （c）常闭触点

图2.35 中间继电器的图形符号及文字符号

中间继电器的型号意义：

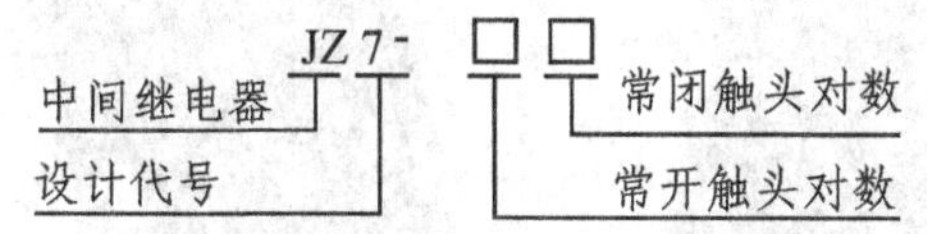

JZ7 系列中间继电器的技术数据如表 2.3 所示，适用于交流电压 380V、电流 5A 以下的控制电路。

表 2.3 JZ7 系列继电器技术数据

型号	触点额定电压/V		吸引线圈额定电压/V	触点额定电流/A	触点数量		最高操作频率/（次/h）
	交流	直流			常开	常闭	
JZ7-22	500	440	36，127，220，380，500	5	2	2	1200
JZ7-44	500	440	12，36，127，220，380，500	5	4	4	1200
JZ7-62	500	440	12，36，127，220，380，500	5	6	2	1200
JZ7-80	500	440	12，36，127，220，380，500	5	8	0	1200

（3）电流继电器

电流继电器的线圈串接在被测量的电路中，以反应电路电流的变化。为了不影响电路工作情况，电流继电器线圈匝数少，导线粗，线圈阻抗小。

电流继电器有欠电流继电器和过电流继电器两类。欠电流继电器的吸引电流为线圈额定电流的 30%～65%，释放电流为额定电流的 10%～20%。因此，在电路正常工作时，衔铁是吸合的，只有当电流降低到某一整定值时，继电器才释放，输出信号。过电流继电器在电路正常工作时不动作，当电流超过某一整定值时才动作，整定范围通常为 1.1～4 倍额定电流。机床上常用的电流继电器型号有 JL14、JL15、JT3、JT9、JTl0 等，选择时要根据主电路中电流的种类和工作电流来选择。

电流继电器的文字符号为 KI，线圈方格中 $I>$（或 $I<$）表示过电流（或欠电流）继电器，如图 2.36 所示。电压继电器的文字符号为 KV，其图形符号与电流继电器类似，只是线圈方格中用 U 表示。线圈方格中用 $U<$（或 $U=0$）表示欠电压（或零电压）继电器。

KI $I>$ KI KI

（a）线圈 （b）常开触点 （c）常闭触点

图2.36 过电流继电器的图形符号及文字符号

（4）自动控制用小型继电器

小型继电器用于电子设备、通信设备、计算机控制设备、自动化控制装置等，作切换电路及扩大控制范围之用。它的工作原理与中间继电器类似，只是其体积小、重量轻，易于安装。

HH5系列小型继电器为电子管插座式继电器，其特点是结构紧凑、封闭，与外电路连接采用电子管插头形式，使用方便，其外形如图2.37所示。

（a）实物

（b）底座

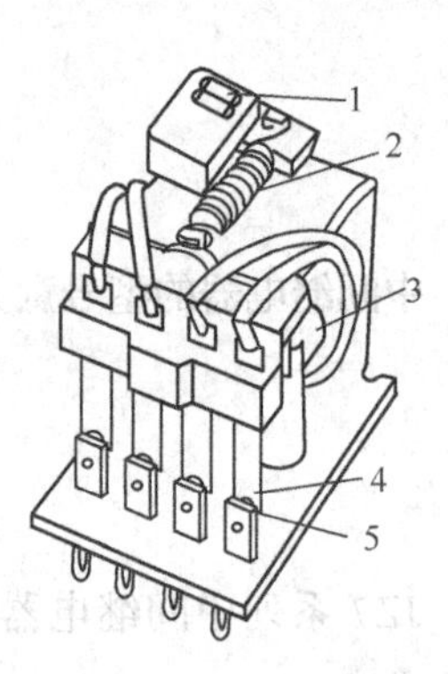

（c）结构（去掉有机玻璃外罩）

图2.37　小型继电器外形图

1—发光二极管；2—释放弹簧；3—线圈；4—动触点；5—静触点

（5）干簧继电器

干簧继电器也称为舌簧继电器，它可以反映电压、电流、功率以及电流极性等信号，在检测、自动控制、计算机技术等领域中应用广泛。干簧继电器还可以用永磁体来驱动，反映非电信号，用于限位、行程控制以及非电量检测等。

干簧继电器主要由干式舌簧片与励磁线圈组成。干式舌簧片（触点）是密封的，由铁镍合金制成，舌片的接触部分通常镀以贵重金属（如金、铑、钯等），接触良好，具有优良的导电性能。触点密封在充有氮气等惰性气体的玻璃管中，因而有效地防止了尘埃的污染，减少了触点的腐蚀，提高了工作可靠性。

干簧继电器的结构原理如图2.38所示。当线圈通电后，管中两舌簧片的自由端分别被磁化成N极和S极而相互吸引，因而接通了被控制的电路。线圈断电后，舌簧片在本身的弹力作用下分开并复位，控制电路亦被切断。

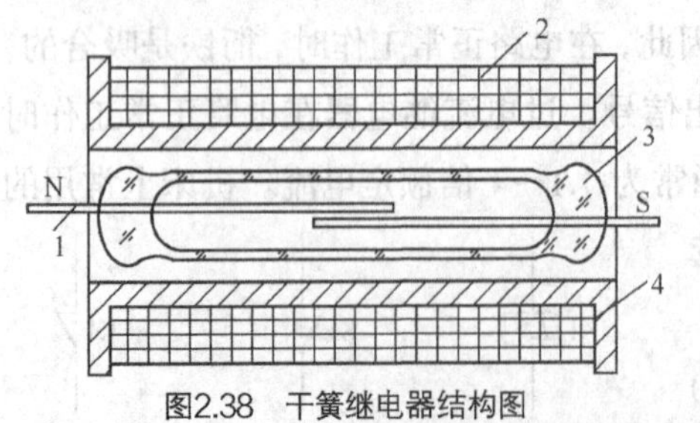

图2.38　干簧继电器结构图

1—舌簧片；2—线圈；3—玻璃管；4—骨架

干簧继电器的特点是吸合功率小，灵敏度高；触点密封，不受尘埃、潮气及有害气体污染，触点电寿命长（一般可达10^8次左右）；动片质量小、动程短，动作速度快；结构简单，体积小；价格低廉，维修方便。不足之处是触点易冷焊粘住，过载能力低，触点断开距离小，耐压低，断开瞬间触点易抖动。

（6）固态继电器

固态继电器（solid state relay，SSR）的外形如图 2.39 所示。

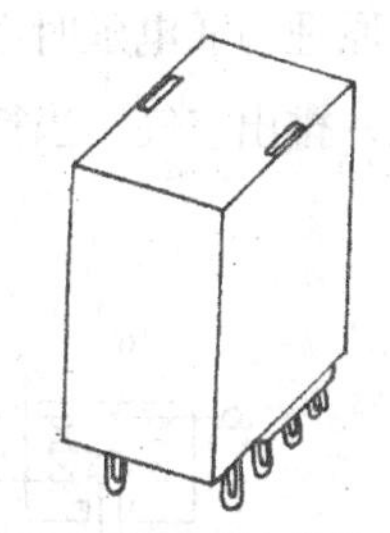
图2.39 固态继电器的外形

固态继电器通常有两个输入端和两个输出端，其输入与输出之间通常采用光电耦合器隔离。其线圈在小电流（几毫安）回路中接通（输入端），而输出端可控制大电流（几安培）回路。

固态继电器按其输出端负载的电源类型，可分为直流型和交流型两类。

固态继电器的输出有常开和常闭两种触点形式。当固态继电器的输入端接入控制信号时，其输出端常开点闭合，常闭点断开。

固态继电器具有可靠性高、开关速度快、工作频率高、使用寿命长、便于小型化、输入控制电流小等优点，还可与 TTL、CMOS 等集成电路兼容。因此，在许多自动控制装置中替代了常规的继电器，而且还应用于微型计算机数据处理系统的终端装置、可编程控制器的输出模块、数控机床的数控装置以及在微机控制的测量仪表中。

2. 时间继电器

从获得输入信号（线圈的通电或断电）时起，经过一定的延时后才有信号输出（触点的闭合或断开）的继电器，称为时间继电器。它是一种用来实现触点延时接通或断开的控制电器。按其动作原理与构造不同，可分为电磁式、空气阻尼式、电动式、晶体管式及数字式等类型，如图 2.40 所示。随着科学技术的发展，现代机床中，时间继电器已逐步被可编程序器件所代替。

(a) 空气阻尼式

(b) 晶体管式

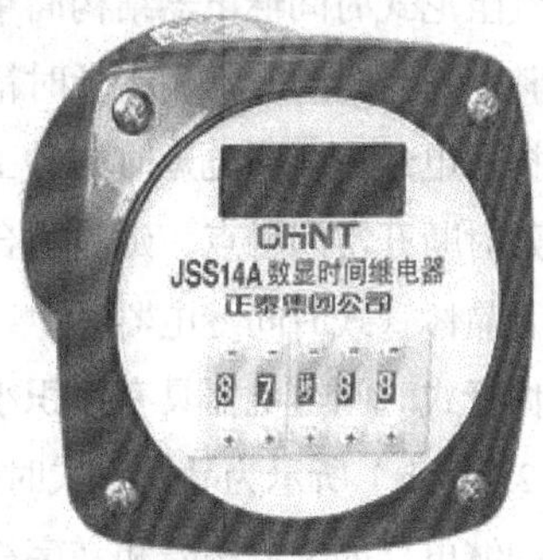

(c) 数字式

图2.40 时间继电器实物图

（1）空气阻尼式时间继电器

空气阻尼式时间继电器是利用空气阻尼作用获得延时的，有通电延时和断电延时两种类型。图 2.41 所示为 JS7-A 系列时间继电器的结构示意图，它主要由电磁系统、延时机构和工作触点 3 部分组成。

如图 2.41（a）所示，当线圈 1 得电后衔铁（动铁芯）3 吸合，活塞杆 6 在塔形弹簧 8 作用下带动活塞 12 及橡皮膜 10 向上移动，橡皮膜下方空气室的空气变得稀薄形成负压，活塞杆只能缓慢移动，其移动速度由进气孔气隙大小来决定。经一段时间延时后，活塞杆通过杠杆 7 压动微动开关 15，使其触点动作，起到通电延时作用。

将电磁机构翻转 180° 安装后，可得到如图 2.41（b）所示的断电延时型时间继电器。其结构、工作原理与通电延时型相似，微动开关 15 是在吸引线圈断电后延时动作的。当衔铁吸合时推动活塞复位，排出空气。当衔铁释放时活塞杆在弹簧作用下使活塞向上移动，实现断电延时。

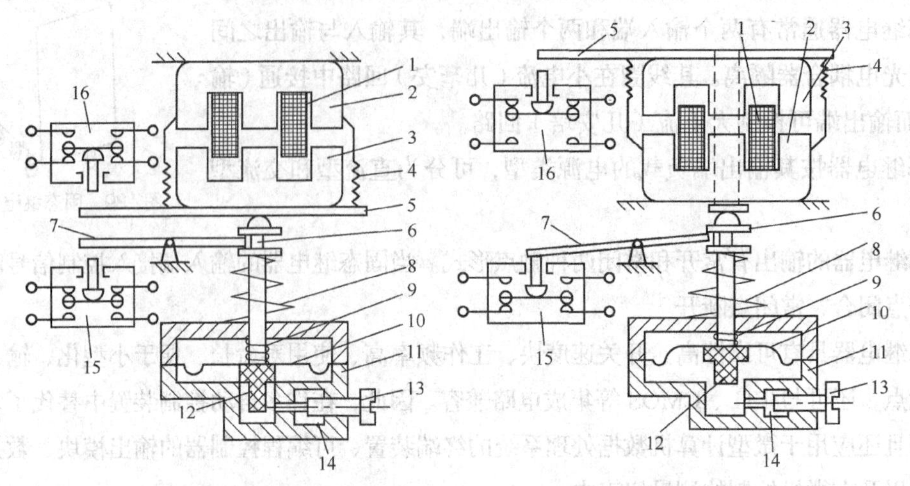

图2.41　JS7-A系列时间继电器结构示意图

1—线圈；2—铁芯；3—衔铁；4—复位弹簧；5—推板；6—活塞杆；7—杠杆；8—塔形弹簧；9—弱弹簧；10—橡皮膜；11—空气室壁；12—活塞；13—调节螺杆；14—进气孔；15，16—微动开关

在线圈通电和断电时，微动开关 16 在推板 5 的作用下都能瞬时动作，其触点即为时间继电器的瞬动触点。

空气阻尼式时间继电器结构简单，价格低廉，延时范围为 0.4～180s。但是延时误差较大，难以精确地整定延时时间，常用于延时精度要求不高的交流控制电路中。

根据通电延时和断电延时两种工作形式，空气阻尼式时间继电器的延时触点有：延时断开常开触点、延时断开常闭触点、延时闭合常开触点和延时闭合常闭触点。

（2）晶体管式时间继电器

晶体管式时间继电器具有体积小、延时范围大、延时精度高、寿命长等特点，现已得到广泛应用。图 2.40（b）所示为晶体管式时间继电器的实物图。

时间继电器的图形符号和文字符号如图 2.42 所示。

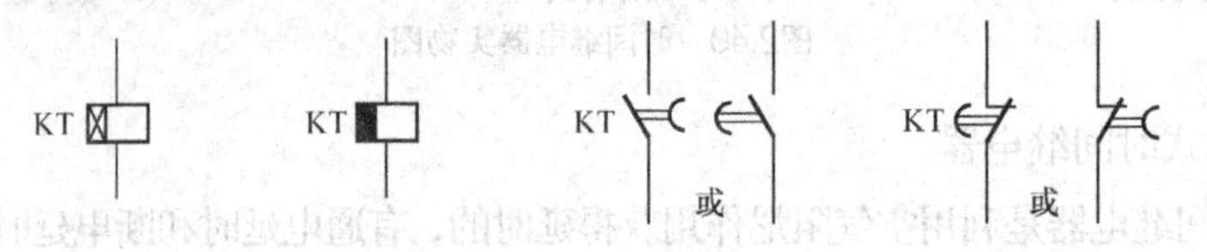

(a) 通电延时线圈　(b) 断电延时线圈　(c) 延时闭合常开触点　(d) 延时断开常闭触点

(e) 延时断开常开触点　(f) 延时闭合常闭触点　(g) 瞬动常开触点　(h) 瞬动常闭触点

图2.42　时间继电器的图形符号及文字符号

表 2.4 所示为 JSJ 型晶体管式时间继电器的技术数据。

表 2.4 JSJ 型晶体管式时间继电器的技术数据

型　号	电源电压/V	外电路触点			延时范围/s	延时误差
		数量	交流容量	直流容量		
JSJ-001	直流 24、48、110；交流 36、110、127、220、380	一常开 一常闭	380V 0.5A	110V 1A（无感负载）	1	±3%
JSJ-01					10	
JSJ-03					30	
JSJ-1					60	
JSJ-2					120	±6%
JSJ-3					180	
JSJ-4					240	

3. 热继电器

热继电器是利用电流的热效应原理来对三相异步电动机的长期过载进行保护。电动机在实际运行中，常会遇到过载情况，但只要过载不严重，时间短，绕组不超过允许的温升，是允许的。但如果过载情况严重、时间长，则会加速电动机绝缘的老化，甚至烧毁电动机，因此必须对电动机进行长期过载保护，如图 2.43 所示。

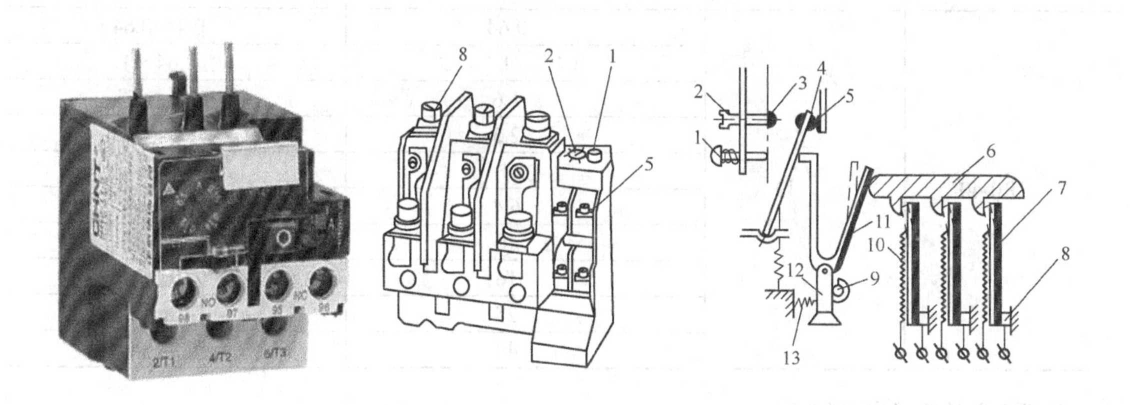

（a）热继电器外观与实物图　　（b）热继电器原理示意图

图2.43 热继电器外观及原理示意图

1—复位按钮；2—复位调节螺钉；3—辅助常开触点；4—动触头；5—辅助常闭触点；6—推动导板；7—主双金属片；8—接线端子；9—偏心轮；10—热元件；11—补偿双金属片；12—支撑件；13—弹簧

（1）热继电器的组成及工作原理

热继电器主要由热元件、双金属片和触点 3 部分组成，其原理图如图 2.43（b）所示。工作时，把热元件（一段阻值不大的电阻丝）接在电动机的主电路中。当电动机过载时，流过热元件的电流增大，热元件产生的热量使双金属片（由两种不同热膨胀系数的金属辗压而成）向上弯曲。经过一定时间后，弯曲位移增大，造成脱扣。扣板在弹簧的拉力作用下，将常闭触点断开（此触点串接在电动机的控制电路中），控制电路断开使接触器的线圈断电，从而断开电动机的主电路。经一段时间冷却后能自动复位或通过按下复位按钮手动复位。

在三相异步电动机电路中，一般采用两相结构的热继电器，即在两相主电路中串接热元件即可。如果发生三相电源严重不平衡、电动机绕组内部短路或绝缘不良等故障，使电动机某一相的线电流比其他两相要高，而这一相若没有串接热元件，则热继电器不能起到保护作用，这时需采用三相结构的热继电器。

热继电器由于热惯性，当电路短路时不能立即动作而使电路瞬间断开，因此不能作短路保护。同理，在电动机启动或短时过载时，热继电器也不会动作，这样可避免电动机不必要的停车。

（2）热继电器的技术数据

常用热继电器有 JR0 及 JR10 系列。表 2.5 所示为 JR0-40 型热继电器的技术数据。它的额定电压为 500V，额定电流为 40A，它可以配用 0.64～40A 范围内 10 种电流等级的热元件。每一种电流等级的热元件，都有一定的电流调节范围，一般应调节到电动机额定电流值，以便更好地起到过载保护作用。

表 2.5 JR0-40 型热继电器的技术数据

型　　号	额定电流/A	热元件等级	
		额定电流/A	刻度电流调节范围/A
JR0-40	40	0.64	0.4～0.64
		1	0.64～1
		1.6	1～1.6
		2.5	1.6～2.5
		4	2.5～4
		6.4	4～6.4
		10	6.4～10
		16	10～16
		25	16～25
		40	25～40

热继电器的型号意义如下：

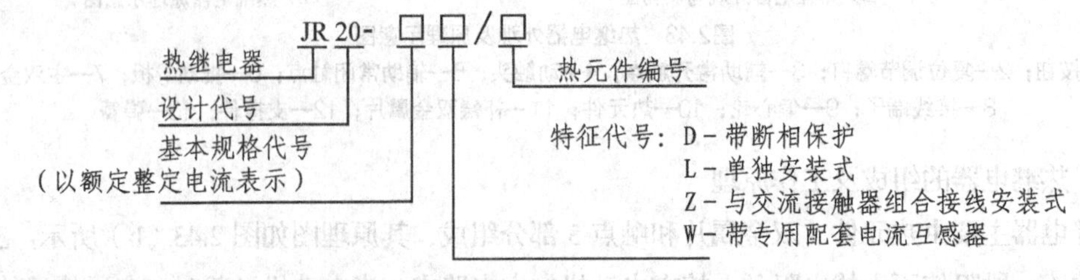

热继电器的图形符号及文字符号如图 2.44 所示。

（3）热继电器的选择

根据电动机的额定电流来确定热继电器的型号及热元件的额定电流等级。例如，电动机额定电流为 14.6A，额定电压为 380V AC，若选用 JR0-40 型热继电器，热元件电流等级为

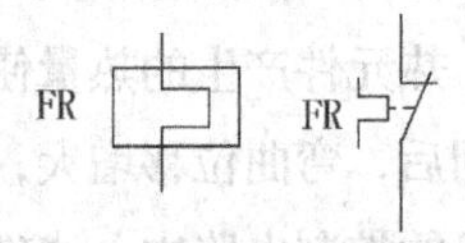

(a) 热元件　(b) 常闭触点

图2.44 热继电器的图形符号及文字符号

16A，由表 2.5 可知，电流调节范围为 10～16A，因此可将其电流整定为 14.6A。

选择热继电器时，还要考虑以下几点：

① 在不频繁启动的场合，要保证热继电器在电动机启动过程中不产生误动作；

② 对于三角形接法的电动机，应选用带断相保护装置的热继电器；

③ 当电动机工作于重复短时工作制时，要注意确定热继电器的允许操作频率；

④ 注意其安装方式。

4. 自动开关

自动开关又称自动空气断路器或自动空气开关，用于正常工作时不频繁接通和断开的电路。当电路发生过载、短路或欠压等故障时，能自动切断电路，有效地保护串接在它后面的电气设备。因此，自动开关在机床上的使用越来越广泛。

图 2.45 所示为 3VE4 型自动开关的外观图。

（1）自动开关的工作原理

如图 2.46 所示，自动开关的主触点是靠操作机构手动或电动合闸的，并由自由脱扣机构将主触点锁在合闸位置上。如果电路发生故障，自由脱扣机构在有关脱扣器的推动下动作，使钩子脱开，则主触点在弹簧作用下迅速分断。过电流脱扣器的线圈和热脱扣器的热元件与主电路串联，欠压脱扣器的线圈与电路并联。当电路发生短路或严重过载时，过电流脱扣器的衔铁被吸合，使自由脱扣机构动作。当电路过载时，热脱扣器的热元件产生的热量增加，使双金属片向上弯曲，推动自由脱扣机构动作。当电路欠压时，欠压脱扣器的衔铁释放，也使自由脱扣机构动作。分励脱扣器则作为远距离控制分断电路之用。

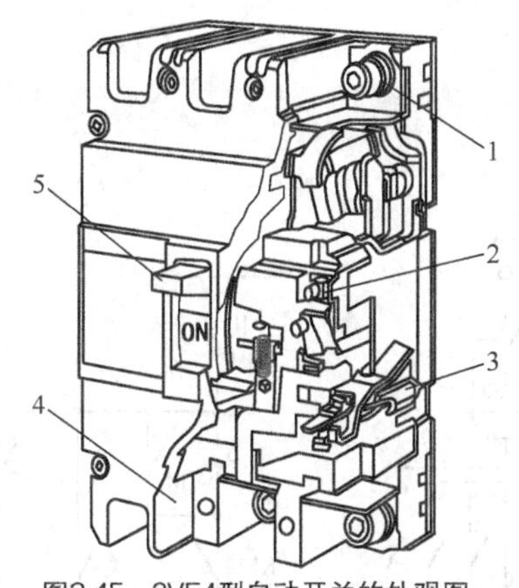

图2.45 3VE4型自动开关的外观图

1—接线柱；2—脱扣指示按钮；3—过电流脱扣器；4—外壳；5—操作手柄

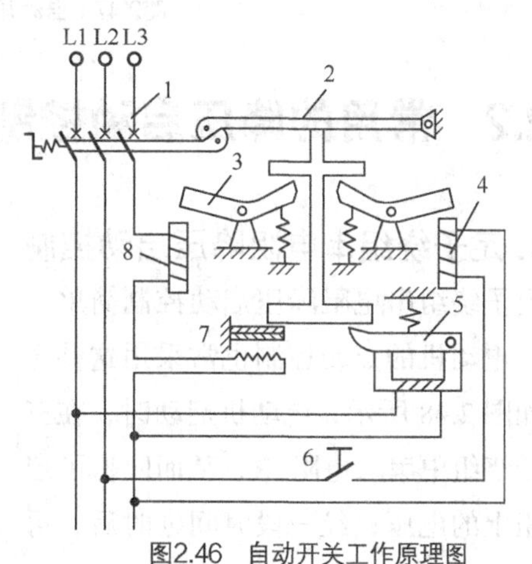

图2.46 自动开关工作原理图

1—主触点；2—自由脱扣机构；3—衔铁；4—分励脱扣器；5—欠压脱扣器；6—按钮；7—热脱扣；8—过电流脱扣器

（2）自动开关的选用

选择自动开关时，其额定电压和额定电流应不小于电路正常工作的电压和电流。热脱扣器的整定电流与所控制的电动机的额定电流或负载额定电流一致。过电流脱扣器的整定电流选择参见热继电器部分。欠压脱扣器额定电压等于线路额定电压；分励脱扣器额定电压等于控制电源电压；长延时电流整定值等于电动机额定电流。

机床上常用的自动开关有DZ5-20、DZ5-50、DZl0、3VE1、3VE3、3VE4等系列，适用于交流电压500V、直流电压220V以下的电路。表2.6所示为3VE系列自动开关的主要技术数据。

表2.6　3VE系列自动开关的主要技术数据

型　号	3VE1	3VE3	3VE4
额定工作电压/V	660	660	660
额定工作电流/A	20	32	63
可控电动机功率AC3（380V）/kW	10	16	32
脱扣形式及参数	过载保护：$1.05I_e \geqslant 2h$ 不动作，$1.2I_e < 2h$ 动作（h为小时） 短路保护：$1.2I_e \pm 20\%$ 瞬时动作		
安装方式	螺钉安装及35mm卡轨安装		螺钉安装
可选附件	可装欠压、分励脱扣	可装欠压、分励脱扣器、辅助触点组	

注：I_e为自动开关的额定电流。

自动开关的图形符号及文字符号如图2.47所示。

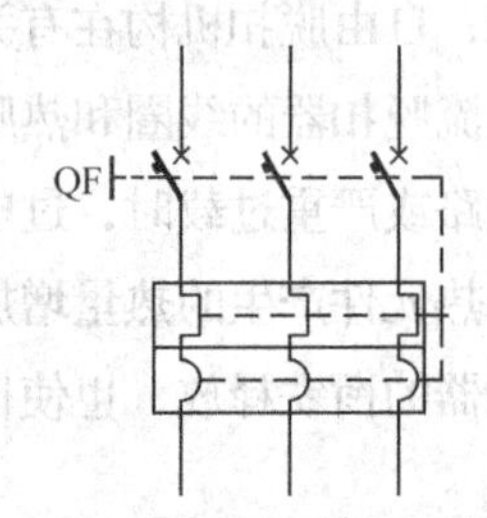

图2.47　自动开关的图形符号及文字符号

2.2.2 常用的降压启动控制

1. 定子绕组串电阻降压启动控制

定子绕组串电阻降压启动控制简单、可靠，电动机的点动控制也常采用这种方法。如图2.48所示，电动机启动时，在三相定子绕组中串入电阻R，从而降低了定子绕组上的电压；经一段时间延时后，再将电阻R断开，使电动机在额定电压下正常运行。

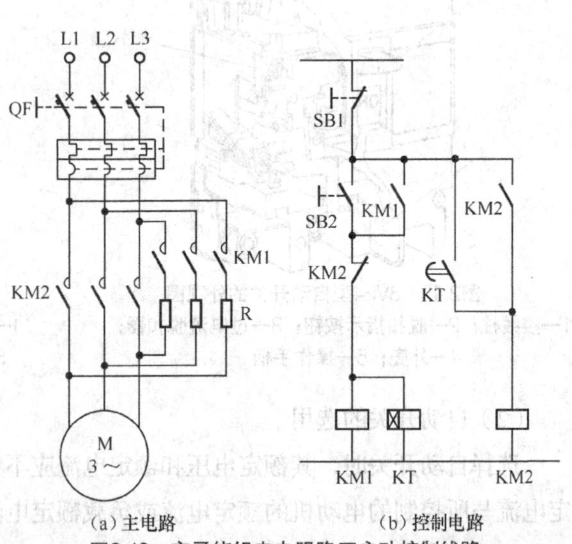

图2.48　定子绕组串电阻降压启动控制线路

线路的工作过程如下。

合上自动开关QF。按下启动按钮SB2，接触器KM1线圈通电，其主触点闭合，电动机M的定子绕组串电阻R降压启动，KM1

自锁触点（其常开辅助触点）使电动机 M 保持降压启动。此时，时间继电器 KT 线圈也通电，延时一段时间后（2s 左右），KT 的延时闭合常开触点闭合，KM2 线圈通电，其主触点闭合，短接电阻 R；KM2 常闭辅助触点断开，使 KM1、KT 断电，电动机 M 全电压运行。同时，KM2 自锁触点（短接 KT 的延时闭合常开触点）使电动机 M 保持全电压运行。简要分析如下：

按 SB2 → KM1通电 → M 串电阻 R 降压起动
按 SB2 → KT通电 —延时→ KM2通电自锁 → M 全压运行
　　　　　　　　　　　　　　　　　　→ KT断电
　　　　　　　　　　　　　　　　　　→ KM1断电
按 SB1 → KM1、KM2、KT断电 → M 停转

2. 星形—三角形降压启动控制

正常运行时定子绕组接成三角形的三相异步电动机，都可采用星形—三角形降压启动。如图 2.49 所示，电动机启动时，将其定子绕组连接成星形，加在电动机每相绕组上的电压为额定电压的 $1/\sqrt{3}$，启动电流为三角形接法启动电流的 1/3，减小了启动电流。经一段时间延时，待电动机转速上升到接近额定转速时再接成三角形，使电动机在额定电压下运行。

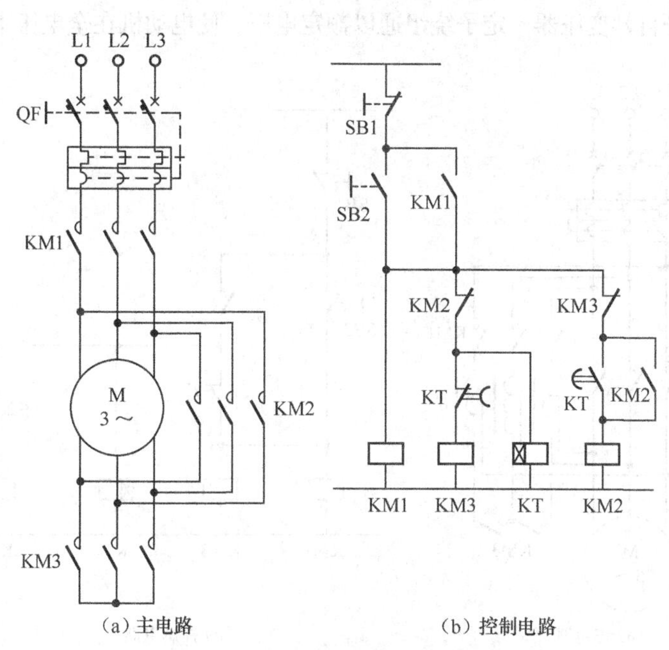

（a）主电路　　（b）控制电路

图2.49　星形—三角形降压启动控制线路

线路的工作过程如下。

合上自动开关 QF。按下启动按钮 SB2，接触器 KM1、KM3 线圈通电，其主触点使定子绕组接成星形，电动机降压启动（接触器 KM1 的自锁触点，使 KM1、KM3 保持通电），同时时间继电器 KT 线圈通电。经一段时间延时（2s 左右）后，电动机已达到额定转速，KT 的延时断开常闭触点断开，使 KM3 断电；而 KT 的延时闭合常开触点闭合，接触器 KM2 线圈通电自锁，使电动机定子绕组由星形连接转换到三角形连接，实现全电压运行。

在图 2.49 所示的控制线路中，KM3 动作后，其常闭触点将 KM2 的线圈断电，这样可防

止 KM2 的再动作。同样 KM2 动作后，它的常闭触点将 KM3 的线圈断电，也防止了 KM3 的再动作。这种利用两个接触器的辅助常闭触点互相控制的方式，称为电气互锁（或联锁）。起互锁作用的常闭触点叫互锁触点。这种互锁关系，可保证启动过程中 KM2 与 KM3 的主触点不能同时闭合，防止了电源短路。KM2 的常闭触点同时也使时间继电器 KT 断电。简要分析如下：

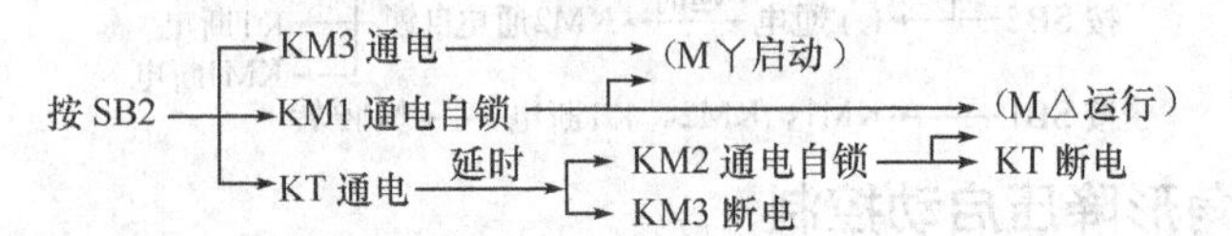

3. 自耦变压器降压启动控制

正常运行时定子绕组接成星形的笼型异步电动机，往往容量较大，可采用自耦变压器以减低电动机的启动电压。

如图 2.50 所示，启动时电动机定子串入自耦变压器，定子绕组得到的电压为自耦变压器的二次电压。启动后，断开自耦变压器，定子绕组通以额定电压，使电动机在全电压下运行。

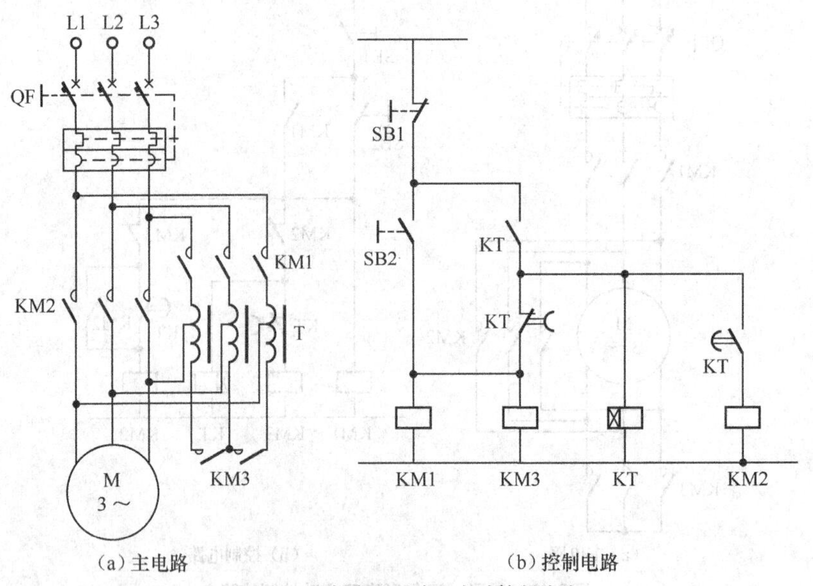

（a）主电路　　（b）控制电路

图2.50　自耦变压器降压启动控制线路

线路的工作过程如下。

合上自动开关 QF。按下启动按钮 SB2，接触器 KM1、KM3、时间继电器 KT 线圈通电，KT 瞬动常开触点闭合自锁，接触器 KM1、KM3 主触点闭合，将电动机定子绕组经自耦变压器接至电源，加在定子绕组的电压是自耦变压器的二次电压，电动机降压启动。经过一段时间延时后，时间继电器 KT 的延时断开常闭触点断开，KM1、KM3 断电，把自耦变压器从电源上切除；同时 KT 的延时闭合常开触点闭合，接触器 KM2 线圈通电，电动机得到电源电压，进入全电压运行状态。

降压启动用的自耦变压器也称为补偿降压启动器，有手动和自动两种。自耦变压器降压启动控制线路的优点是它对电网的电流冲击小，损耗功率也小。缺点是补偿降压启动器价格较贵。

2.3 三相异步电动机的正反转控制

在实际应用中，往往要求生产机械改变运动方向，如主轴的伸缩、工作台的左右移动等。这就要求电动机能实现正转、反转两个方向的运转。由三相异步电动机的工作原理可知，只要将电动机接在三相电源中的任意两根电线对调，即改变电源的相序，就可实现电动机的反转。如图 2.51（a）所示，在其主电路中，电动机的正反转是通过两个接触器 KM1、KM2 的主触点，改变电动机定子绕组的电源相序实现的。图中接触器 KM1 为正向接触器，控制电动机 M 正转；接触器 KM2 为反向接触器，控制电动机 M 反转。

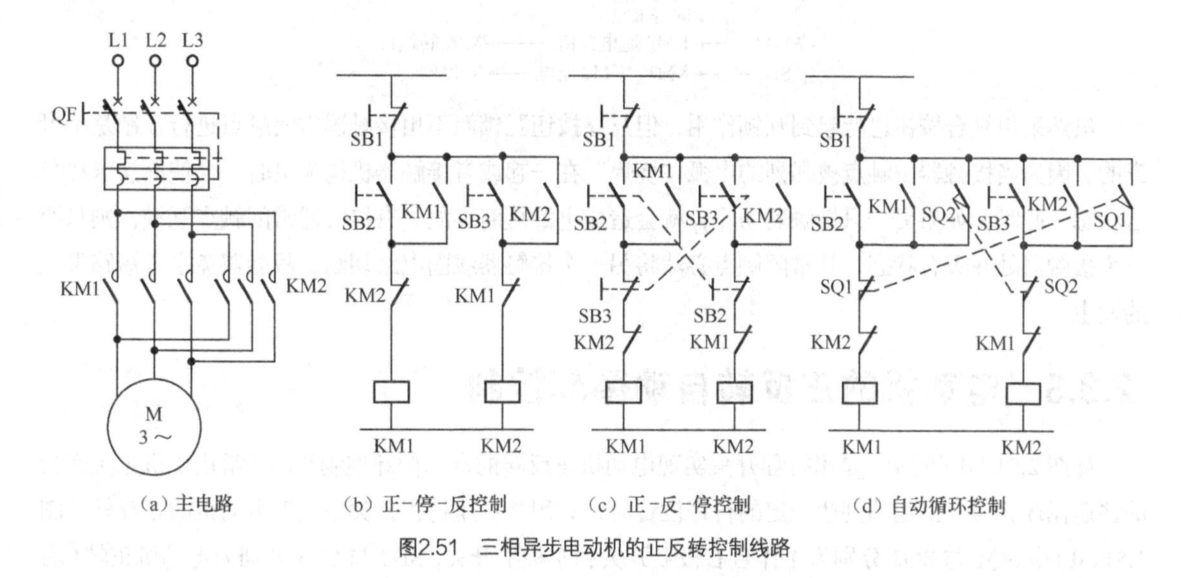

图2.51 三相异步电动机的正反转控制线路

2.3.1 电动机的“正-停-反”控制

如图 2.51（b）所示，按下启动按钮 SB2（或 SB3），接触器 KM1（或 KM2）线圈通电，KM1（或 KM2）的主触点使电动机正转（或反转）启动，其自锁触点使电动机正转（或反转）运行。由于 KM1、KM2 两个接触器的常闭触点起互锁作用，即当一个接触器通电时，其常闭触点断开，使另一个接触器线圈不能通电。电动机换向时，必须先按停止按钮 SB1，使接触器线圈断开，即断开互锁点，才能反方向启动。这样的线路常称为“正-停-反”控制线路。简要分析如下：

按SB2 ⟶ KM1通电自锁 ⟶ M正转运行
按SB1 ⟶ KM1断电 ⟶ M停转
按SB3 ⟶ KM2通电自锁 ⟶ M反转运行

2.3.2 电动机的“正-反-停”控制

如图2.51（c）所示，将启动按钮SB2、SB3换成复合按钮，用复合按钮的常闭触点来断开转向相反的接触器线圈的通电回路。按下SB2，其常开触点闭合并自锁，使KM1线圈通电吸合，电动机正转；当按下SB3时，其常闭触点断开吸合的KM1线圈，使电动机停止；同时SB3的常开触点闭合并自锁，经恢复闭合的KM1常闭触点，使KM2线圈通电吸合，电动机反转。此电路由于在电动机正向运转时可按反转启动按钮直接换向，因此称为“正-反-停”控制线路。简要分析如下：

按SB2 ⟶ KM1通电自锁 ⟶ M正转运行
　　　└⟶ 断开KM2
　　　┌⟶ 断开KM1
按SB3 ⟶ KM2通电自锁 ⟶ M反转运行
按SB1 ⟶ KM1、KM2断电 ⟶ M停转

虽然采用复合按钮也能起到互锁作用，但只靠按钮互锁而不用接触器常闭触点进行互锁是不可靠的。因为当接触器主触点被强烈的电弧“烧焊”在一起或者接触器机构失灵时，会使衔铁卡在吸合状态。此时，如果另一只接触器动作，就会造成电源短路事故。有接触器常闭触点互锁，则只要一个接触器处在吸合状态，其常闭触点必然将另一个接触器线圈电路切断，故能避免电源短路事故的发生。

2.3.3 电动机的正反转自动循环控制

如图2.51（d）所示，是用行程开关实现电动机正反转的自动循环控制线路，常用于机床工作台的往返循环运动。当运动到达一定的行程位置时，利用挡块压行程开关来实现电动机的正反转。图2.51（d）中SQ1与SQ2分别为工作台右极限开关和左极限开关，SB2与SB3分别为电动机正转（右行）与反转（左行）启动按钮。

按右行启动按钮SB2，接触器KM1通电并自锁，电动机正转，工作台右移。当工作台运动到右端时，挡块压下右极限开关SQ1，其常闭触点使KM1断电，同时其常开触点使KM2通电并自锁，电动机反转，使工作台左移。当运动到挡块压下左极限开关SQ2时，使KM2断电，KM1又通电，电动机正转，使工作台右移，这样一直循环下去。SB1为自动循环停止按钮。

此控制线路只适用于往返运动周期较长，而且电动机的轴有足够强度的传动系统中。因为工作台往返一次，电动机要进行两次换向，这将出现较大的启动电流和机械冲击。

三相异步电动机的制动控制

三相异步电动机的制动，就是强迫电动机立即停转。制动方法一般分为机械制动和电气制动两种。

机械制动是利用机械装置使电动机迅速停转，常用机械抱闸、液压制动器等机械装置。机械抱闸装置，一般由制动电磁铁和闸瓦制动器组成，可分为通电制动和断电制动。制动时将制动电磁铁的线圈通电或断电，通过机械抱闸使电动机制动。

电气制动实质上是在电动机停车时产生一个与转子原来转动方向相反的电磁转矩，迫使电动机迅速停车。机床上常用的电气制动控制有能耗制动和反接制动。

2.4.1 制动控制相关低压电器元件介绍（速度继电器）

速度继电器的工作原理如图 2.52 所示。速度继电器的转子轴与电动机的轴相连接，定子空套在转子上。当电动机转动时，速度继电器的转子（永久磁铁）随之转动，在空间产生旋转磁场，切割定子绕组，在定子绕阻中感应出电流。此感应电流又在旋转的转子磁场作用下产生转矩，使定子随转子转动方向旋转，和定子装在一起的摆锤推动动触头动作，使常闭触点断开，常开触点闭合。当电动机转速低于某一值时，定子产生的转矩减小，动触点复位。

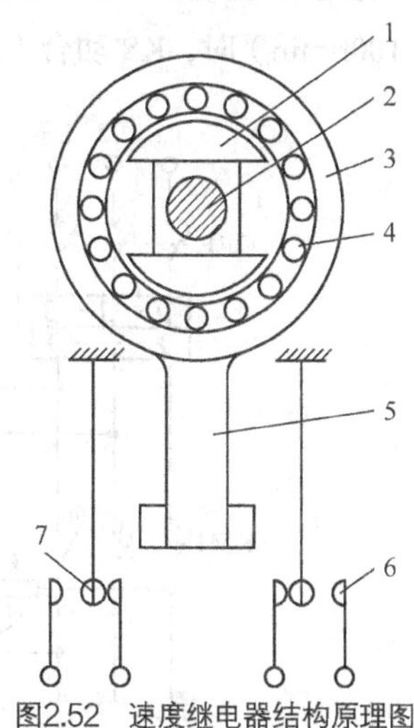

图2.52　速度继电器结构原理图

1—转子；2—电动机轴；3—定子；4—绕组；5—摆锤；6—静触点；7—动触头

常用的速度继电器有 JY1 型和 JFZ0 型，其技术数据如表 2.7 所示。一般速度继电器的动作转速为 120r/min，触点的复位转速在 100r/min 以下，转速在 3600r/min 以下能可靠工作。

表 2.7　JY1 型和 JFZ0 型速度继电器技术数据

型　号	触点容量		触点数量		额定工作转速 /（r·min^{-1}）	允许操作频率 /（次/h）
	额定电压/V	额定电流/A	正转时动作	反转时动作		
JY1	380	2	1 组转换触点	1 组转换触点	100～3600	<30
JFZ0					300～3600	

速度继电器的图形符号及文字符号如图 2.53 所示。

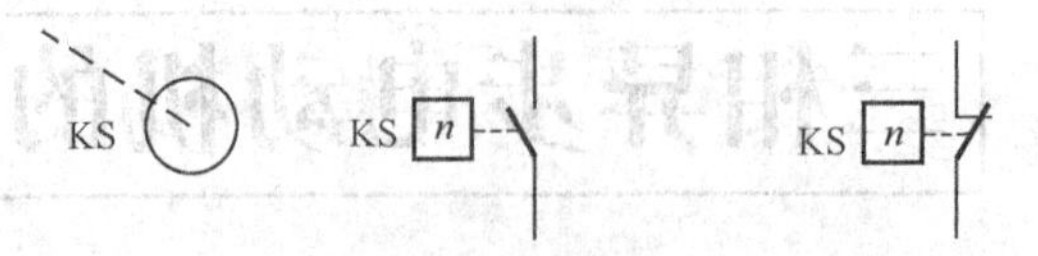

（a）转子　（b）动合（常开）触点　（c）动断（常闭）触点

图2.53　速度继电器的图形符号及文字符号

2.4.2 常用的制动控制

1. 能耗制动控制

能耗制动是电动机在按下停止按钮断开三相电源时，定子绕组任意两相接入直流电源，产生静止磁场，利用转子感应电流与静止磁场的作用，产生电磁制动力矩而实现的制动。

图 2.54 所示为能耗制动速度原则方式下的单向能耗制动控制线路（用速度继电器进行控制）。速度继电器 KS 安装在电动机轴端上，与电动机同步。电动机正常运转时，转速较高，速度继电器 KS 的动合（常开）触点闭合，为接触器 KM2 线圈通电做准备，即为能耗制动做准备。停车时，按下复合停止按钮 SB1，接触器 KM1 断电释放，电动机脱离三相电源。此时，接触器 KM2 线圈通电并自锁，直流电源被接入定子绕组，电动机进入能耗制动状态。当电动机转子的惯性转速接近零（通常低于 100r/min）时，KS 动合（常开）触点复位，KM2 线圈断电，能耗制动结束。简要分析如下：

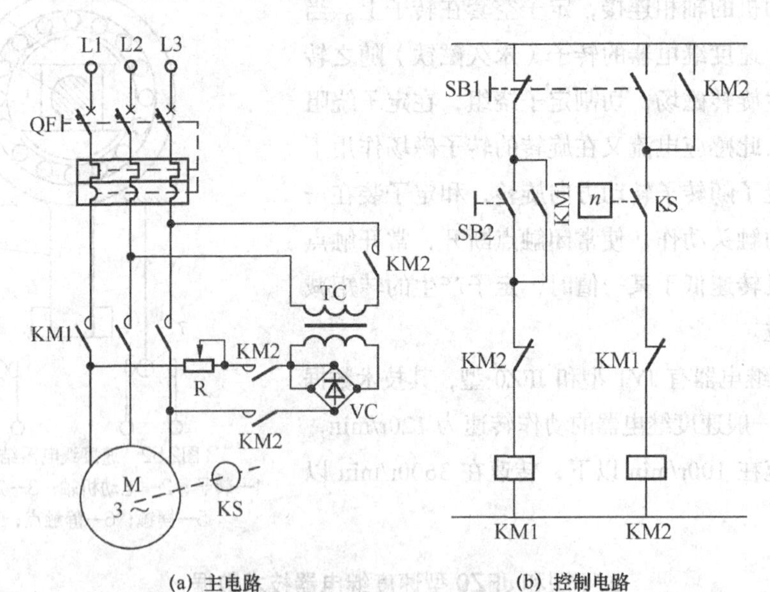

(a) 主电路　(b) 控制电路

图2.54　速度原则的单向能耗制动控制线路

（假设电动机在正转，则 KM1 通电，KS 动合触点闭合）

按 SB1→KM1 断电→M 断电
　　　→KM2 通电自锁→M 通直流电，能耗制动 —$n\leqslant 100$r/min→ KS 动合触点断开→KM2 断电→制动结束

图 2.55 所示为能耗制动时间原则方式下的单向能耗制动控制线路（用时间继电器进行控制）。停车时，按下复合停止按钮 SB1，接触器 KM1 断电释放，电动机脱离三相电源，接触器 KM2 和时间继电器 KT 同时通电并自锁，KM2 主触点闭合，将直流电源接入定子绕组，电动机进入能耗制动状态。延时一段时间（2s 左右，即转子转速接近零时），时间继电器延时断开常闭触点断开，KM2 线圈断电，切断能耗制动直流电源，KM2 常开辅助触点复位，KT 线圈断电，电动机能耗制动结束。简要分析如下：

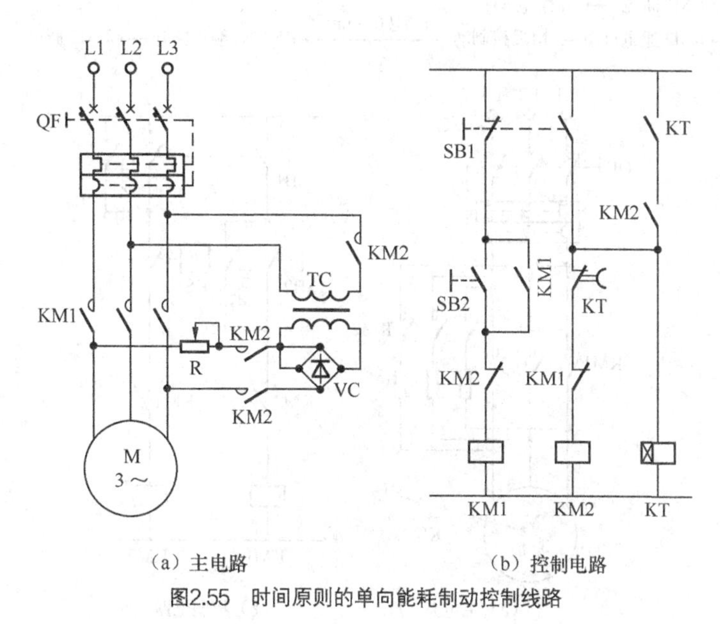

图2.55　时间原则的单向能耗制动控制线路

（假设电机在正转，则 KM1 通电）

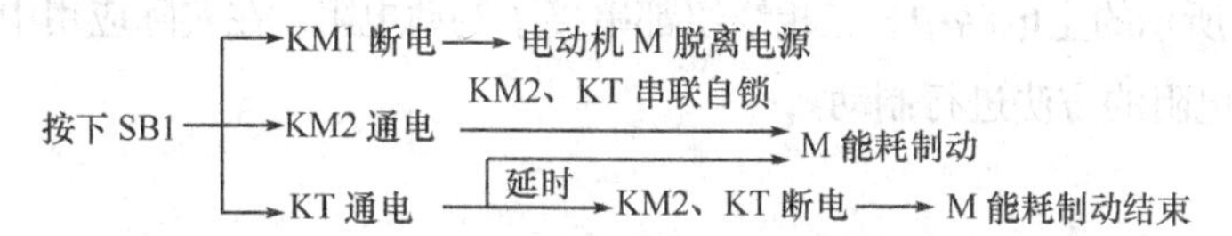

能耗制动的优点是制动准确、平稳、能量消耗小；缺点是需要一套整流设备。

2. 反接制动控制

反接制动是电动机在按下停止按钮断开三相电源时，改变三相电源的相序后再接入电动机定子绕组中，产生与转动方向相反的电磁力矩，使电动机制动的方法为反接制动。在电动机转速接近零时，应及时将反接电源切除，否则电动机会反向旋转。反接制动时，由于旋转磁场的相对速度很大，定子电流也很大，因此制动迅速。反接制动时冲击力较大，对传动部件有害，能量消耗也较大。通常反接制动控制仅适用于不经常起制动的 10kW 以下的小容量电动机。为了减小冲击电源，可在主回路中串入电阻 R 来限制反接制动电流。反接制动也分为时间原则方式和速度原则方式，机床中广泛采用后者。

图 2.56 所示为电动机单向反接制动控制线路。电动机转动时，速度继电器 KS 的动合（常开）触点闭合，为反接制动接触器 KM2 线圈通电作好准备。停车时，按下复合按钮 SB1，KM1 线圈断

电，电动机脱离三相电源作惯性转动。同时接触器 KM2 线圈通电并自锁，使电动机定子绕组中三相电源的相序改变，电动机进入反接制动状态，转速迅速下降。当电动机转速接近零（通常低于 100r/min）时，速度继电器 KS 的动合（常开）触点复位，KM2 线圈断电，切断了电动机的反相序电源，反接制动结束。简要分析如下：

（假设电机在正转，则 KM1 通电，KS 动合触点闭合）

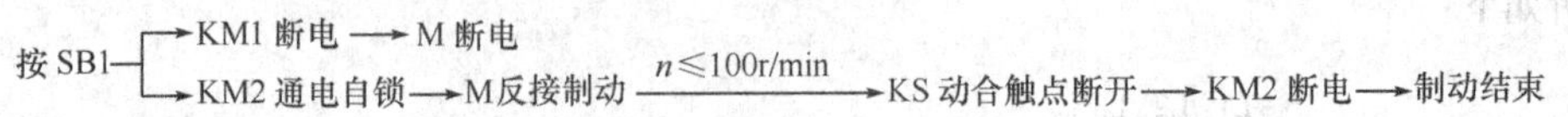

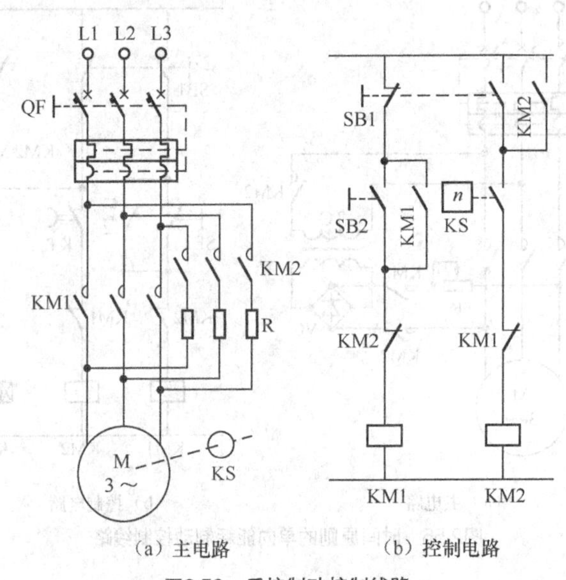

（a）主电路　　（b）控制电路

图2.56　反接制动控制线路

如图 2.56（a）所示的主电路中，三相绕组都串接了制动电阻。在实际应用中常采用只在其中任意两相绕组中串接电阻的方法进行制动。

2.5 三相异步电动机的调速

在负载不变的情况下，人为地改变电动机的转速，以满足各种生产机械需求，这就是调速。调速的方法很多，可以采用机械调速，也可以采用电气调速。采用电气调速可大大简化机械变速机构，并能获得较好的调速效果。

由三相异步电动机的转速公式 $n=(1-s)n_0=(1-s)60f_1/p$ 可知，异步电动机的转速可以通过改变频率 f_1、磁极对数 p 和转差率 s 3 种方法实现。

1. 变频调速

变频调速是通过改变异步电动机供电电源的频率 f_1 来改变同步转速 n 实现调速的。图 2.57 所示为变频调速装置的方框图。变频调速装置主要由整流器和逆变器组成。通过整流器先将 50Hz 的交流电变换成电压可调的直流电，直流电再通过逆变器变成频率连续可调的三相交流电。在变频装置的支持下，即可实现三相异步电动机的无级调速（变频调速的应用将在第 6 章中介绍）。

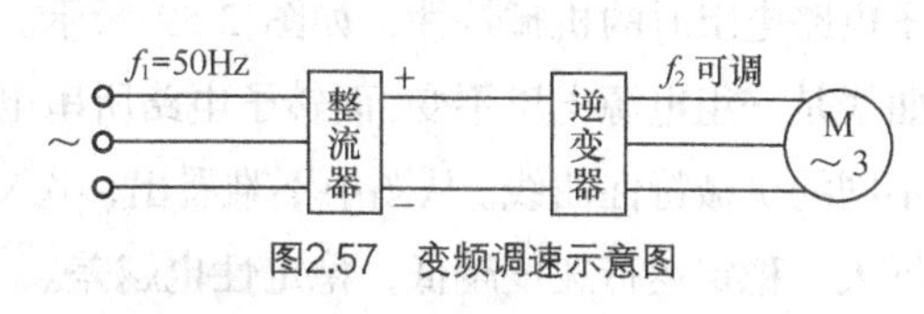

图2.57　变频调速示意图

2. 变转差率调速

变转差率调速是调速过程中保持电动机同步转速 n_0 不变，靠改变转差率 s 实现的。通常在电动机转子绕组电路中接入一个调速电阻，通过改变电阻即可实现。

变转差率调速方法只适用于绕线转子电动机，其特点是电动机的同步转速保持不变。主要有 3 种，即定子调压调速、转子电路串电阻调速和串级调速。

① 定子调压调速。改变异步电动机定子电压时的机械特性如图 2.58 所示。在不同定子电压下，电动机的同步转速 n_0 是不变的，临界转差率 s_m 或 n_m 也保持不变；随着电压的降低，电动机的最大转矩按平方比例下降。

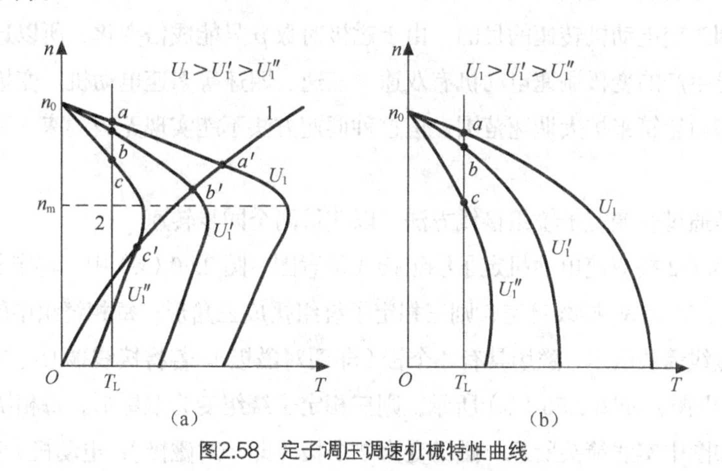

图2.58　定子调压调速机械特性曲线

如果负载为通风机负载，其特性如图 2.58（a）中曲线 1 所示。改变定子电压，可以获得较低的稳定运行速度。如果负载为恒转矩负载，其特性如图 2.58（a）中曲线 2 所示，其调速范围较窄，往往不能满足生产机械对调速的要求，所以调压调速用于通风机负载效果更好。

为了扩大在恒转矩负载时的调速范围，要采用转子电阻较大、机械持性较软的高转差率电动机，该电动机在不同定子电压时的机械特性如图 2.58（b）所示。显然，机械特性太软，其转差率、运行稳定性又不能满足生产工艺的要求，所以，单纯改变定子电压调速很不理想。为此，现代的调压调速系统通常采用测速反馈的闭环控制。

定子调压调速方法在电动机转速较低时，转子电阻上的损耗较大，使电动机发热较严重，所以这种调速方法一般不宜在低速下长时间运行。

② 转子电路串电阻调速。改变异步电动机转子电路电阻时的机械特性，如图 2.59 所示。图中曲线是一组电源电压不变，而转子电路所串电阻值不同的机械特性曲线。从图中不难看出，串入电阻越大，稳定运行速度越低，稳定性也越差。

转子串电阻调速的优点是方法简单，设备投资不高，工作可靠；缺点是调速范围不大，稳定较差，平滑性也不是很好，调速的能耗比较大。在对调速性能要求不高的地方应用广泛，如运输、起重机械等。

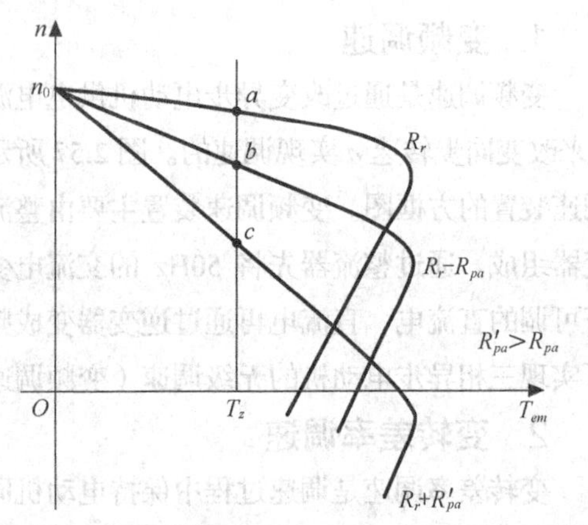

图2.59 转子电路串接电阻改变转差率调速的机械特性

③ 串级调速。为了克服绕线转子串电阻调速时串入电阻消耗电能的缺点，在转子电路中串入三相对称的附加电动势 E_f 取代串入转子中的电阻，该附加电动势 E_f 大小和相位可以自行调节，且 E_f 的频率始终与转子频率相同。

3. 变极调速

改变电动机每相绕组的连接方法可以改变磁极对数。磁极对数的改变可使电动机的同步转速发生改变，从而达到改变电动机转速的目的。由于磁极对数 p 只能成倍变化，所以这种方法不能实现无级调速。目前已生产的变极调速电动机有双速、三速、四速等多速电动机。变极调速控制简单，在机床中常用减速齿轮箱来扩大调速范围，但这种调速方法不能实现无级调速。下面介绍双速电动机的电气控制。

双速电动机是通过改变定子绕组接线方法，以获得两个同步转速。

图 2.60 所示为 4/2 极双速电动机定子绕组接线示意图。图 2.60（a）中，将定子绕组的 U_1、V_1、W_1 接电源，而 U_2、V_2、W_2 接线悬空，则三相定子绕组接成三角形；每相绕组中的两个线圈串联，电源方向如图中虚线箭头所示，磁场具有 4 个极（即两对磁极）。若将接线端 U_1、V_1、W_1 连在一起，而 U_2、V_2、W_2 接电源，如图 2.60（b）所示，则三相定子绕组变为双星形；每相绕组中的两个线圈并联，电流方向如图中实线箭头所示，磁场变为 2 个极（即一对磁极），电动机为高速。

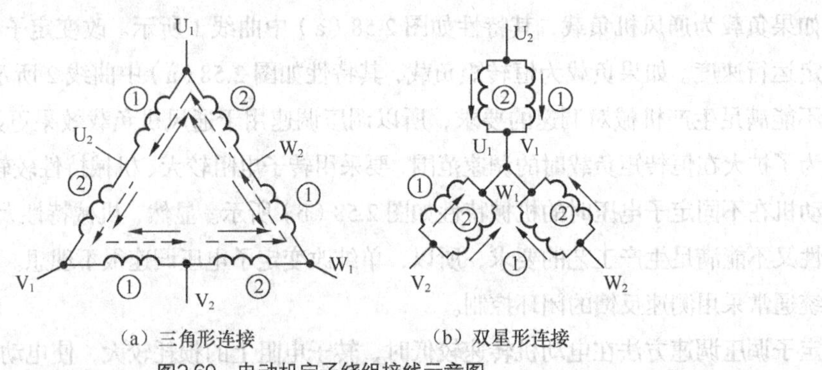

图2.60 电动机定子绕组接线示意图

图 2.61 所示为双速电动机控制线路，其中图 2.61（a）为主电路，图 2.61（b）为采用复合按

钮联锁控制的高、低速直接转换的控制电路。按下低速启动按钮 SB1，接触器 KM1 通电吸合，电动机定子绕组接成三角形，电动机以低速运转。若按下高速启动按钮 SB2，则 KM1 断电释放，同时接通 KM2 和 KM3，电动机定子绕组接成双星形，电动机以高速运转。简要分析如下：

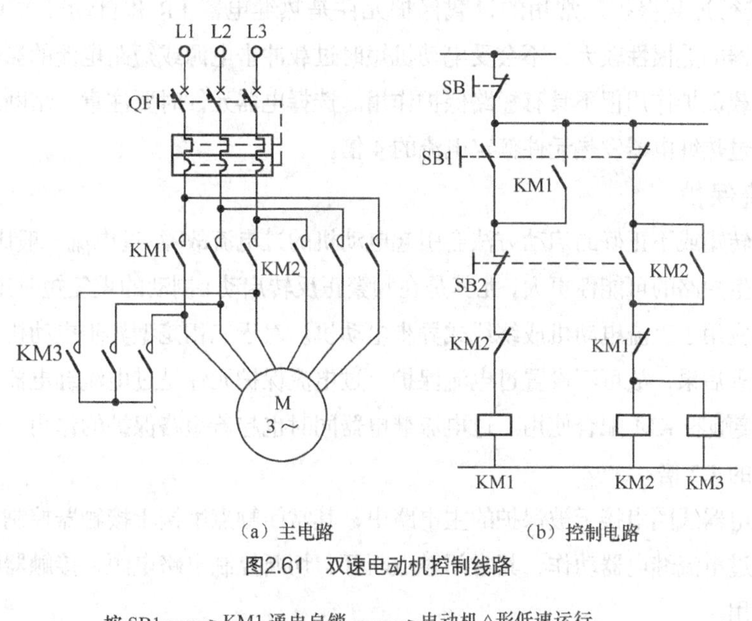

（a）主电路　　（b）控制电路

图2.61　双速电动机控制线路

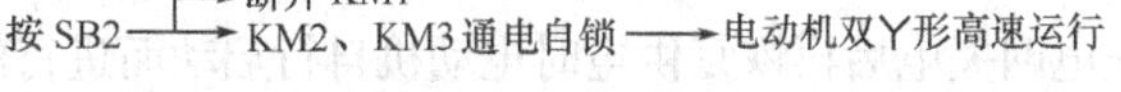
按 SB1 → KM1 通电自锁 → 电动机△形低速运行
　　　 → 断开 KM2、KM3

　　　 → 断开 KM1
按 SB2 → KM2、KM3 通电自锁 → 电动机双Y形高速运行

2.6 三相异步电动机的保护环节

为了确保设备长期、安全、可靠无故障地运行，电气控制系统都必须有保护环节，用以保护电动机、电网、电气控制设备及人身的安全。电气控制系统中常用的保护环节有短路保护、过载保护、零压和欠压保护以及弱磁保护等。

1. 短路保护

电动机绕组或导线的绝缘损坏，或者线路发生故障时，都可能造成短路事故。短路时，若不迅速切断电源，会产生很大的短路电流和电动力，使电气设备损坏。常用的短路保护元件有熔断器 FU 和自动开关 QF。

在短路时，熔断器由于熔体熔断而切断电路起保护作用；自动开关在电路出现短路故障时自动跳闸，起保护作用。

2. 过载保护

三相异步电动机的负载突然增加、断相运行或电网电压降低都会引起过载。电动机长期超载运行，其绕组温升将超过允许值，会造成绝缘材料变脆、变硬、减少寿命，甚至造成电动机损坏，因此要进行过载保护。常用的过载保护元件是热继电器 FR 和自动开关 QF。

由于热继电器的热惯性较大，不会受电动机短时过载冲击电源或短路电流的影响而瞬时动作，热继电器具有过载保护作用但不具有短路保护作用。选择电器元件时要注意，熔断器熔体的额定电流值一般不应超过热继电器发热元件额定电流的 4 倍。

3. 过电流保护

过大的负载转矩或不正确的启动方法会引起电动机的过电流故障。过电流一般比短路电流要小，产生过电流比发生短路的可能性更大，尤其是在频繁正反转启动、制动的重复短时工作中更是如此。过电流保护主要应用于直流电动机或绕线式异步电动机。对于三相笼型异步电动机，由于其短时过电流不会产生严重后果，故可不设置过电流保护。过电流保护元件是过电流继电器，通常采用过电流继电器 KI 和接触器 KM 配合使用。过电流继电器同时也起着短路保护的作用，一般过电流的动作值为启动电流的 1.2 倍。

将过电流继电器线圈串接于被保护的主电路中，其常闭触点串接于接触器控制电路中。当电流达到整定值时，过电流继电器动作，其常闭触点断开，切断控制电路电源，接触器断开电动机的电源而起到保护作用。

4. 零电压保护

零电压保护是为防止电网失电后再恢复供电时电动机自行启动而进行的保护。电动机正在运行时，如果电源电压因某种原因消失，则在电源电压恢复时，必须防止电动机自行启动。否则，可能造成生产设备的损坏，甚至发生人身事故。对电网来说，若同时有多台电动机自行启动，则会引起过电流，也会使电网电压瞬间下降，因此要进行零电压保护。

5. 欠电压保护

欠电压保护是为防止电源电压降到允许值以下造成电动机损坏而实行的保护。电动机正常运转时，如果电源电压过分地降低，将引起一些电器释放，造成控制线路不正常工作，可能产生事故。对电动机来说，如果电源电压过低，而负载不变时，会造成电动机绕组电流增大，使电动机发热甚至烧坏，还会引起转速下降甚至停转，因此要进行欠电压保护。

通常通过接触器 KM 的自锁环节来实现电动机的零电压、欠电压保护，也可用自动开关 QF 来进行保护。

本章通过三相异步电动机全电压直接启动和降压启动两种方式的介绍，引出启动控制所需的常用低压电器元件。对低压电器元件，如刀开关、主令电器、熔断器、接触器、变压器、继电器、时

间继电器、热继电器、自动开关、速度继电器等的分类、组成、电气图形符号、代号表示以及它们的选用方法进行了详尽的介绍。本章重点分析了三相异步电动机的启动、正反转及制动等基本控制电路，为下一章机床电气控制线路图的分析打基础。

1. 熔断器在电路中的作用是什么？它有哪些主要参数？

2. 熔断器的额定电流与熔体的额定电流是不是一回事？二者有何区别？

3. 熔断器与热继电器用于保护交流三相异步电动机时，能不能互相取代？为什么？

4. 交流接触器在运行中有时在线圈断电后，衔铁掉不下来，电动机不能停止，这时应如何处理？故障原因在哪里？应如何清除？

5. 中间继电器和接触器有何异同？在什么条件下可以用中间继电器来代替接触器控制电动机？

6. 电动机的启动电流很大，当电动机启动时，热继电器会不会动作?为什么?

7. 画出时间继电器触点及线圈的图形符号。

8. 电气原理图中 QF、QS、FU、KM、KA、KS、KT、SB、SQ 分别是什么电器元件的文字符号？

9. 什么叫“自锁”、“互锁（联锁）”？举例说明各自的作用。

10. 画出异步电动机星形-三角形启动的控制线路，并说明其优缺点及适用场合。

11. 什么叫反接制动？什么叫能耗制动？各有什么特点及各适应哪种场合？

12. 机床继电器—接触器控制线路中一般应设哪些保护？各有什么作用？短路保护和过载保护有何区别？零电压保护的目的是什么？

13. 某机床主轴和润滑泵各由一台电动机带动。要求主轴必须在液压泵开动后才能开动，主轴能正反转并能单独停车，有短路、零压及过载保护等，试绘制控制电路。

14. 设计一个控制线路，要求第一台电动机启动 2s 后，第二台电动机自行启动，运行 5s 后，第一台电动机停止并同时使第三台电动机自行启动，再运行 15s 后，电动机全部停止。

15. 设计一小车运行的控制线路，小车由异步电动机拖动。其动作程序如下：

（1）小车由原位开始前进，到终点后自动停止；

（2）在终点停留 10min，然后自动返回原位停止；

（3）要求在前进或后退途中任意位置都能停止或启动。

Chapter 3

第3章 典型机床控制线路

3.1 机床电路图的分析

3.1.1 电气控制系统图中的图形符号和文字符号

1. 电气控制系统图

根据机床的机械运动形式对电气控制系统的要求，采用国家统一规定的电气图形符号和文字符号，按照电气设备和电器的工作顺序，详细表示电路、设备或成套装置的全部基本组成和连接关系的图形叫电气控制系统图。它表达电气控制系统的组成、结构与工作原理。电气控制系统图由图形符号、文字符号组成，并按照《电气制图》(GB/T 6988—1993～2002)要求来绘制。

电气控制系统图一般有 3 种：电气原理图、电气元件布置图及电气安装接线图。本节以 CW6132 车床为例，介绍这 3 种图。

2. 图形符号

图形符号表示一个电气设备的图形、标记或字符。这些图形符号必须采用国家标准来表示，如《电气简图用图形符号》(GB/T 4728—1996~2000)、《电气设备用图形符号绘图原则》(GB/T 5465.1—1996)。

3. 文字符号

文字符号用于标明电气设备、装置和元器件的名称及电路的功能、状态和特征。它分为基本文字符号和辅助文字符号。

3.1.2 电气原理图

电气原理图是根据电气控制系统的工作原理绘制的。它采用电气元件展开的形式，利用图形符号和项目代号来表示电路各电气元件中导电部件和接线端子的连接关系。电气原理图中的元器件并不是按其实际布置来绘制的，而是根据其在电路中所起的作用画在不同的位置上。

电气原理图具有结构简单、层次分明的特点，适于分析电路工作原理、设备调试与维修。图3.1所示为CW6132型普通车床的电气原理图。

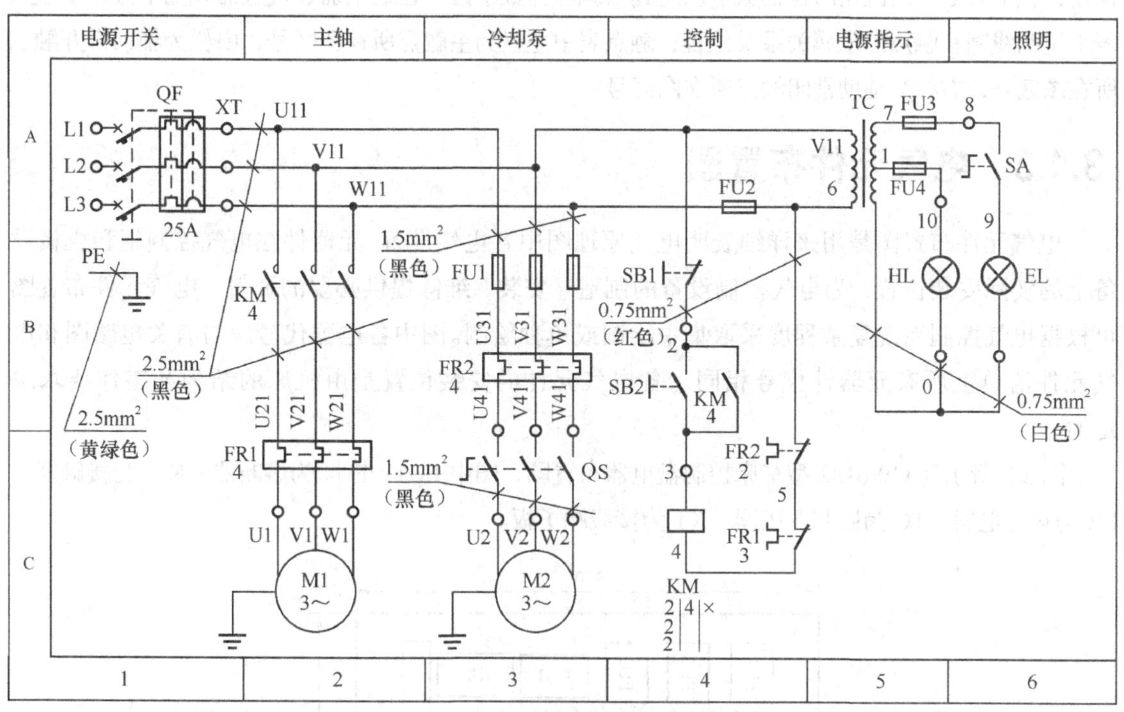

注：为标注方便，图中各线圈及触点所在的区号都只用数字表示，忽略了竖边的字母分区。如KM线圈在C4区，简写为4区，后面一些图纸省略了该标注。

图3.1 CW6132型普通车床电气原理图

1. 电气原理图的组成

电气原理图通常包括主电路和控制电路。主电路是从电源到电动机或到其他动力元件的电路，是强电流通过的电路（功率很大），其内有刀开关、熔断器、接触器主触点、热继电器发热元件与电动机等。控制电路主要是电动机控制电路和辅助电路，辅助电路一般包括照明电路、信号电路及保护电路等。

2. 绘制电气原理图的原则

① 原理图上的电路一般用细实线来画。

② 各电器元件不画出实际的外形图，而是采用统一的图形符号来画，并按统一的文字符号

来标注。原理图上应标出各个电源电路的电压值、极性、频率及相数；标出某些元器件的特性（如电阻、电容的数值、熔断器、热继电器和空气开关的额定电流、导线的截面积等）；还应标出不常用电器（如位置传感器、手动触点等）的操作方式和功能。电器元件的可动部分通常表示在电器元件非激励或不工作的状态或位置；二进制逻辑元件应是置零时的状态；机械开关应是循环开始前的状态。

③ 原理图上各电路的安排应便于分析、维修和寻找故障，原理图应按功能分开画出，从左到右依次是主电路、控制电路、其他电路等。

④ 为了便于读图和检索，原理图上方将图分成若干图区为用途区，用于标明该区电路的用途与作用；在下方划分图区用阿拉伯数字从左到右编写为数字区。在继电器、接触器线圈下方，用触点表来说明线圈和触点的从属关系及位置；触点表中左栏为主触点所在图区号，中栏为辅助常开触点所在图区号，右栏为辅助常闭触点所在图区号。

3.1.3 电气元件布置图

电气元件布置图是用来详细表明电气原理图中各电气设备、元器件在电气控制柜和机械设备上的实际安装位置，为电气控制设备的制造、安装、维修提供必要的资料。电气元件布置图可根据电气控制系统复杂程度采取集中绘制或单独绘制。图中各电器代号应与有关电路图和电气元件清单上所有元器件代号相同。各电气元件的安装位置是由机床的结构和工作要求决定的。

图 3.2 所示为 CW6132 型车床控制盘电器布置图，图中 FU1～FU4 为熔断器，KM 为接触器、FR 为热继电器、TC 为照明变压器、XT 为接线端子板。

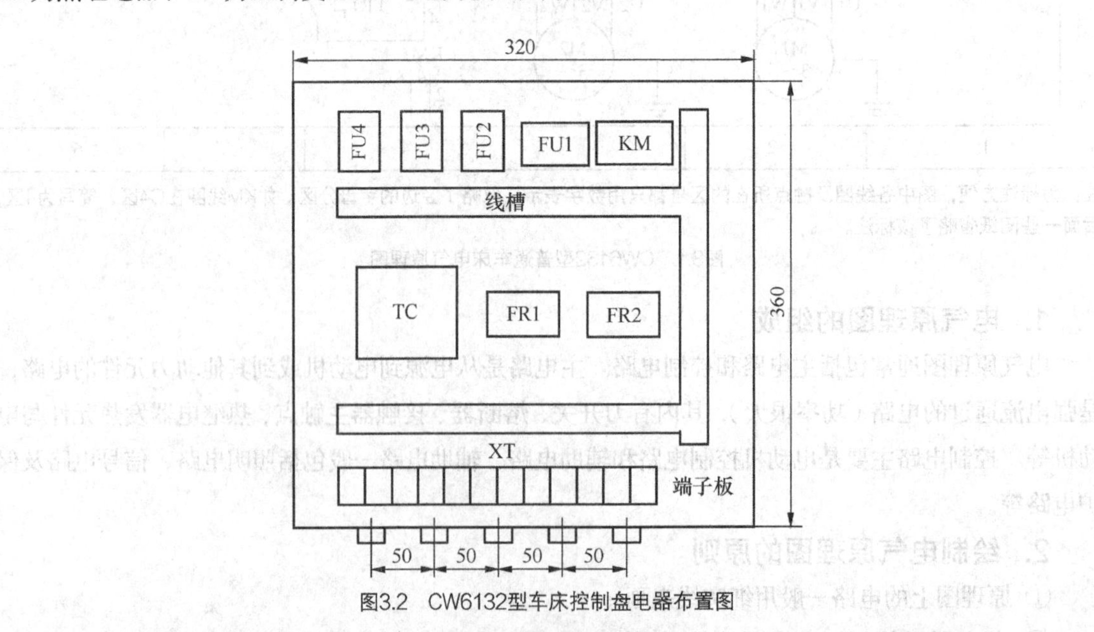

图3.2 CW6132型车床控制盘电器布置图

图 3.3 所示为 CW6132 型车床电气设备安装布置图，图中 QF 为电源开关，QS 为转换开关，SA

为照明开关，SB1 为停止按钮，SB2 为启动按钮，M1、M2 分别为主轴电动机和冷却泵电动机，EL 为照明灯。

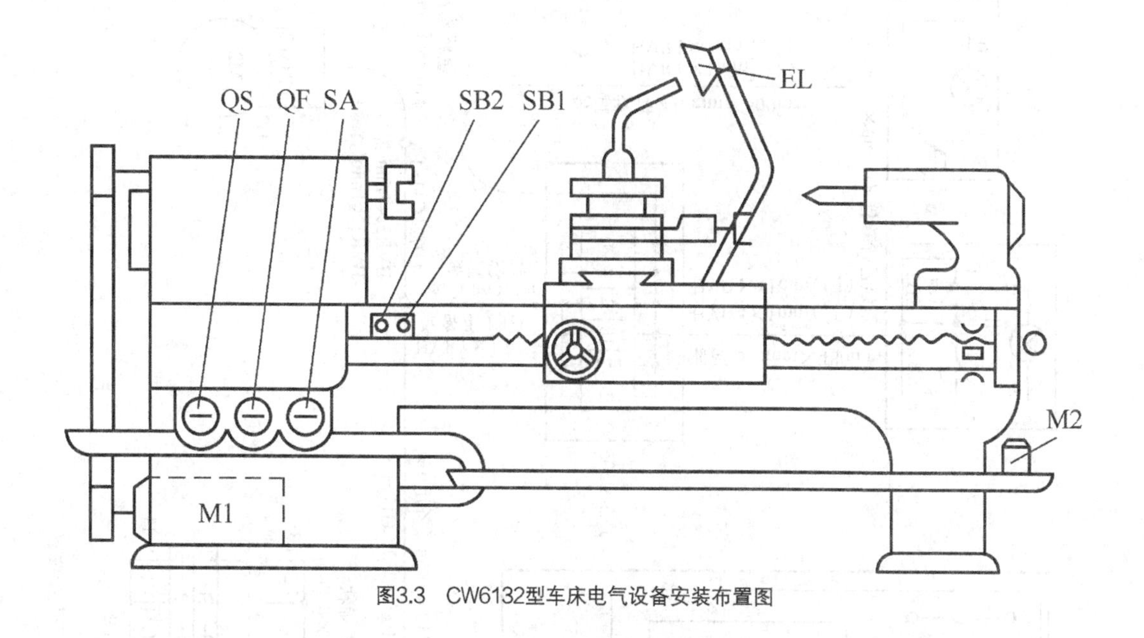

图3.3 CW6132型车床电气设备安装布置图

3.1.4 电气安装接线图

电气安装接线图用来表明电气设备或装置之间的接线关系，可以清楚地表明电气设备外部元件的相对位置及它们之间的电气连接，是实际安装布线的依据。安装接线图主要用于电器的安装接线、线路检查、线路维修和故障处理，通常接线图与电气原理图和元件布置图一起使用。在绘制电气安装接线图时，一般应遵循以下原则。

① 各电气元件均按实际安装位置绘出，元件所占图面按实际尺寸以统一比例绘制，尽可能符合电器排布的实际情况。电气元件的图形、文字符号应与电气原理图标注完全一致。同一电气元件的各带电部件必须画在一起，并用点画线框起来，即采用集中表示法表示每一电器。各电气元件的位置，应与实际安装位置一致。

② 各电气元器件上凡需接线的部件端子都应绘出，控制柜内外电器元件的电气连接一般应通过端子板进行，各接线端子的编号必须与电气原理图上的编号一致，按电气原理图的接线编号连接。

③ 走向相同的多根导线可用单线或线束来表示。

④ 接线图中应标明连接导线的规格、型号、根数、颜色和穿线管的尺寸等。

图 3.4 所示的 CW6132 型车床电气安装接线图，是根据上述原则绘制的与图 3.1 所对应的电器箱外部连线图。

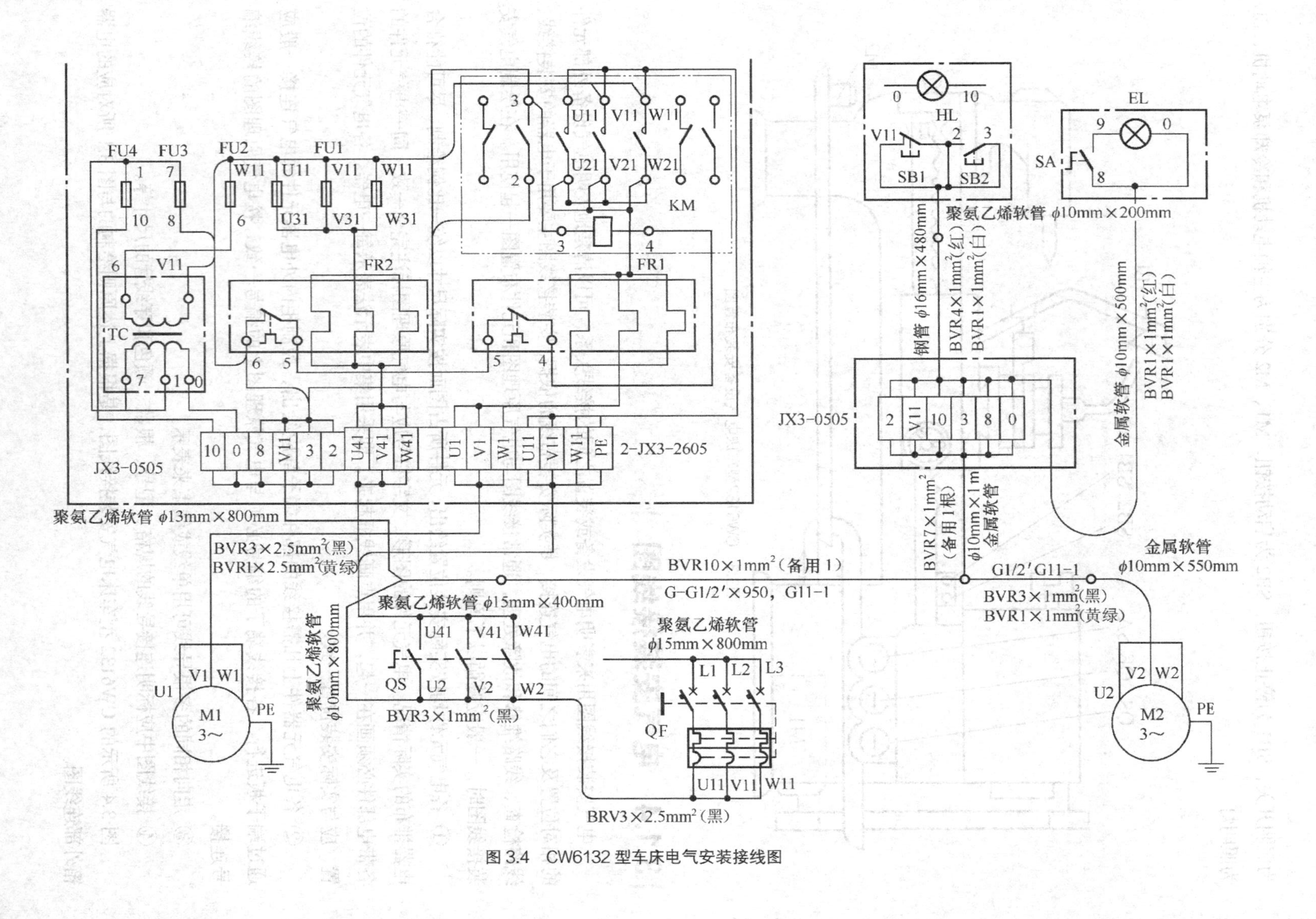

图 3.4 CW6132 型车床电气安装接线图

电葫芦的电气控制

3.2.1 电葫芦概述

1. 电葫芦的结构与作用

如图 3.5 所示，电葫芦是一种重量小、控制简单、使用方便的起重机械，广泛用于建筑起重及提升。它将电动机、减速机、钢丝绳卷筒和行走小车合成一体，是一种小型单轨起重天车。电葫芦是由升降电动机、行走电动机、吊钩、钢丝绳等组成。

2. 电葫芦工作原理

电葫芦中间是钢丝绳卷筒，用小车悬挂于工字钢制作的天车大梁上，一端用法兰固定一台能够制动的锥形转子异步电动机，用传动轴将动力传递到另一端的减速机。经过减速的动力传递给钢丝绳卷筒，带动吊钩起重。行走小车是通过一个电动机，经过减速，动力传递给行走轮，小车就能沿着左右方向行走。

图3.5 电葫芦外观图

1—升降电动机；2—行走电动机；3—吊钩；4—钢丝绳

3. 电葫芦的电气控制要求

为使起重吊钩上升下降，要求起重电动机能正、反转点动；为防止重物下滑，起重电动机要有制动装置。为使起重吊钩左右移动，要求行走小车电动机能正、反转点动。

3.2.2 电葫芦的电气控制

电葫芦电气控制线路原理图如图 3.6 所示。

1. 主电路分析

三相电源由电源总开关 QS 引入，熔断器 FU 为电路的总短路保护。主电路中有两台电动机，即升降电动机 M1 和行走电动机 M2。M1 驱动起重机械装置带动吊索使起重装置上升或下降，由接触器 KM1 控制其正转电源的通断，接触器 KM2 控制其反转电源的通断，电磁铁 YB 为它的电磁抱闸制动装置。M2 驱动电动葫芦沿梁架左、右移动，由接触器 KM3 控制其正转电源的通断，接触器 KM4 控制其反转电源的通断。

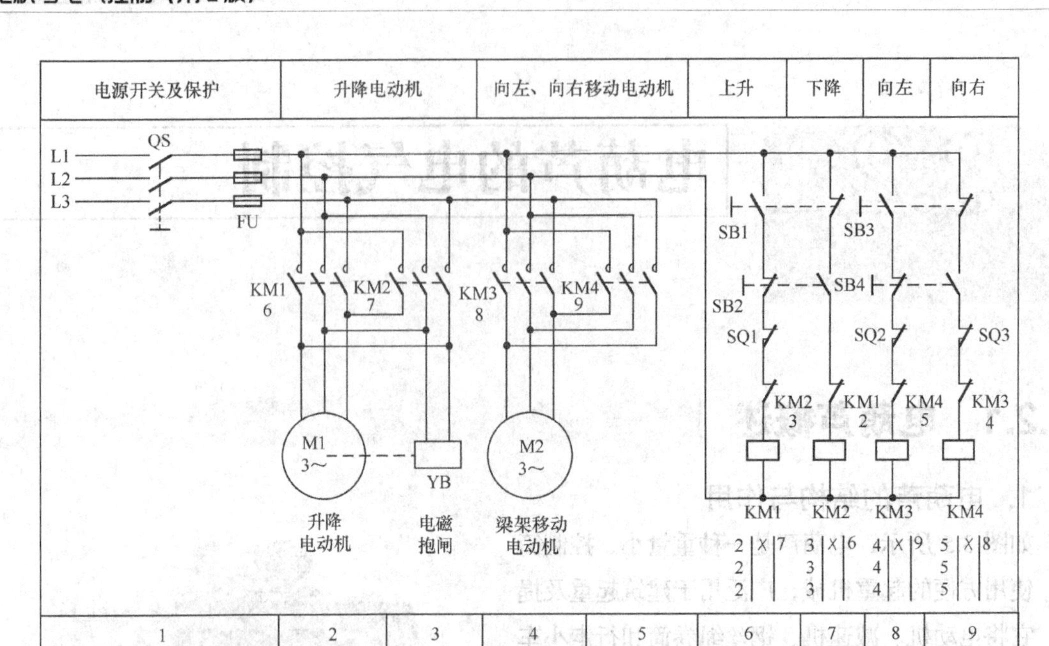

图3.6 电葫芦电气控制线路原理图

2. 控制电路分析

该控制电路较简单，通常采用380V交流电直接作为控制电源。

（1）电葫芦上升控制

按下电葫芦上升启动按钮SB1，通过SB2、SQ1常闭触点、KM2辅助常闭触点使接触器KM1线圈得电吸合；KM1主触点闭合，接通升降电动机M1的正转电源，同时电磁铁YB线圈通电吸合，松开抱闸瓦，M1正转，驱动起重装置上升。松开SB1，接触器KM1线圈、电磁铁YB线圈断电释放，抱闸瓦在弹簧的作用下紧抱闸轮，使升降电动机M1迅速停转。电路中行程开关SQ1为电动葫芦上升限位行程开关，当电动葫芦上升到限制高度时，限位行程开关SQ1动作，切断接触器KM1线圈的电源，使电动机M1停转。

（2）电葫芦下降控制

按下电葫芦下降启动按钮SB2，通过SB1常闭触点和KM1辅助常闭触点使接触器KM2线圈得电吸合；KM2主触点闭合，接通了升降电动机M1的反转电源，同时电磁铁YB线圈通电吸合，松开抱闸瓦，M1反转，驱动起重装置下降。松开SB2，接触器KM2线圈、电磁铁YB线圈断电释放，电磁铁YB线圈断电，抱闸瓦在弹簧的作用下紧抱闸轮，使电动机M1迅速停转。

SB2常闭触点和KM2辅助常闭触点串在KM1线圈回路中，SB1常闭触点和KM1辅助常闭触点串在KM2线圈回路中，可防止KM1、KM2同时得电，起到互锁作用。

（3）电葫芦向左移动控制

按下电葫芦向左移动启动按钮SB3，通过SB4、SQ2常闭触点、KM4辅助常闭触点使接触器KM3线圈得电吸合；KM3主触点闭合，接通电葫芦左右移动行走电动机M2的正转电源，M2启动正转，带动电葫芦向左移动。松开启动按钮SB3，M2正转停止。电路中行程开关SQ2为向左移动限位行程开关，电葫芦向左移动到限制位置时，左移动限位行程开关SQ2动作，切断接触器KM3

线圈的电源，使电动机 M2 停转。

（4）电葫芦向右移动控制

按下电葫芦向右移动启动按钮 SB4，通过 SB3、SQ3 常闭触点、KM3 辅助常闭触点使接触器 KM4 线圈得电吸合；KM4 主触点闭合，接通电葫芦左右移动行走电动机 M2 的反转电源，M2 启动反转，带动电葫芦向右移动。松开启动按钮 SB4，M2 反转停止。电路中行程开关 SQ3 为向右移动限位行程开关，电葫芦向右移动到限制位置时，右移动限位行程开关 SQ3 动作，切断接触器 KM3 线圈的电源，使电动机 M2 停转。

同理，SB4 常闭触点和 KM4 辅助常闭触点串在 KM3 线圈回路中，SB3 常闭触点和 KM3 辅助常闭触点串在 KM4 线圈回路中，也防止 KM3、KM4 同时得电，起到互锁作用。

3.3 C650 卧式车床的电气控制

3.3.1 C650 卧式车床概述

1. C650 卧式车床结构与作用

C650 卧式车床外观如图 3.7 所示，主要由床身、主轴变速箱、进给箱、溜板箱、刀架、尾架、丝杆、光杆等部分组成。车床是生产中主要的机械加工机床，用来切削各种回转类工件等。

图3.7 C650卧式车床外观图

1—床身；2—主轴变速箱；3—进给箱；4—溜板箱；5—刀架；6—尾架；7—丝杆；8—光杆

车床的主运动为主轴带动工件的旋转运动。车削加工时，应根据工件材料、刀具、工件加工工艺要求等来选择不同的切削速度，所以主轴要求有变速功能。普通车床通常采用机械变速。车削加工时，一般不要求反转，但在加工螺纹时，为避免乱扣，要求反转退刀，再以正转进刀继续进行加工，所以要求主轴能够实现正反转。

车床的进给运动是溜板带动刀具（架）的横向或纵向直线运动，其运动方式有手动和机动两种。

加工螺纹时，要求工件的切削速度与刀架的横向进给速度之间有严格比例关系。所以，车床的主运动与进给运动由一台电动机拖动并通过各自的变速箱来改变主轴转速与进给速度。

为提高生产效率，减轻劳动强度，C650 卧式车床的溜板还能快速移动，这种运动形式为辅助运动。

2. C650 卧式车床对电气控制的要求

根据 C650 卧式车床运动情况及加工需要，采用 3 台三相笼型异步电动机拖动，即主轴与进给电动机 M1、冷却泵电动机 M2 和溜板箱快速移动电动机 M3。从车削加工工艺出发，对各台电动机的控制要求如下。

① 主轴与进给电动机（简称主电动机）M1，功率为 30kW，允许在空载下直接启动。主电动机要求能实现正、反转，从而经主轴变速箱实现主轴的正、反转，或通过挂轮箱传给溜板箱来拖动刀架实现刀架的横向左、右移动。为便于进行车削加工前的对刀，要求主轴拖动工件作调整点动，所以要求主轴与进给电动机能实现单方向旋转的低速点动控制。主电动机停车时，由于加工工件转动惯量较大，故采用反接制动。主电动机除具有短路保护和过载保护外，在主电路中还设有电流监视环节。

② 冷却泵电动机 M2，功率为 0.15kW，用以在车削加工时，供出冷却液，对工件与刀具进行冷却。

③ 快速移动电动机 M3，功率为 2.2kW，由于溜板箱连续移动时短时工作，故 M3 只要求单向点动。短时运转，不设过载保护。

④ 电路还应有必要的联锁和保护及安全可靠的照明。

3.3.2 C650 型车床的电气控制

C650 普通车床电气控制，如图 3.8 所示。

1. 主电路分析

自动空气断路器 QF 将三相交流电源引入，FU1 为主电动机 M1 短路保护用熔断器，FR1 为 M1 过载保护热继电器；R 为限流电阻，一方面限制反接制动的电流，另一方面在点动时实现降压启动，以减小点动时启动电流造成的过载；通过电流互感器 TA 接入电流表来监视主电动机的线电流。KM1、KM2 分别为主电动机正、反转接触器。接触器 KM3 用于主电动机正反转时短接限流电阻 R；也用于点动和反接制动时串入 R。KT 与电流表 PA 用于检测运行电流。速度继电器 KS 在反接制动时，用于主电动机 M1 转速的检测。

冷却泵电动机 M2 通过接触器 KM4 的控制来实现单向连续运转。FU2 为 M2 的短路保护熔断器；FR2 为其过载保护热继电器。

快速移动电动机 M3 通过接触器 KM5 控制，实现单向旋转短时工作。FU3 为其短路保护熔断器。

2. 控制电路分析

控制变压器 TC 供给控制电路 110V 交流电源，同时还为照明电路提供 36V 交流电源。FU5 为控制电路短路保护熔断器；FU6 为照明电路短路保护熔断器；车床局部照明灯 EL 由开关 SA 控制。

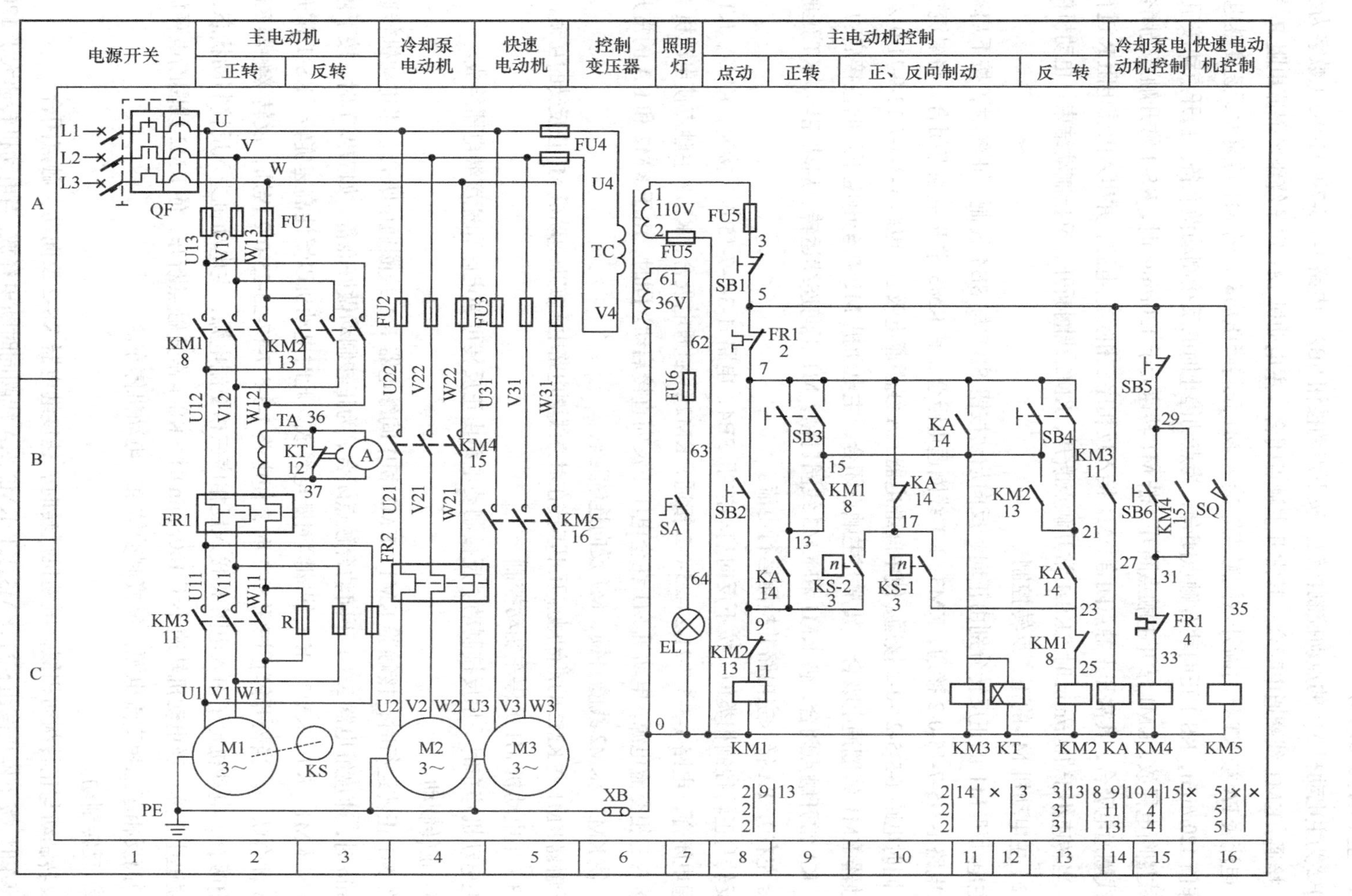

图3.8 C650普通车床电气控制原理图

（1）主电动机 M1 的点动控制

SB2 为主电动机 M1 的点动控制按钮。按下点动按钮 SB2，电路 1-3-5-7-9-11-0-2（数字为线号，下同）接通，KM1 线圈通电吸合，其常开主触点闭合，主电动机 M1 定子绕组经限流电阻 R 与电源接通（电流表 PA 被 KT 延时断开常闭触点短接），M1 正转降压启动。若 M1 转速大于速度继电器 KS 的动作值 120r/min，KS-1 正向动合触点闭合，为点动停止时的反接制动做准备。松开点动按钮 SB2，KM1 线圈断电释放，KM1 常开主触点断开；若 M1 转速大于 120r/min 时，KS-1 常开触点仍闭合，使 KM2 线圈通电吸合，其常开主触点闭合，M1 接入反相序三相交流电源，并串入限流电阻 R 进行反接制动；当转速小于 100r/min 时，KS-1 常开触点断开、KM2 线圈断开，反接制动结束，电动机停止。

（2）主电动机 M1 的正、反转控制

主电动机 M1 的正反转分别由正向、反向启动按钮 SB3 与 SB4 控制。正转时，按下启动按钮 SB3，电路 1-3-5-7-15-0-2 接通，KM3、KT 线圈通电吸合，其 KM3 常开主触点闭合，将限流电阻 R 短接。同时电路 1-3-5-27-0-2 接通，使中间继电器 KA 线圈通电吸合；电路 1-3-5-7-13-9-11-0-2 接通，使接触器 KM1 线圈通电吸合，其常开主触点闭合，主电动机 M1 在全电压下正向直接启动。由于 KM1、KA 常开触点闭合，使 KM1 和 KM3 线圈自锁，M1 正向连续运转。启动完毕，KT 延时时间到（2s 左右），PA 接入主电路并检测运行电流。

反转与正转控制相类似。按下反向启动按钮 SB4，电路 1-3-5-7-15-0-2 接通，KM3、KT、KA 线圈通电闭合，电路 1-3-5-7-21-23-25-0-2 接通，KM2 线圈通电吸合，KM2 主触点使电动机 M1 反相序接入三相交流电源，电动机 M1 在全电压下反向直接启动。同时，由于 KM2 和 KA 的常开触点闭合，使 KM3、KM2 线圈自锁，M1 反向连续运转。

接触器 KM1 与 KM2 的常闭触点互相串接在对方线圈电路中，实现电动机 M1 正反转的互锁。

（3）主电动机 M1 的停车制动控制

主电动机停车时采用反接制动。反接制动电路由正反转可逆电路和速度继电器组成。

① 正转制动。

当 M1 正转运行时，接触器 KM1、KM3 和中间继电器 KA 线圈通电吸合，当电动机转速大于 120r/min 时，速度继电器 KS-1 正向动合触点闭合，为正转制动做好准备。如需停车时，按下停止按钮 SB1，KM1、KT、KM3、KA 线圈同时断电释放。此时电动机以惯性高速旋转，KS-1 常开触点仍处于闭合状态。当松开停止按钮 SB1 时，使电路 1-3-5-7-17-23-25-0-2 接通，反转接触器 KM2 线圈通电吸合，电动机定子串入电阻 R 接入反相序三相交流电源，主电动机进入反接制动状态，电动机转速迅速下降。当电动机转速小于 100r/min 时，KS-1 常开触点断开，使 KM2 线圈断电释放，电动机脱离反相序三相交流电源，反接制动结束，电动机停车。

② 反转制动。

反转制动与正转制动相似，电动机反转时，速度继电器 KS-2 反向动合触点闭合。

停车时，按下停止按钮 SB1，KM3、KT、KM2、KA 线圈同时断电释放。当电动机转速大于 120r/min 时，速度继电器 KS-2 反向动合触点闭合，使 KM1 线圈通电吸合，电动机 M1 进入反接制动状态；当电动机 M1 转速小于到 100r/min 时，KS-2 触点断开，KM1 线圈断电释放，电动机脱离三相交流电源，反接制动结束，电动机停车。

（4）冷却泵电动机 M2 的控制

由停止按钮 SB5、启动按钮 SB6 和接触器 KM4 构成冷却泵电动机 M2 单向旋转启动停止控制电路。按下 SB6，KM4 线圈通电并自锁，M2 启动；按下 SB5，KM4 线圈断电释放，M2 断开三相交流电源，自然停车。

（5）刀架快速移动电动机 M3 的控制

刀架快速移动是通过转动刀架手柄压动行程开关 SQ 来实现的。当手柄压下行程开关 SQ 时，接触器 KM5 线圈通电吸合，其常开主触点闭合，电动机 M3 启动运转，拖动溜板箱与刀架作快速移动；松开刀架手柄，行程开关 SQ 复位，KM5 线圈断电释放，M3 停止转动，刀架快速移动结束。刀架移动电动机为单向旋转，而刀架左、右移动由机械传动实现。

（6）辅助电路

为了监视主电动机的负载情况，在电动机 M1 的主电路中，通过电流互感器 TA 接入电流表。为防止电动机启动、点动时启动电流和停车制动时制动电流对电流表的冲击，线路中接入一个时间继电器 KT，且 KT 线圈与 KM3 线圈并联。启动时，KT 线圈通电吸合，其延时断开的常闭触点将电流表短接，经过一段延时（2s 左右）后，启动过程结束，KT 延时断开的常闭触点断开，正常工作电流流经电流表，以便监视电动机在工作中电流的变化情况。

3. C650 型车床电气控制特点

① 采用 3 台电动机拖动，尤其是车床溜板箱的快速移动由一台快速移动电动机 M3 拖动；

② 主电动机 M1 不但有正、反向运转，还有单向低速点动的调整控制，M1 正反向停车时均具有反接制动停车控制；

③ 设有检测主电动机工作电流的环节；

④ 具有完善的保护和联锁功能：主电动机 M1 正反转之间有互锁；熔断器 FU1～FU6 可实现各电路的短路保护；热继电器 FR1、FR2 实现 M1、M2 的过载保护；接触器 KM1、KM2、KM4 采用按钮与自锁环节，对 M1、M2 实现欠电压与零电压保护。

Z3040 型摇臂钻床的电气控制

3.4.1 Z3040 型摇臂钻床概述

1. 钻床的主要结构与特点

Z3040 型摇臂钻床实物图如图 3.9 所示，主要由床身、工作台、立柱、摇臂、主轴箱等组成。

主要功能有钻孔、扩孔、铰孔、攻螺纹及修刮端面等多种形式的加工。

摇臂钻床的特点是：操作方便、灵活，适用范围广，特别适用于带有多孔的大型工件的孔加工。Z3040 型摇臂钻床最大钻孔直径为 40mm。

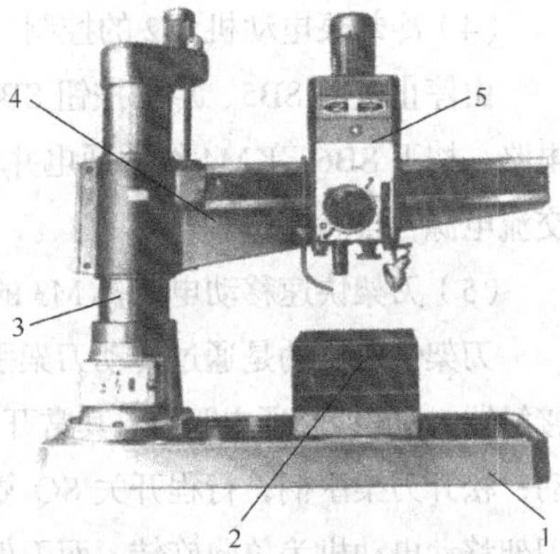

2. 钻床的电力拖动特点与控制要求

（1）电力拖动特点

① 摇臂钻床采用多电动机拖动。由主轴电动机拖动主轴的旋转主运动和主轴的进给运动；由摇臂升降电动机拖动摇臂的升降；由液压泵电动机拖动液压泵供出压力油完成主轴箱、内外立柱和摇臂的夹紧与松开；由冷却泵电动机拖动冷却泵，供出冷却液进行刀具加工过程中的冷却。

图3.9 Z3040型摇臂钻床实物图
1—床身；2—工作台；3—立柱；
4—摇臂；5—主轴箱

② 摇臂钻床的主运动与进给运动皆为主轴的运动，为此这两种运动由一台主轴电动机拖动，分别经主轴传动机构、进给传动机构来实现主轴的旋转和进给。所以主轴变速机构与进给变速机构均装在主轴箱内。

③ 摇臂钻床有两套液压控制系统，一套是操作机构液压系统，另一套是夹紧机构液压系统。前者由主轴电动机拖动齿轮泵送出压力油，通过操纵机构实现主轴正、反转，停车制动，空挡、变速的操作。后者由液压泵电动机拖动液压泵送出压力油，推动活塞带动菱形块来实现主轴箱、内外立柱和摇臂的夹紧与松开。

（2）控制要求

① 4 台电动机容量较小，均采用全压直接启动。主轴旋转与进给要求有较大的调速范围，钻削加工要求主轴正、反转，这些皆由液压和机械系统完成，主轴电动机为单向旋转。

② 摇臂升降由升降电动机拖动，故升降电动机要求有正、反转。

③ 液压泵电动机用来拖动液压泵送出不同流向的压力油，推动活塞，带动菱形块动作，以此来实现主轴箱、内外立柱和摇臂的夹紧与松开，故液压泵电动机要求有正、反转。

④ 摇臂的移动必须按照摇臂松开→摇臂移动→摇臂移动到位自动夹紧的程序进行。这就要求摇臂夹紧、放松与摇臂升降应按上述程序对液压泵电动机和升降电动机进行自动控制。

⑤ 钻削加工时应由冷却泵电动机拖动冷却泵，供出冷却液对钻头进行冷却，冷却泵电动机为单向旋转。

⑥ 有必要的联锁与保护环节。

⑦ 有机床安全照明和信号指示电路。

3.4.2 Z3040 型摇臂钻床的电气控制

Z3040 型摇臂钻床电气原理如图 3.10 所示，图中 M1 为主轴电动机，M2 为摇臂升降电动机，M3 为液压泵电动机，M4 为冷却泵电动机。

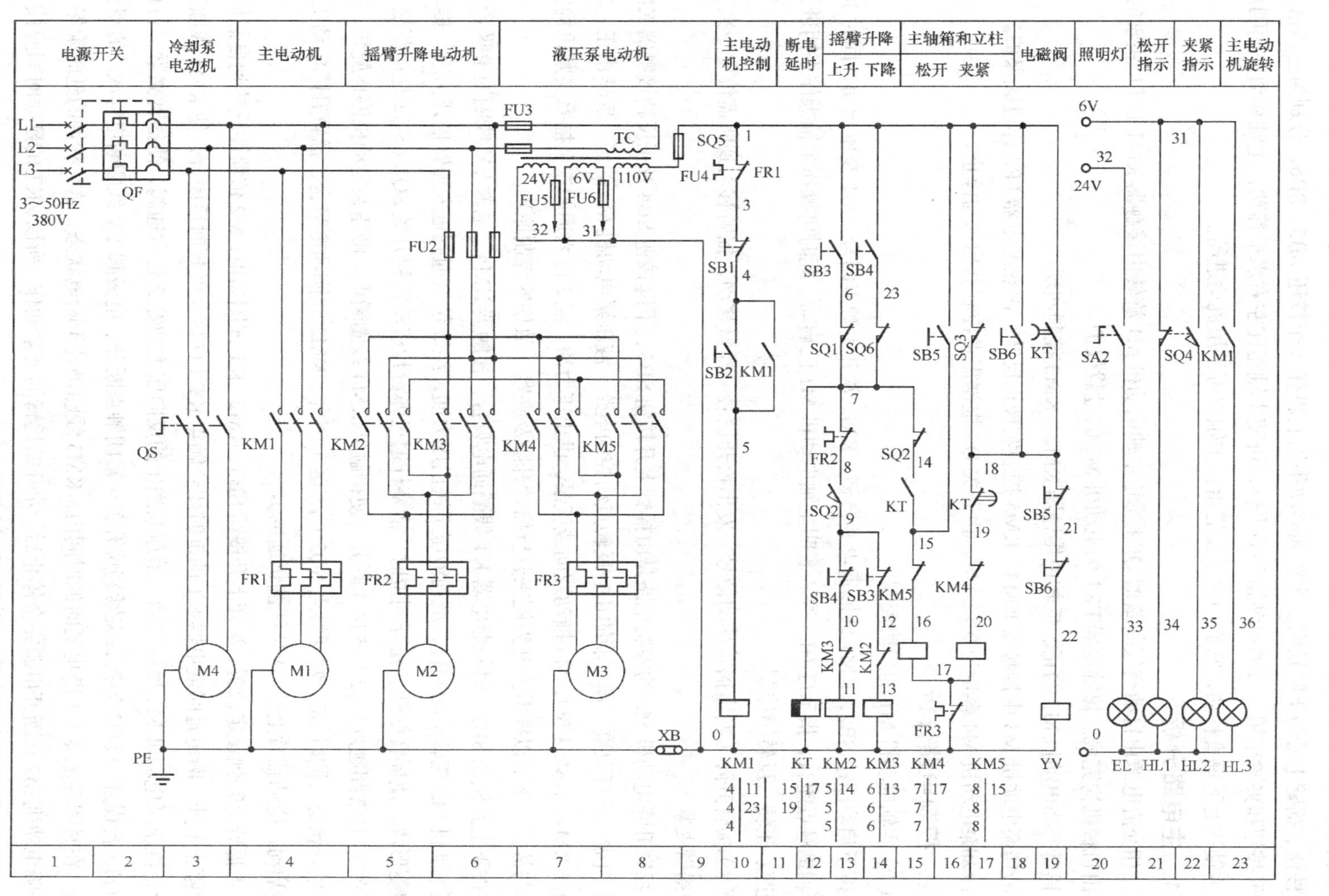

图3.10 Z3040型摇臂钻床电气原理图

主轴箱上装有 4 个按钮，由上至下为 SB1、SB2、SB3 与 SB4，它们分别是主轴电动机停止、启动按钮、摇臂上升与下降按钮。主轴箱移动手轮上装有 2 个按钮 SB5、SB6，分别为主轴箱、立柱松开按钮和夹紧按钮。扳动主轴箱移动手轮，可使主轴箱作左右水平移动；主轴移动手柄则用来操纵主轴作上下垂直移动，它们均为手动进给。主轴也可采用机动进给。

1. 主电路分析

三相交流电源由自动空气断路器 QF 控制。主轴电动机 M1 旋转由接触器 KM1 控制。主轴的正、反转由机械机构完成。热继电器 FR1 为电动机 M1 的过载保护。

摇臂升降电动机 M2 的正、反转由接触器 KM2、KM3 控制实现。

液压泵电动机 M3 由接触器 KM4、KM5 控制实现正反转，由热继电器 FR3 作过载保护。

冷却泵电动机 M4 容量为 0.125kW，由开关 QS 根据需求控制其启动与停止。

2. 控制电路分析

（1）主轴电动机 M1 的启动控制

按下启动按钮 SB2，KM1 线圈通电并自锁，KM1 常开主触点闭合，M1 全压启动。同时 KM1 常开辅助触点闭合，指示灯 HL3 亮，表明主轴电动机 M1 已启动。此时可操作主轴操作手柄进行主轴变速、正转、反转等控制。

（2）摇臂升降（发出摇臂移动信号→发出松开信号→摇臂移动，摇臂移动到所需位置→夹紧信号→摇臂夹紧）

摇臂升降电动机 M2 的控制电路是由摇臂上升按钮 SB3、下降按钮 SB4 及正反转接触器 KM2、KM3 组成，具有双重互锁功能的正、反转点动控制电路。液压泵电动机 M3 的正、反转由正、反转接触器 KM4、KM5 控制，M3 拖动双向液压泵，供出压力油，经 2 位六通阀送至摇臂夹紧机构实现夹紧与放松。下面以摇臂上升为例来分析摇臂升降及夹紧、放松的控制原理。

按下上升按钮 SB3，时间继电器 KT 线圈通电吸合，接触器 KM4、电磁 YV 线圈通电吸合。液压泵电动机 M3 正转启动旋转，拖动液压泵送出压力油，经 2 位六通阀进入摇臂松开油腔，推动活塞和菱形块，使摇臂松开。松开到位时，活塞杆通过弹簧片压动行程开关 SQ2（SQ2 是摇臂松开到位开关），其常闭触点 SQ2（15 区）断开，使接触器 KM4 线圈断电，液压泵电动机停止旋转，摇臂处于松开状态；同时 SQ2 常开触点 SQ2（13 区）闭合，KM2 线圈通电吸合，摇臂升降电动机 M2 正转启动，拖动摇臂上升（YV 线圈仍通电）。

当摇臂上升到预定位置，松开上升按钮 SB3，KM2、KT 线圈断电，M2 依惯性旋转到自然停止，摇臂停止上升。断电延时继电器 KT 的延时闭合触点 KT（17 区）经延时后闭合，使 KM5 线圈通电吸合，液压泵电动机 M3 反转启动。液压泵送出的反向压力油经 2 位六通阀，使摇臂夹紧，行程开关 SQ3（行程开关 SQ3 为摇臂夹紧到位开关）常闭触点断开、电磁阀 YV 线圈断电释放。值得注意的是，在时间继电器 KT 断电延时的时间内，KM5 线圈仍处于断电状态，这几秒钟的延时确保了横梁升降电动机 M2 在断开电源完全停止后，才开始摇臂的夹紧动作。所以，KT 的延时时间应按大于 M2 电动机断开电源到完全停止所需的时间来整定。

当摇臂夹紧后，活塞杆通过弹簧片压动行程开关 SQ3，使触点 SQ3（17 区）断开，KM5 线圈断电释放，M3 停止旋转，摇臂夹紧。

SQ3 应调整到摇臂夹紧后就动作的状态，若调整不当，摇臂夹紧后仍不能动作，将使液压泵电动机 M3 长期工作而过载。为防止这种情况发生，电动机 M3 虽为短时运行，但仍采用热继电器 FR3 作过载保护。

摇臂升降的极限保护由组合开关来实现。当摇臂上升（上升极限开关 SQ1）或下降（下降极限开关 SQ6）到极限位置时，使相应常闭触点断开，SQ1（或 SQ6）切断对应的上升或下降接触器 KM2（或 KM3）线圈电路，使 M2 电动机停止，摇臂停止移动，实现上升、下降的极限保护。

（3）主轴箱与立柱的夹紧、放松控制

主轴箱在摇臂上的夹紧放松与内外立柱之间的夹紧与放松，均采用液压操纵，且由同一油路控制，所以它们是同时进行的。工作时要求 2 位六通电磁阀线圈 YV 处于断电状态，松开由按钮 SB5 控制，夹紧由按钮 SB6 控制，并有松开指示灯 HL1、夹紧指示灯 HL2 指示其状态。

当按下松开按钮 SB5，KM4 线圈通电吸合，液压泵电动机 M3 正转启动，拖动液压泵送出压力油。由于电磁阀线圈 YV 不通电，其送出的压力油经 2 位六通阀进入另一油路，即进入立柱与主轴箱松开油腔，推动活塞和菱形块使立柱和主轴箱同时松开。当立柱与主轴箱松开后，行程开关 SQ4 不再受压，其触点 SQ4（21 区）复位闭合，松开指示灯 HL1 亮，表明立柱与主轴箱已松开，此时松开 SB5 按钮，便可转动主轴箱移动手轮，使主轴箱在摇臂水平导轨上移动；同时也可推动摇臂，使摇臂连同外立柱绕内立柱作回转运动。当移动到位时，按下夹紧按钮 SB6，接触器 KM5 线圈通电吸合，液压泵电动机 M3 反向启动，拖动液压泵送出压力油至夹紧油腔，使立柱与主轴箱同时夹紧。当确已夹紧，压下夹紧行程开关 SQ4，触点 SQ4（21 区）断开，HL1 灯灭，触点 SQ4（22 区）闭合，HL2 亮，指示立柱与主轴箱均已夹紧，可以进行钻削加工。

（4）冷却泵电动机 M4 的控制

冷却泵电动机 M4 由开关 QS 手动控制，单向旋转。视加工需求操作 QS，使其启动或停止。

（5）具有完善的联锁与保护环节

SQ1 和 SQ6 分别为摇臂上升与下降的限位保护。SQ2 为摇臂松开到位开关，SQ3 为摇臂夹紧到位开关。SQ4 为主轴箱与立柱，主轴箱与摇臂松开和夹紧到位开关。

KT 为升降电动机 M2 断开电源，待完全停止后才开始夹紧的联锁。升降电动机 M2 正、反转具有双重互锁，液压泵电动机 M3 正、反转具有电气互锁。

立柱与主轴箱松开按钮 SB5 和夹紧按钮 SB6 的常闭触点串接在电磁阀线圈 YV 电路中，实现进行立柱与主轴箱松开、夹紧操作时的联锁，即该操作时确保压力油只进入立柱与主轴箱夹紧松开油腔而不进入摇臂松开夹紧油腔。

熔断器 FU1、FU3 作短路保护，热继电器 FR1、FR2 为电动机 M1、M3 的过载保护。

3. 照明与信号指示电路分析

HL1 为主轴箱与立柱松开指示灯。HL1 亮，表示已松开，可以手动操作主轴箱移动手轮，使主轴箱沿摇臂水平导轨移动或推动摇臂连同外立柱绕内立柱回转。

HL2 为主轴箱与立柱夹紧指示灯。HL2 亮，表示主轴箱已夹紧在摇臂上，摇臂连同外立柱夹紧在内立柱上，可以进行钻削加工。

HL3 为主轴电动机启动旋转指示灯。HL3 亮，表示可以操作主轴手柄进行对主轴的控制。

EL 为机床局部照明灯，由控制变压器 TC 供给 24V 安全电压，由手动开关 SA2 控制。

4. 电气控制特点

① Z3040 型摇臂钻床采用的是机、电、液联合控制。主轴电动机 M1 虽只作单向旋转，拖动齿轮泵送出压力油，但主轴经主轴操作手柄可改变两个操纵阀的相互位置，使压力油做不同的分配，从而使主轴获得正转、反转、变速、停止、空挡等工作状态。这一部分构成操纵机构液压系统。

另一套是摇臂、立柱和主轴箱的夹紧放松机构液压系统，该系统又分为摇臂夹紧放松油路与立柱、主轴箱夹紧放松油路，通过推动油腔中的活塞和菱形块来实现夹紧与放松。

② 摇臂升降与摇臂夹紧放松之间有严格的程序要求，电气控制与液压、机械协调配合自动实现先松开摇臂再移动，移动到位后再自动夹紧。

③ 电路有完善的联锁与保护，有明显的信号指示，便于操作机床。

3.5 XA6132 型卧式万能铣床的电气控制

3.5.1 XA6132 型卧式万能铣床概述

XA6132 型卧式万能铣床是生产中的常用机床，可用圆柱铣刀、圆片铣刀、角度铣刀、成型铣刀和端面铣刀等，加工各种平面、斜面、沟槽、齿轮等；如果使用万能铣头、圆工作台、分度头等铣床附件，还可以扩大机床加工范围。

1. XA6132 型卧式万能铣床主要结构及运动情况

XA6132 型卧式万能铣床外形如图 3.11 所示，主要结构由底座、床身、悬梁、刀杆支架、升降台、溜板、工作台等部分组成。

图3.11 XA6132型卧式万能铣床外观图

1—底座；2—床身；3—悬梁；4—刀杆支架；5—升降台；6—溜板；7—工作台

铣床的运动形式有主运动、进给运动及辅助运动。其中铣刀的旋转运动即主轴的旋转运动为主运动；工件夹持在工作台上在垂直于铣刀轴线方向做直线运动，称为进给运动，包括工作台上、下、前后、左右 3 个相互垂直方向上的进给运动；而工件与铣刀相对位置的调整运动即工作台在上下、前后、左右 3 个相互垂直方向上的快速直线运动及工作台的回转运动为辅助运动。

2. XA6132 型万能铣床电力拖动特点与控制要求

主轴由主轴电动机拖动，工作台的工作进给与快速移动皆由进给电动机拖动，但经电磁离合器来控制。使用圆工作台时，圆工作台的旋转也是由进给电动机拖动。另外，铣削加工时为冷却铣刀设有冷却泵电动机。

（1）主轴拖动对电气控制的要求

① 为适应铣削加工需要，主轴要求调速。为此，主轴电动机选用法兰盘式三相笼型异步电动机，经主轴变速箱拖动主轴，利用主轴变速箱使主轴获得 18 种转速。

② 铣床加工方式有顺铣和逆铣两种，分别使用顺铣刀和逆铣刀，要求主轴能正反转，但旋转方向不需经常变换，仅在加工前预选主轴旋转方向。为此，主轴电动机应能正、反转，并由转向选择开关来选择电动机的旋转方向。

③ 铣削加工为多刀多刃不连续切削，因此切削时存在负载波动。为减轻负载波动带来影响，往往在主轴传动系统中加入飞轮，以加大转动惯量；但这样，又对主轴制动带来影响，为此主轴电动机停车时设有制动环节。同时，为了保证安全，主轴在上刀时，也应使主轴制动。XA6132 型卧式万能铣床采用电磁离合器来控制主轴停车制动和主轴上刀制动。

④ 为使主轴变速时齿轮顺利啮合，减小齿轮端面的冲击，主轴电动机在主轴变速时有主轴变速冲动环节。

⑤ 为适应铣削加工时操作者在铣床正面或侧面的操作要求，主轴电动机的启动、停止等控制设有两地操作站。

（2）进给拖动对电气控制的要求

① XA6132 型卧式万能铣床工作台运行方式有手动、进给运动和快速移动 3 种，其中手动是通过操作者摇动手柄使工作台移动；进给运动与快速移动则是由进给电动机拖动，是由工作台进给电磁离合器与快速移动电磁离合器的控制下完成的运动。

② 为减少按钮数量，避免误操作，对进给电动机的控制采用电气开关、机械挂挡相互联动的手柄操作，即扳动操作手柄的同时压合相应的电气开关，挂上相应传动机械的挡，而且要求操作手柄扳动方向与运动方向一致，增强直观性。

③ 工作台的进给有左右的纵向运动，前后的横向运动和上下的垂直运动，它们都是由进给电动机拖动的，故进给电动机要求有正反转。采用的操作手柄有两个，一个是纵向操作手柄，另一个是垂直与横向操作手柄。前者有左、右、中间 3 个位置，后者有上、下、前、后、中间 5 个位置。

④ 进给运动的控制也为两地操作方式。所以，纵向操作手柄与垂直、横向操作手柄各有两套，可在工作台正面与侧面实现两地操作，且这两套操作手柄是联动的；快速移动也是两地操作。

⑤ 工作台左、右、上、下、前、后 6 个方向的运动。为保证安全，同一时间只允许一个方向的运动。因此，应具有 6 个方向的联锁控制环节。

⑥ 进给运动由进给电动机拖动，经进给变速机构可获得18种进给速度。为使变速后齿轮的顺利啮合，减小齿轮端面的撞击，进给电动机应在变速后作瞬时点动。

⑦ 为使铣床安全可靠地工作，铣床工作时，要求先启动主轴电动机（若换向开关扳在中间位置，主轴电动机不旋转），才能启动进给电动机。停车时，主轴电动机与进给电动机同时停止，或先停进给电动机，后停主轴电动机。

⑧ 工作台上、下、左、右、前、后6个方向的移动应设有限位保护。

3. 电磁离合器

XA6132型万能铣床主轴电动机停车制动、主轴上刀制动以及进给系统的工作进给和快速移动皆由电磁离合器来实现。电磁离合器结构如图3.12所示。

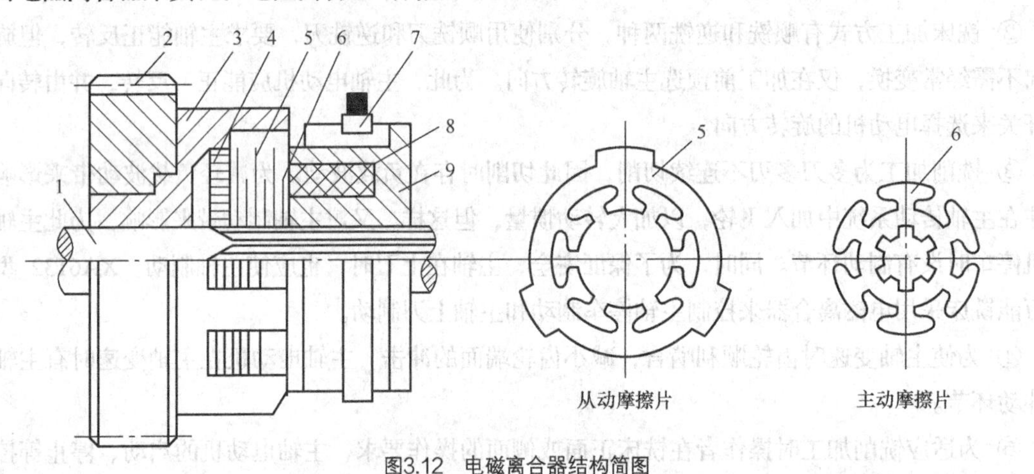

图3.12 电磁离合器结构简图

1—主动轴；2—从动齿轮；3—套筒；4—衔铁；5—从动摩擦片；6—主动摩擦片；7—电刷与滑环；8—线圈；9—铁芯

电磁离合器又称电磁联轴节。它是利用表面摩擦和电磁感应原理，在两个作旋转运动的物体间传递转矩的执行电器。由于它便于远距离控制，能耗小，动作迅速、可靠，结构简单，故广泛应用于机床的电气控制。铣床上采用的是摩擦片式电磁离合器。

工作原理：主动摩擦片可以沿轴向自由移动，因为是花键连接，故将随同主动轴一起转动。从动摩擦片与主动摩擦片交替叠装，可以随从动齿轮转动，并在主动轴转动时它可以不转。当线圈通电后产生磁场，将摩擦片吸向铁芯，衔铁也被吸住，紧紧压住各摩擦片。于是，依靠主动摩擦片与从动摩擦片之间的摩擦力，使从动齿轮随主动轴转动，实现转矩的传递。当电磁离合器线圈电压达到额定值的85%～105%时，离合器才能可靠地工作。

3.5.2 XA6132型卧式万能铣床的电气控制

XA6132型卧式万能铣床电气控制原理如图3.13所示。图中M1为主轴电动机，M2为工作台进给电动机，M3 为冷却泵电动机。该电路有两个突出的特点，一个是采用电磁离合器控制，另一个是机械操作与电气开关动作密切配合进行。

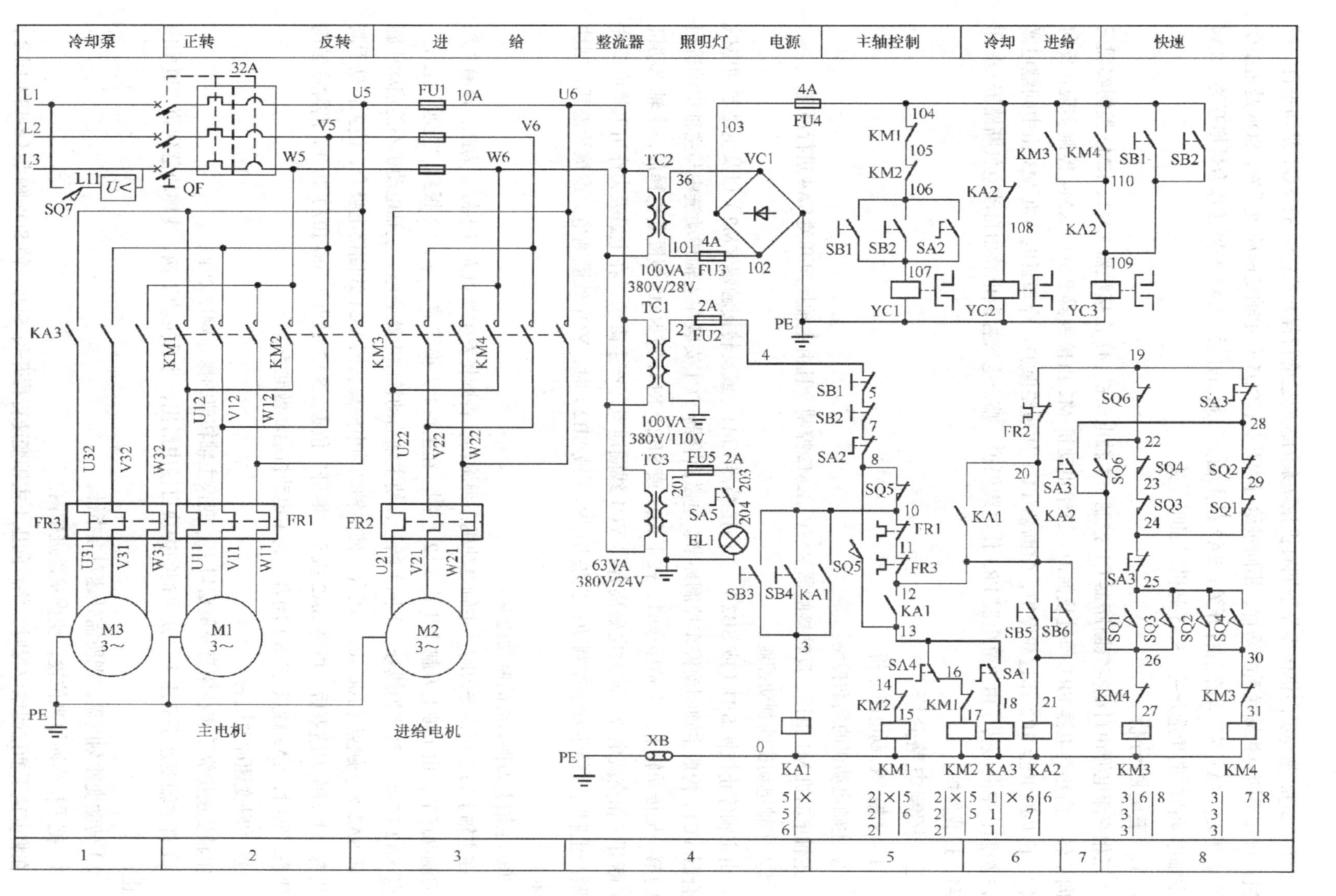

图3.13 XA6132型卧式万能铣床电气控制原理图

SQ1、SQ2 是与纵向机构操作手柄有机械联系的纵向进给行程开关；SQ3、SQ4 是与垂直、横向机构操作手柄有机械联系的垂直、横向进给行程开关；SQ5 是主轴变速冲动开关；SQ6 是进给变速冲动开关；SA1 是冷却泵选择开关；SA2 是主轴上刀制动开关；SA3 是圆工作台转换开关；SA4 是主轴电动机转向预选开关；SA5 是机床照明开关。

1. 主电路分析

三相交流电源由自动空气断路器 QF 控制。主轴电动机 M1 由接触器 KM1、KM2 控制实现正反向旋转，由热继电器 FR1 作过载保护。进给电动机 M2 由接触器 KM3、KM4 控制实现正反向旋转，由热继电器 FR2 作过载保护，熔断器 FU1 作短路保护。冷却泵电动机 M3 由中间继电器 KA3 控制，单向旋转，由热继电器 FR3 作过载保护。整个电气控制电路由自动空气断路器 QF 作短路、过载保护。

2. 控制电路分析

（1）主拖动控制电路分析

① 主轴电动机的启动控制。

主轴电动机 M1 由正、反转接触器 KM1、KM2 控制，且由主轴换向开关 SA4 进行预选。

② 主轴电动机的制动控制。

由主轴停止按钮 SB1（或 SB2）、正转接触器 KM1（或反转接触器 KM2）以及主轴制动电磁离合器 YC1，构成主轴制动停车控制环节。电磁离合器 YC1 安装在主轴传动链中与主轴电动机相联的第一根传动轴上。主轴停车时，按下 SB1 或 SB2，KM1 或 KM2 线圈断电释放，主轴电动机 M1 断开三相交流电源；同时电磁离合器 YC1 线圈通电，产生磁场，在电磁吸力作用下将摩擦片压紧产生制动，使主轴迅速制动；当松开 SB1（或 SB2）时，YC1 线圈断电，摩擦片松开，制动结束。

③ 主轴上刀换刀时的制动控制。

在主轴上刀或更换铣刀时，主轴电动机不得旋转，否则将发生严重人身事故。为此，设有主轴上刀制动环节，由主轴上刀制动开关 SA2 控制。在主轴上刀换刀前，将 SA2 扳到“接通”位置，触点 SA2（7-8）（数字为线号，下同）断开，使主轴启动控制电路断电，主轴电动机不能启动或旋转；而 SA2 另一触点（106-107）闭合，使主轴制动电磁离合器 YC1 线圈得电吸合，使主轴处于制动状态。上刀换刀结束后，再将 SA2 扳至“断开”位置，SA2 触点（106-107）断开，解除主轴制动状态，同时，SA2 触点（7-8）闭合，为主电动机启动做准备。

④ 主轴变速冲动控制。

主轴变速操纵箱装在床身左侧窗口上，变换主轴转速的操作顺序如下：

1）将主轴变速手柄压下，使手柄的榫块自槽中滑出，然后拉动手柄，使榫块落到第二道槽内为止；

2）转动变速刻度盘，把所需转速对准指针；

3）把手柄推回原来位置，使榫块落进槽内。

在将变速手柄推回原位置时，将瞬间压下主轴变速行程开关 SQ5，使 SQ5 触点（8-13）闭合，触点（8-10）断开。KM1 线圈（或 KM2 线圈）瞬间通电闭合。主触点瞬间接通主轴电动机作瞬时转动，利于齿轮啮合；当变速手柄榫块落入槽内时 SQ5 不再受压，SQ5 触点（8-13）断开，切断主轴电动机瞬时点动电路，主轴变速冲动结束。

主轴变速行程开关 SQ5 的触点（8-10）是为主轴旋转时进行变速而设的，此时无须按下主轴停止按钮，只需将主轴变速手柄拉出，压下 SQ5，使 SQ5 触点（8-10）断开，于是断开了主轴电动机的正转或反转接触器线圈，电动机停车；然后再进行主轴变速操作，电动机进行变速冲动，完成变速。变速完成后尚需再次启动电动机，主轴将在新选择的转速下启动旋转。

（2）进给拖动控制电路分析

工作台的左右纵向运动、前后横向运动和上下垂直运动，都是由进给电动机 M2 的正反转实现的。其正、反转接触器 KM3、KM4 是由行程开关 SQ1、SQ3 与 SQ2、SQ4 来控制的，这些行程开关是由两个机械操作手柄控制的。这两个机械操作手柄，一个是纵向机械操作手柄，另一个是垂直与横向操作手柄。扳动机械操作手柄，在完成相应的机械挂挡同时，压合相应的行程开关，从而接通接触器，启动进给电动机，拖动工作台按预定方向运动。在工作进给时，由于快速移动继电器 KA2 线圈处于断电状态，进给移动电磁离合器 YC2 线圈通电，故工作台的运动是工作进给。

纵向机械操作手柄有左、中、右 3 个位置，垂直与横向机械操作手柄有上、下、前、后、中 5 个位置。SQ1、SQ2 是与纵向机械操作手柄有机械联系的行程开关；SQ3、SQ4 是与垂直、横向操作手柄有机械联系的行程开关。当这两个机械操作手柄处于中间位置时，SQ1、SQ4 都处在未被压下的原始状态。当扳动机械操作手柄时，将压下相应的行程开关。

SA3 是圆工作台转换开关，有“接通”与“断开”两个位置，三对触点。当不需要圆工作台时，SA3 置于“断开”位置，此时 SA3 触点（24-25）、（28-19）闭合，（28-26）断开。当使用圆工作台时，SA3 置于“接通”位置，此时 SA3 触点（24-25）、（19-28）断开，（28-26）闭合。

在启动进给电动机之前，应先启动主轴电动机，即合上电源开关 QF，按下主轴启动按钮 SB3（或 SB4），中间继电器 KA1 线圈通电并自锁，其 KA1 常开触点（20-12）闭合，为启动进给电动机做准备。

① 工作台纵向进给运动的控制。

若需工作台向右工作进给，则将纵向进给操作手柄扳向右侧，在机械上通过联动机构接通纵向进给离合器，在电气上压下行程开关，SQ1 触点（25-26）闭合、（29-24）断开，后者切断通往 KM3、KM4 的另一条通路，前者使进给电动机 M2 的接触器 KM3 线圈通电吸合，M2 正向启动旋转，拖动工作台向右工作进给。

向右工作进给结束，将纵向进给操作手柄由右位扳到中间位置，行程开关 SQ1 不再受压，SQ1 触点（25-26）断开，KM3 线圈断电释放，M2 停转，工作台向右进给停止。

② 工作台向前与向下进给运动的控制。

将垂直与横向进给操作手柄扳到“向前”位置，在机械上接通了横向进给离合器，压下行程开关 SQ3，SQ3 触点（25-26）闭合，（23-24）断开，正转接触器 KM3 线圈通电吸合，进给电动机 M2

正向转动，拖动工作台向前进给。向前进给结束，将垂直与横向进给操作手柄扳回中间位置，SQ3不再受压，KM3线圈断电释放，M2停止旋转，工作台向前进给停止。

工作台向下进给电路工作情况与向前时相似，只是将垂直与横向操作手柄扳到“向下”位置，在机械上接通垂直进给离合器并压下行程开关SQ3，KM3线圈通电吸合，M2正转，拖动工作台向下进给。

③ 工作台向后与向上进给运动的控制。

电路情况与向前和向下进给运动的控制相似，只是将垂直与横向操作手柄扳到“向后”或“向上”位置，在机械上接通垂直或横向进给离合器并压下行程开关SQ4，接触器KM4线圈通电吸合，进给电动机M2反向启动旋转，拖动工作台实现向后或向上的进给运动。当操作手柄扳回中间位置时，进给结束。

④ 进给变速冲动的控制。

进给变速冲动只有在主轴启动后，纵向进给操作手柄、垂直与横向操作手柄均置于中间位置时才可进行。

进给变速箱是一个独立部件，装在升降台的左边，进给速度的变换是由进给操纵箱来控制，进给操纵箱位于进给变速箱前方。进给变速的操作顺序是：

（a）将蘑菇形手柄拉出；

（b）转动手柄，把刻度盘上所需的进给速度值对准指针；

（c）把蘑菇形手柄向前拉到极限位置，此时借变速孔盘压下行程开关SQ6；

（d）将蘑菇形手柄推回原位，此时SQ6不再受压。

就在蘑菇形手柄已向前拉到极限位置，且没有被反向推回时，SQ6压下，其触点（22-26）闭合，（19-22）断开。此时，接触器KM3线圈瞬时通电吸合，进给电动机瞬时正向旋转，获得变速冲动。如果一次瞬间点动齿轮未进入啮合状态，则变速手柄不能复原，可再次拉出手柄并推回，实现再次瞬间点动，直到齿轮啮合为止。

⑤ 进给方向快速移动的控制。

进给方向的快速移动是通过电磁离合器改变传动链来获得的。主轴启动后，将进给操作手柄扳到所需移动方向对应位置，则工作台按操作手柄选择的方向以选定的进给速度实现工作进给。此时如按下快速移动按钮SB5（或SB6），快速移动继电器KA2线圈通电吸合，KA2常闭触点（104-108）断开，切断工作进给电磁离合器YC2线圈电路，KA2常开触点（110-109）闭合，快速移动电磁离合器YC3线圈通电吸合，工作台按原运动方向作快速移动。松开SB5（或SB6），快速移动立即停止，仍以原进给速度继续进给。所以，快速移动为点动控制。

（3）圆工作台的控制

圆工作台的回转运动是由进给电动机经传动机构驱动的。使用圆工作台时，首先把圆工作台转换开关SA3扳到“接通”位置。按下主轴启动按钮SB3（或SB4），KA1、KM1（或KM2）线圈通电吸合；接触器KM3线圈经SQ1、SQ4行程开关常闭触点和SA3（28-26）触点通电，主轴电动机启动，拖动圆工作台单向回转。此时控制工作台进给的两个机械操作手柄均处于中间位置，工作台不动，只拖动圆工作台回转。

（4）冷却泵和机床照明的控制

冷却泵电动机 M3 通常在铣削加工时由冷却泵转换开关 SA1 控制。当 SA1 板到“接通”位置时，继电器 KA3 线圈通电吸合，M3 启动，并由热继电器 FR3 作长期过载保护。合上 SA5，机床照明灯亮。

（5）控制电路的联锁与保护

① 主运动与进给运动的顺序联锁。

中间继电器 KA1 常开触点（12-20）控制进给电动机控制电路，保证了只有在主轴电动机启动之后进给电动机才可启动。当主轴电动机停止时，进给电动机也立即停止。

② 工作台 6 个运动方向的联锁。

铣床工作时，只允许工作台一个方向运动。为此，工作台 6 个运动方向之间都有联锁。

③ 长工作台与圆工作台的连锁。

圆工作台的运动必须与长工作台 6 个运动方向的运动有可靠的联锁，否则将造成刀具与机床的损坏。

若长工作台正在运动，扳动圆工作台选择开关 SA3 于“接通”位置，则 SA3 触点（24-25）断开，也断开了 KM3 或 KM4 线圈电路，进给电动机立即停止，长工作台也停止了运动。

④ 工作台进给运动与快速运动的联锁。

工作台工作进给与快速移动分别由电磁离合器 YC2 与 YC3 控制，而 YC2 与 YC3 是由快速进给继电器 KA2 控制，利用 KA2 的常开触点与常闭触点实现工作台工作进给与快速运动的联锁。

⑤ 具有完善的保护。

（a）熔断器 FU1、FU5 实现相应电路的短路保护。

（b）热继电器 FR1、FR3 实现相应电动机的长期过载保护。

（c）断路器 QF 实现整个电路的过电流、欠电压等保护。

（d）工作台 6 个运动方向的限位保护采用机械与电气相配合的方法来实现。当工作台左、右运动到预定位置时，安装在工作台前方的挡铁将撞动纵向操作手柄，实现工作台左右运动的限位保护。在铣床床身导轨旁设置了上、下两块挡铁，实现工作台垂直运动的限位保护。

工作台横向运动的限位保护由安装在工作台左侧底部挡铁来撞动垂直与横向操作手柄，使其回到中间位置，实现工作台垂直运动的限位保护。

（e）打开电气控制箱门断电的保护：在机床左壁龛上安装了行程开关 SQ7，SQ7 常开触点与断路器 QF 失压线圈串联，当打开控制箱门时 SQ7 触点断开，使断路器 QF 失压线圈断电，QF 跳闸，达到开门断电目的。

3. XA6132 型卧式万能铣床电气控制特点

① 采用电磁离合器的传动装置，实现主轴电动机的停车制动和主轴上刀时的制动，以及对工作台工作进给和快速进给的控制。

② 主轴变速与进给变速均设有变速冲动环节。

③ 进给电动机的控制采用机械挂挡——电气开关联动的手柄操作，而且操作手柄扳动方向与工作台运动方向一致，具有运动方向的直观性。

④ 工作台上、下、左、右、前、后 6 个方向的运动具有联锁保护。

3.6 TSPX619 型卧式镗床的电气控制

3.6.1 TSPX619 型卧式镗床概述

镗床主要用于加工高精度孔或一次定位完成多个孔的精加工，不但能镗孔和钻孔，还可以扩孔和铰孔及加工外圆和端面等。镗床主要有卧式镗床、坐标镗床、立式镗床和专用镗床。

1. TSPX619 型卧式镗床的主要结构和运动形式

TSPX619 型卧式镗床的外形如图 3.14 所示，主要结构由床身、主轴箱、前立柱、主轴、下溜板、上溜板和工作台、后立柱等组成。

图3.14 TSPX619型卧式镗床外观图

1—床身；2—主轴箱；3—前立柱；4—主轴；5—下溜板、上溜板和工作台；6—后立柱

卧式镗床的运动形式主要有 3 种。

① 主运动：主轴旋转运动。

② 进给运动：镗轴的轴向进给，平旋盘刀具溜板的径向进给，主轴箱的垂直进给，工作台的纵向进给和横向进给。

③ 辅助运动：工作台的回转，后立柱沿主轴轴向的移动，尾座的垂直移动及各部分的快

速移动等。

2. TSPX619型卧式镗床的电力拖动特点和控制要求

① 主轴旋转与进给量都有较大的调速范围，主运动与进给运动由一台电动机拖动，为简化传动机构采用双速异步电动机拖动。

② 由于各种进给运动都需正、反方向的运转，故要求主电动机能正、反转。

③ 为满足加工过程中的调整需要，主电动机应能实现正、反转的点动控制。

④ 要求主轴停车迅速、准确，主电动机应有制动停车环节。

⑤ 为便于主轴变速和进给变速时齿轮啮合，应有变速低速冲动。

⑥ 为缩短辅助时间，各进给方向均能快速移动，快速移动电动机采用正、反转的点动控制方式。

⑦ 主电动机为双速电动机，有高、低两种速度供选择，高速运转时应先经低速再进入高速。

⑧ 由于卧式镗床运动部件多，应有必要的联锁和保护环节。

3.6.2 TSPX619型卧式镗床的电气控制

TSPX619型卧式镗床电气控制原理如图3.15所示。

1. 主电路分析

TSPX619型卧式镗床由两台电动机拖动。

三相电源由自动空气断路器QF引入，熔断器FU2为进给电动机与变压器TC的短路保护。

① 主轴电动机M1为三角形－双星形接法的双速笼型异步电动机，由接触器KM1、KM2控制其正、反转电源的通断；低速时由接触器KM6控制，将定子绕组接成三角形；高速时由KM7、KM8控制，将定子绕组接成双星形。高、低速转换由行程开关SQ控制。低速时，可直接启动。高速时，先低速启动，而后自动转换为高速运行的二级启动控制，以减小启动电流；M1能正、反转运行，正、反向点动及反接制动。在点动、制动以及变速中的脉动慢转时，定子电路中串入限流电阻（也称制动电阻）R，以减少启动和制动电流；主轴变速和进给变速均可在停车情况或在运行中进行。只要进行变速，M1电动机就脉动缓慢转动，以利于齿轮啮合，使变速过程顺利进行。热继电器FR为它的过载保护，接触器KM3为限流电阻R的短接接触器。

② 主轴箱、工作台及主轴由快速移动电动机M2拖动实现其快速移动，由接触器KM4、KM5控制其正、反转电源的通断。它们之间的机动进给有机械和电气联锁保护。由于快速进给电动机M2为短期工作，故不设过载保护。

2. 控制电路分析

三相交流电源由自动空气断路器QF经熔断器FU2加在变压器TC初级绕组，经降压后输出110V交流电压作为控制电路的电源，36V交流电压为机床工作照明灯电源。合上自动空气断路器QF，6区电源信号灯HL亮，表示控制电路电源电压正常。

行程开关SQ为主轴高低速转换开关，SQ压下为高速。

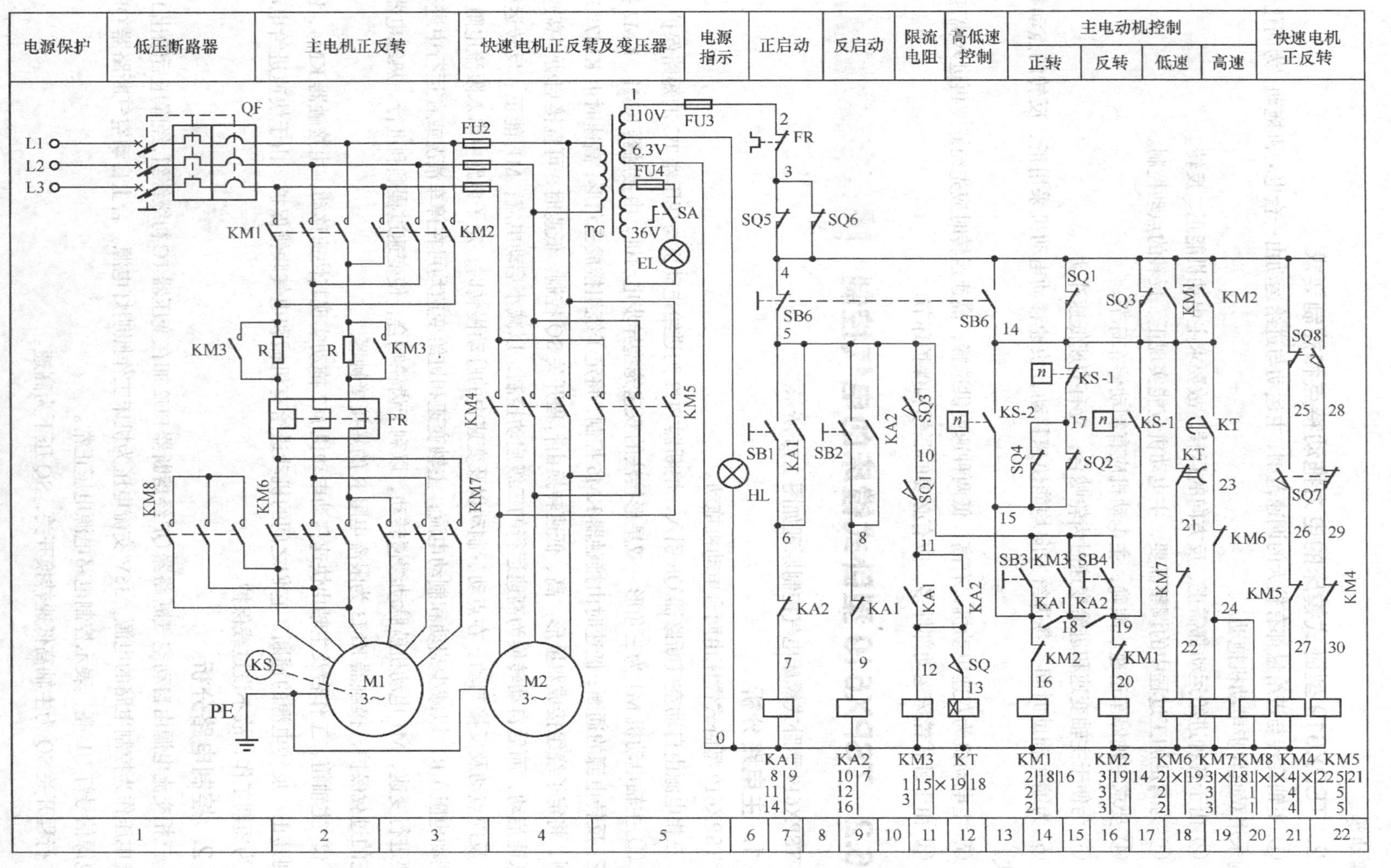

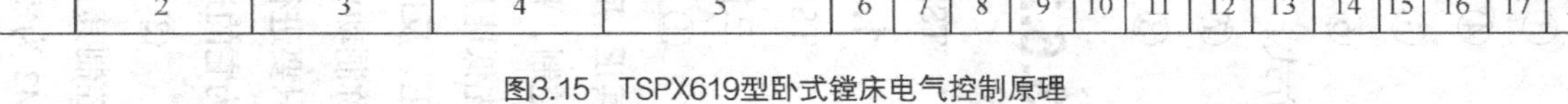
图3.15 TSPX619型卧式镗床电气控制原理

（1）主轴电动机正、反转控制

① 主轴电动机M1低速正转控制。

将高、低速变速手柄扳到“低速”挡，行程开关SQ断开。由于行程开关SQ1、SQ3是被压合的，故它们的常开触点闭合，常闭触点断开。按下启动按钮SB1（主轴电动机M1正转），中间继电器KA1线圈通电吸合并自锁，其11区及14区常开触点闭合；KA1（11区）常开触点闭合，接触器KM3线圈通电吸合，电路为1-2-3-4-5-10-11-12-0（数字为线号，下同），KM3主触点短接了限流电阻R；KA1（14区）常开触点闭合，接触器KM1线圈通电吸合，电路为1-2-3-4-5-18-16-0，KM1常开触点闭合（18区），KM6线圈通电吸合；接触器KM1接通M1正转电源，接触器KM6主触点将M1绕组接成三角形接法，主轴电动机M1低速正转启动运行。按下主轴电动机M1的停止按钮SB6，KA1、KM3、KM1、KM6线圈断电释放，主轴电动机M1制动停止。

② 主轴电动机M1低速反转控制。

将高、低速手柄扳到“低速”挡位置。按下反转启动按钮SB2，中间继电器KA2通电吸合并自锁，其12区及16区的KA2常开触点闭合，分别使接触器KM3、KM2、KM6线圈得电吸合。KM3主触点短接了限流电阻R，接触器KM2接通M1反转电源、KM6主触点把M1绕组接成三角形接法，主轴电动机M1低速反转启动运行。按下停止按钮SB6，KA2、KM3、KM2、KM6线圈断电释放，主轴电动机M1停止。

③ 主轴电动机M1高速正转控制。

将高、低速变速手柄扳到“高速”挡位置，行程开关SQ闭合。按下启动按钮SB1，中间继电器KA1通电吸合并自锁，11区及14区的KA1常开触点闭合，使得接触器KM3、KM1、KM6及时间继电器KT通电吸合，主轴电动机M1绕组被接成三角形低速启动。经过一定时间后（3s左右），时间继电器KT在18区延时断开常闭触点，19区延时闭合常开触点，接触器KM6线圈断电释放；同时接触器KM7、KM8线圈得电吸合，其主触点将主轴电动机M1绕组接成双星形接法高速正转。按下停止按钮SB6，主轴电动机M1制动停止。

④ 主轴电动机M1高速反转控制。

主轴电动机M1的高速反转控制原理及过程与主轴电动机M1高速正转控制相同，分析时只将正转启动按钮SB1换成反转启动按钮SB2，中间继电器KA1换成KA2，接触器KM1换成KM2，其他的控制过程同正转控制，分析省略。

（2）主轴电动机M1制动控制

① 正转制动控制。

主轴电动机M1在高、低速正向运行时，主轴转速都大于120 r/min，故17区速度继电器KS-1动合触点闭合，为主轴电动机M1的反接制动做准备。当主轴电动机M1需要停止时，按下主轴电动机M1停止按钮SB6，中间继电器KA1、接触器KM3、KM1断电释放，接触器KM2、KM6线圈得电吸合，电路为1-2-3-4-14-19-20-0。KM2主触点接通了主轴电动机M1的低速反转电源，接触器KM6主触点将M1绕组接成三角形接法，电动机M1串电阻R反接制动，转速迅速下降。当转速下降到 100 r/min 时，17 区速度继电器 KS-1 动合触点断开，接触器 KM2、KM6 线圈断电，主轴电动机 M1 断电，完成正转反接制动控制。

② 反转制动控制。

主轴电动机 M1 在高、低速反转运转时，转速达到 120 r/min 以上时，13 区的速度继电器 KS-2 常开触点闭合，为停车反接制动做准备。其他的控制过程同正转制动控制类似，分析省略。

（3）主轴电动机 M1 点动控制

按下主轴电动机 M1 正转点动按钮 SB3（14 区），接触器 KM1、KM6 线圈得电吸合，KM1 主触点接通主轴电动机 M1 正转电源，KM6 主触点将 M1 绕组接成三角形接法，M1 串电阻 R 低速正转点动。同样，按下主轴电动机 M1 反转点动按钮 SB4（16 区），接触器 KM2、KM6 线圈得电吸合，KM2 主触点接通了主轴电动机 M1 反转电源，KM6 主触点将 M1 绕组接成三角形接法，M1 串电阻 R 反转点动。

（4）主轴与进给变速控制

由行程开关 SQ1、SQ2、SQ3、SQ4、KT、KM1、KM2、KM6 组成主轴与进给变速冲动控制电路。SQ1 ~ SQ4 在未变速时受压，只在变速操作手柄拉出时，才复位。

主轴变速是通过转动变速操作盘，选择合适的转速来进行变速的。主轴变速时可直接拉出主轴变速操作盘的操作手柄进行变速，而不必按下主轴电动机的停止按钮。具体操作过程如下：当主轴电动机 M1 在加工过程中需要进行变速时，设电动机 M1 运行于正转状态（反转时的脉动控制与正转相似），当主轴转速大于 120r/min 时，速度继电器 KS-1（17 区）动合触点闭合；将主轴变速操作盘的操作手柄拉出，此时 SQ1、SQ2 复位，其 SQ1 常开触点（11 区）断开，接触器 KM3 与时间继电器 KT 线圈断电，KM3 主触点断开，限流电阻 R 串入电动机 M1 回路；15 区 SQ1 常闭触点闭合，接触器 KM2 线圈得电吸合，回路为 1-2-3-4-14-19-20-0；KM2 常开触点（19 区）闭合，KM6 线圈得电，回路为 1-2-3-4-14-21-22-0；此时主轴电动机 M1 三角形接法，串电阻 R 进行反转反接制动。主轴电动机速度迅速下降，当转速小于到 100 r/min 时，速度继电器 KS-1（17 区）动合触点断开，接触器 KM2 线圈断电释放，主轴电动机 M1 停转；同时，接触器 KM1 线圈得电吸合，回路为 1-2-3-4-14-17-15-16-0；则 KM1 主触点接通主轴电动机 M1 电源，M1 低速正转启动。当转速达到 120 r/min 时，速度继电器 KS-1 动断触点（15 区）断开，主轴电动机 M1 又停转。当转速小于 100 r/min 时，速度继电器 KS-1 动断触点又复位闭合，主轴电动机 M1 又正转启动。如此反复，直到新的变速齿轮啮合好为止。此时转动变速操作盘，选择新的速度后，将变速手柄压回原位。

进给变速控制过程与主轴变速控制过程基本相似，只是拉出的变速手柄是进给变速操作手柄。分析时，将主轴变速控制中的行程开关 SQ1、SQ2 换成 SQ3、SQ4，其具体工作过程省略。

（5）快速移动进给电动机 M2 的控制

机床工作台的纵向和横向快速进给、主轴的轴向快速进给、主轴箱的垂直快速进给都是由电动机 M2 通过机械齿轮的啮合来实现的。将快速手柄扳至快速正向移动位置，行程开关 SQ7

（21、22 区）被压下，21 区常开触点闭合，接触器 KM4 线圈得电，进给电动机 M2 启动正转，带动各种进给正向快速移动。将快速手柄扳至反向位置时，压下行程开关 SQ8（21、22 区），22 区常开触点闭合，接触器 KM5 线圈得电，进给电动机 M2 反向启动，带动各种进给反向快速移动。当快速操作手柄扳回中间位置时，SQ7、SQ8 均不受压，M2 停车，快速移动结束。

（6）联锁环节

① 主轴箱或工作台机动进给与主轴机动进给的联锁。

为了防止工作台或主轴箱机动进给时出现将主轴或平旋盘刀具溜板也扳到机动进给的误操作，设置了与工作台、主轴箱进给操纵手柄有机械联动的行程开关 SQ5，在主轴箱上设置了与主轴、平旋盘刀具溜板进给手柄有机械联动的行程开关 SQ6。

当工作台、主轴箱进给操纵手柄扳在机动进给位置时，压下 SQ5，其常闭触点（7 区）断开。若此时又将主轴、平旋盘刀具溜板进给手柄板在机动进给位置，则压下 SQ6，其常闭触点（8 区）断开，于是切断了控制电路电源，使主电动机 M1 和快速移动电动机 M2 无法启动，从而避免了由于误操作带来的运动部件相撞事故，实现了主轴箱或工作台与主轴或平旋盘刀具溜板的联锁保护。

② M1 主电动机正转与反转之间，高速与低速运行之间，快速移动电动机 M2 的正转与反转之间均设有互锁控制环节。

3. 辅助电路分析

TSPX619 卧式镗床设有 36V 安全电压局部照明灯 EL，由开关 SA 手动控制。电路还设有 6.3V 电源指示灯 HL，表明电路电源电压是否正常。

4. TSPX619 型卧式镗床电气控制特点

① 主电动机 M1 为双速笼型异步电动机，实现机床的主轴旋转和工作进给。低速时由接触器 KM6 控制，将电动机三相定子绕组接成三角形连接；高速时由接触器 KM7、KM8 控制，将电动机三相定子绕组接成双星形连接。高、低速由主轴孔盘变速机构内的行程开关 SQ 控制。选择低速时，电动机为直接启动。高速时，电动机采用先低速启动，再自动转换为高速启动运行的二级启动控制，以减小启动电流的冲击。

② 主电动机 M1 有正反向点动、正反向连续运行控制，并具有停车反接制动。在点动、反接制动以及变速中的脉动低速旋转时，定子绕组接成三角形接法，电路串入限流电阻 R，以减小启动和反接制动电流。

③ 主轴变速与进给变速可在停车情况下进行，也可在运行中进行。变速时，主电动机 M1 定子绕组接成三角形接法，靠速度继电器 KS 在 100～120r/min 的转速下连续反复低速运行，以利齿轮啮合，使变速过程顺利进行。

④ 主轴箱、工作台与主轴、平旋盘刀具溜板由快速移动电动机 M2 拖动实现其快速移动，它们之间的机动进给设有机械和电气的联锁保护。

3.7 M7120型平面磨床的电气控制线路分析

3.7.1 M7120型平面磨床概述

1. 主要结构

M7120平面磨床的外形如图3.16所示，主要由床身、工作台、电磁吸盘、砂轮箱、立柱等组成。

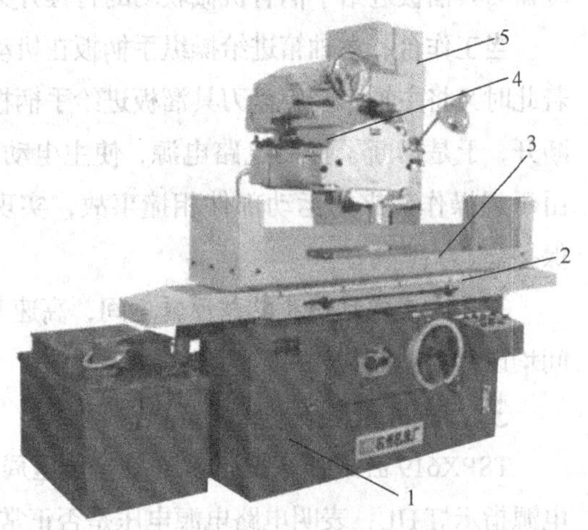

图3.16 M7120实物图

1—床身；2—工作台；3—电磁吸盘；4—砂轮箱；5—立柱

2. 运动形式

① 主运动：砂轮的旋转运动，线速度为30～50m/s。

② 进给运动：工作台在床身导轨上的直线往复运动；磨头（砂轮箱）在滑座立柱上做横向和垂直直线运动；采用液压驱动，可平滑调速。

③ 拖动方式：主轴电动机拖动砂轮旋转，液压泵电动机拖动工作台进给，冷却泵电动机供给冷却液。

3. 用途

高速砂轮对工件进行磨削加工（精密加工机床），可加工硬质材料，其特点是加工精度高，光洁度高。

4. 控制要求

① 各电动机均为单向运转。

② 启动顺序：先启动冷却泵、后启动主轴或者同时通电。

③ 保护：电磁吸盘欠压保护、短路、过载、零压等。

④ 工件去磁。

3.7.2 M7120型平面磨床的电气控制

图3.17所示为M7120平面磨床电气控制原理图，包括主电路、控制电路、电磁吸盘控制电路和辅助电路4部分。

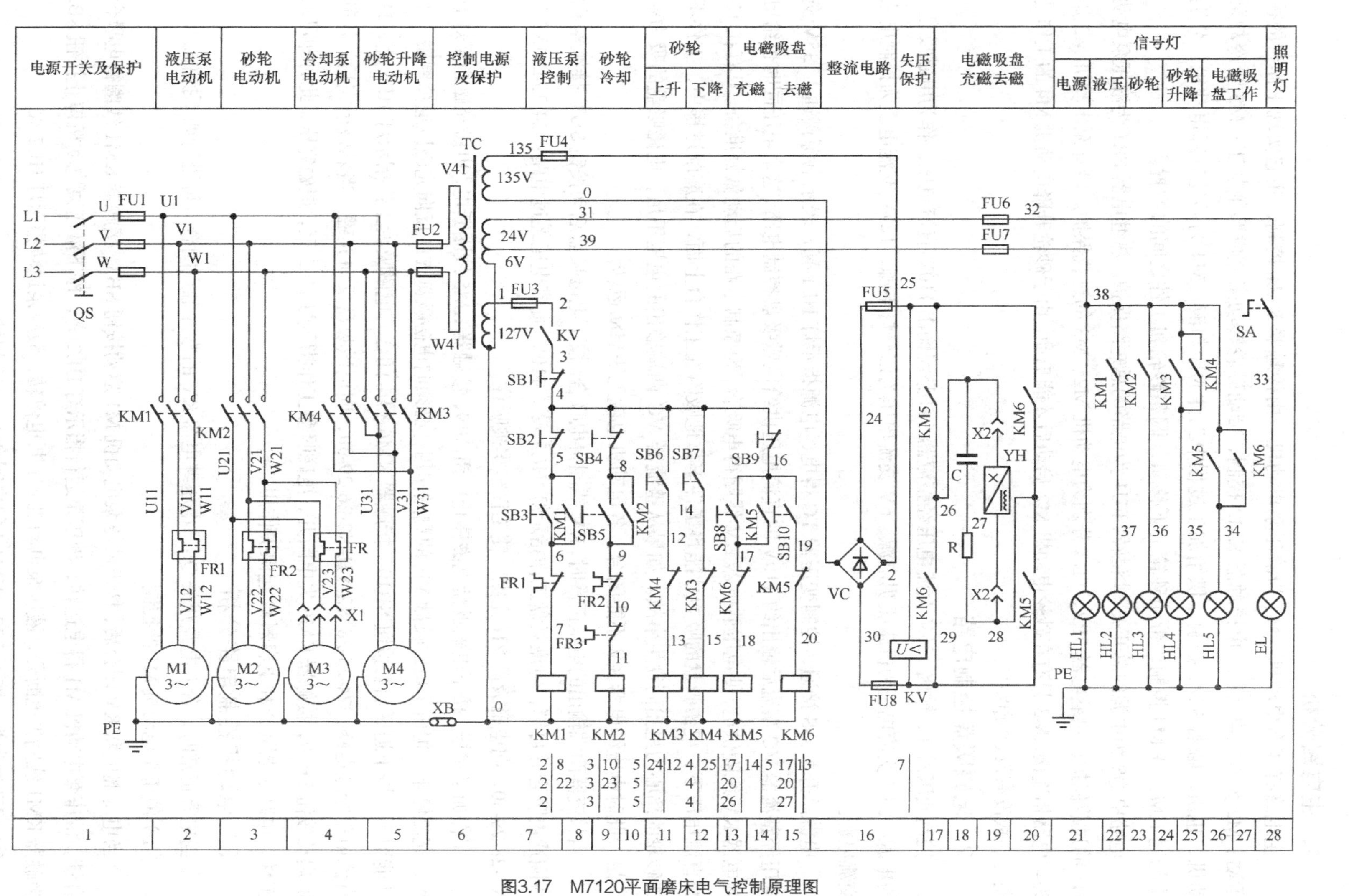

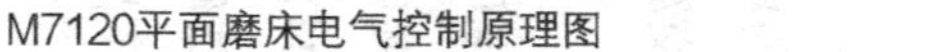
图3.17 M7120平面磨床电气控制原理图

1. 主电路分析

主电路有4台电动机，M1为液压泵电动机，由接触器KM1控制，用它实现工作台的往复运动；M2为砂轮电动机，由接触器KM2控制，带动砂轮转动来完成磨削加工；M3为冷却泵电动机，也由接触器KM2控制，供给加工过程中工件的冷却液；M4为砂轮升降电动机，分别由接触器KM3、KM4控制，带动砂轮上下移动，调整砂轮和工件之间的位置。

电路中QS为电源的总开关，熔断器FU1为电路的总短路保护。热继电器FR1为液压泵电动机M1的过载保护，热继电器FR2、FR3分别为电动机M2、M3的过载保护。冷却泵电动机M3用插头与电路相连接，M3只有在砂轮电动机M2启动后才能启动。由于砂轮升降电动机M4的工作是短期的，故没有设过载保护。

2. 电磁吸盘控制电路

控制变压器TC输出135V交流电压经整流器VC整流输出110V直流电压，作为电磁吸盘YH的电源，24V交流电压为机床照明电源，6V交流电压为信号灯电源，127V交流电压为控制电路的交流电源。

电源总开关QS接通，控制变压器TC得电，电源指示灯HL1亮，表示电源接通。135V交流电压经整流器VC整流后输出约110V的直流电压供给电磁吸盘控制电路，这个电压同时也给电压继电器KV线圈供电，使电压继电器KV线圈得电吸合，为控制电路的启动做好准备。只有在110V的直流电压下，电磁吸盘的吸力才能将工件牢靠地吸附在工作台上面，在磨削过程中，工件不会被砂轮的离心力甩出而发生事故。如果从整流器VC两端输出的电压不足，电磁吸盘的吸力就会不足，此时电压继电器KV不能闭合，各电动机也就无法启动运转。

当整流器两端输出的电压正常时，KV线圈得电吸合。按下电磁吸盘启动按钮SB8，接触器KM5线圈通电吸合并自锁，电磁吸盘工作指示灯HL5亮，110V直流电压经过电路：24-25-26-X2-YH-X2-28-29-30，向电磁吸盘YH充磁，使工件牢牢被吸住。

工件加工完毕，按下电磁吸盘充磁停止按钮SB9，接触器KM5线圈断电，电磁充磁指示灯HL5灭，充磁停止。但由于电磁吸盘YH的剩磁作用，必须向电磁吸盘YH反向充磁以退掉剩磁，工件才能取下。按下退磁启动按钮SB10，接触器KM6得电闭合，电磁吸盘工作指示灯HL5亮，110V直流电压经过电路：24-25-28-X2-YH-X2-26-29-30，向电磁吸盘反向充磁。当剩磁退完后，松开退磁启动按钮SB10，接触器KM6失电断开，电磁吸盘工作指示灯HL5灭，退磁完毕，此时即可取下工件。电路中电阻R和电容器C起保护作用。

3. 电动机控制电路分析

当电源正常时，合上电源开关QS，电压继电器KV的常开触点闭合，可进行如下操作。

（1）液压泵电动机M1的控制

当电压继电器KV闭合后，按下液压泵电动机M1启动按钮SB3，接触器KM1线圈得电吸合并自锁，液压泵电动机M1得电运转，液压泵运行指示灯HL2亮，按下液压泵电动机停止按钮SB2，接触器KM1线圈失电断开，液压泵电动机M1断电停转，液压泵运转指示灯HL2灭。

① 启动过程为：按下SB3→KM1（得电闭合）→M1启动。

② 停止过程为：按下 SB2→KM1（失电释放）→M1 停转。

（2）砂轮电动机 M2、冷却泵电动机 M3 的控制

按下砂轮电动机启动按钮 SB5，接触器 KM2 线圈得电吸合，砂轮电动机 M2 启动旋转，砂轮运转指示灯 HL3 亮。由于冷却泵电动机 M3 通过接插件 X1 和 M2 联动控制，故 M2 启动旋转后，M3 才能启动旋转。当不需要冷却泵时，可将插头拔出，冷却泵电动机 M3 停转。按下停止按钮 SB4 时，接触器 KM2 线圈失电释放，砂轮电动机 M2、冷却泵电动机 M3 同时断电停转，砂轮运转指示灯 HL3 灭。

① 启动过程为：按下 SB3→KM2→M2 启动。

② 停止过程为：按下 SB4→KM2→M2 停转。

（3）砂轮升降电动机 M4 的控制

砂轮升降电动机采用正反转点动控制。按下正转点动按钮 SB6，接触器 KM3 线圈得电吸合，砂轮升降电动机 M4 通电正转，砂轮升降指示灯 HL4 亮，砂轮上升；松开 SB6，接触器 KM3 线圈失电释放，砂轮升降电动机 M4 断电停转，砂轮升降指示灯 HL4 灭。当按下反转点动按钮 SB7 时，接触器 KM4 线圈得电吸合，砂轮升降电动机 M4 通电反转，砂轮升降指示灯 HL4 亮，砂轮下降；松开 SB7，接触器 KM4 线圈失电释放，砂轮升降电动机 M4 断电停转，砂轮指示灯 HL4 灭。为了防止同时按下 SB6、SB7 或其他原因使 KM3、KM4 同时得电，造成电源短路，KM3、KM4 控制回路中采用了联锁电路。

① 砂轮上升控制过程为：按下 SB6→KM3→M4 启动正转。当砂轮上升到预定位置时，松开 SB6→KM3→M4 停转。

② 砂轮下降控制过程为：按下 SB7→KM4→M4 启动反转。当砂轮下降到预定位置时，松开 SB7→KM4→M4 停转。

（4）冷却泵电动机控制

冷却泵电动机由于通过插座 X1 与接触器 KM2 主触点相联，因此 M3 是与砂轮电动机 M2 联动控制，按下 SB5 时，M3 与 M2 同时启动，按下 SB4 时同时停止。FR2 与 FR3 的常闭触点串联在 KM2 线圈回路中，M2、M3 中任一台过载时，相应的热继电器动作，都将使 KM2 线圈失电释放，M2、M3 同时停止。图 3.17 中，EL 为工作照明灯，SA 为 EL 的开关。

4. 电磁吸盘控制电路分析

（1）电磁吸盘构造及原理

电磁吸盘外形有长方形和圆形两种。矩形平面磨床采用长方形电磁吸盘，圆台平面磨床用圆形电磁吸盘。电磁吸盘工作原理如图 3.18 所示，线圈通电产生的强磁场把工件牢牢吸在工作台上。

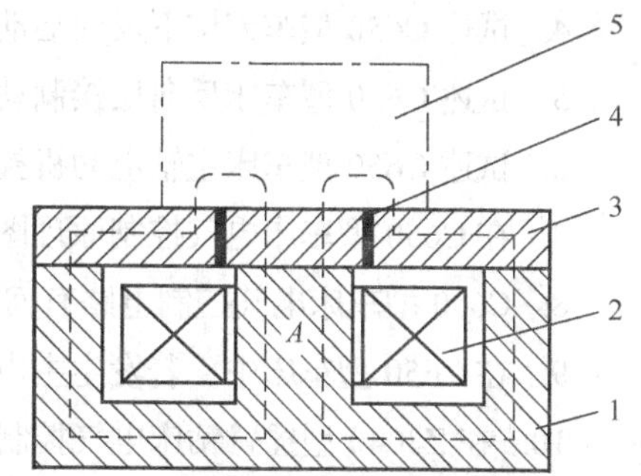

图3.18 电磁吸盘工作原理
1—钢制吸盘体；2—线圈；3—钢制盖板；4—隔磁层；5—工件

（2）磁吸盘控制电路

磁吸盘控制电路由整流装置、控制装置及保护装置等组成。整流部分由整流变压器 T 和桥式整流器 VC 组成，

输出 110V 直流电压。

（3）电磁吸盘保护环节

① 欠电压保护；

② 电磁吸盘线圈的过电压保护；

③ 电磁吸盘的短路保护。

本章小结

本章重点介绍了典型机床的主要机构、运动形式、用途和控制要求，重点分析了机床控制线路的控制原理。

1. 介绍了机床电气控制系统的原理图、元件布置图、电气安装接线图以及各图形的画法规则，说明了 3 种图形之间的关系。学生在掌握 3 种图纸的画法和各自不同的用途后，能依据控制要求看懂和分析电气原理图，在实际工作中应用 3 种图纸。

2. 对典型机床电气控制线路进行了分析和说明，介绍了电葫芦、C650 卧式车床、Z3040 型摇臂钻床、X6132 型卧式万能铣床、TSPX619 型卧式镗床和 M7120 型平面磨床的电气控制电路，阐述了上述典型机床的电气控制线路的分析方法和具体步骤，利用查线号分析法对主电路—控制电路—辅助电路—联锁及保护环节—特殊控制环节等进行逐步分析，最后总体检查。

习题3

1. 绘制电气原理图的原则是什么？

2. 简述分析电气原理图的方法和步骤。

3. 在电气系统分析中，主要涉及哪些技术资料和文件？并请简述它们的用途。

4. 试述 C650 型车床按下反向启动按钮 SB4 后的启动工作原理。

5. 试述 C650 型车床反向反接制动的工作原理。

6. 试述 C650 型车床主轴电动机控制特点及时间继电器 KT 的作用。

7. 在 C650 型车床电气控制原理图中，KA 和 KM3 逻辑相同，它们能相互代替吗？

8. C650 型车床电气控制电路有何特点？

9. 在 C650 型车床中，若发生主电动机无反接制动，或反接制动效果差，试分析故障原因。

10. 在 Z3040 型摇臂钻床电气控制电路中，设有哪些联锁与保护环节？

11. 在 Z3040 型摇臂钻床电气控制电路中，行程开关 SQ1～SQ4 的作用各是什么？

12. 在 Z3040 型摇臂钻床电气控制电路中，KT 与 YV 各在什么时候通电动作，KT 各触点的作用是什么？

13. 试述 Z3040 型摇臂钻床欲使摇臂向下移动时的操作及电路工作情况。

14. 在 XA6132 型铣床电气控制电路中，电磁离合器 YC1、YC2、YC3 的作用是什么？

15. 在 XA6132 型铣床电气控制电路中，行程开关 SQ1～SQ6 的作用各是什么？

16. XA6132 型铣床主轴变速能否在主轴停止或主轴旋转时进行？为什么？

17. XA6132 型铣床进给变速能否在运行中进行？为什么？

18. XA6132 型铣床电气控制具有哪些联锁与保护？为何设有这些联锁与保护？它们是如何实现的？

19. XA6132 型铣床电气控制具有哪些特点？

20. TSPX619 型镗床电气控制具有哪些控制特点？

21. 试述 TSPX619 型卧式铣床主轴高速启动时的操作和电路工作情况。

22. 在 TSPX619 型镗床电气控制电路中行程开关 SQ、SQ1、SQ2、SQ3、SQ4、SQ5、SQ6、SQ7、SQ8 的作用是什么？它们分别安装在何处？各由哪些手柄控制？

23. TSPX619 型镗床是如何实现变速时的连续反复低速冲动的？

24. TSPX619 型镗床主电动机电气控制具有什么特点？

25. 分析 M7120 型平面磨床电磁吸盘的控制原理。

26. M7120 型平面磨床控制中的电源有哪些？都是起什么作用的？

第4章 三相异步电动机的PLC控制

本书第2章介绍了继电器控制系统控制三相异步电动机基本环节的方法。继电器控制系统是通过导线将各个分立的继电器、接触器及一些电子元器件连接起来实施控制的，它具有结构简单、价格便宜、容易掌握等优点。但是，继电器控制电路往往是针对某一固定的动作顺序或生产工艺而设计的，一般仅限于一些简单的控制，如逻辑控制、定时控制等。一旦动作顺序或生产工艺发生变化，就需要重新设计、布线、装配，甚至要改变机械部件。例如，设备功能增加将导致电器元件（如继电器、接触器）增加，安装电器元件的配电盘就需要增大，原来的配电柜容纳不了新的配电盘，就需要重新设计制作，这就延长了设备的设计、生产时间，也增加了制造成本。因此，随着生产规模的逐步扩大和市场竞争的日益激烈，继电器控制系统已很难适应现代电气控制的要求。

可编程序控制器（PLC）将传统的继电器控制技术和计算机控制技术、通信技术融为一体，以其显著的优势正被广泛地应用于各种生产机械和生产过程的自动控制中。

PLC的种类很多，不同厂家生产的PLC虽然规格、功能不尽相同，但它们的结构及原理大致相同，编程方法基本类似。本章以MITSUBISHI公司生产的FX系列微型PLC为例，介绍可编程序控制器的基本结构、工作原理、指令系统及编程方法，并给出用PLC控制电动机基本环节的实例。

4.1 PLC的分类、组成及工作原理

4.1.1 PLC系统的组成

PLC是一种以CPU为核心的工业控制专用计算机。PLC系统的组成与微机系统基本相同，都

是由硬件系统和软件系统两大部分组成的。图 4.1 所示为 FX_{2N}系列微型 PLC 的实物图。

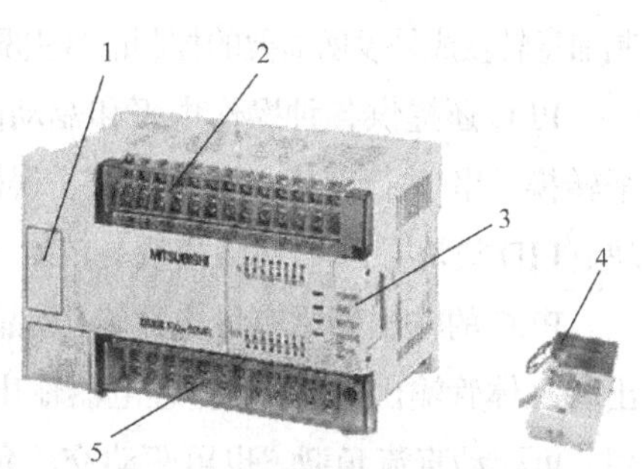

图4.1 FX_{2N}系列微型PLC型的实物图
1—外设接口；2—输出端子；3—I/O扩展接口；4—手持编程器；5—输入端子

PLC 的硬件一般是由 CPU、存储器、输入和输出模块、电源模块、I/O 扩展接口、外设 I/O 接口以及编程器等组成，PLC 的软件系统包括系统程序和用户程序。图 4.2 所示为一般小型 PLC 的硬件系统简化框图。

1. 中央处理单元（CPU）

这里的 CPU 与通用微机中的 CPU 一样，是 PLC 的核心部分，是 PLC 的控制运算中心。CPU 按系统程序赋予的功能，除完成对系统自身的管理外，还要监控输入/输出设备的状态，处理和运行用户程序。

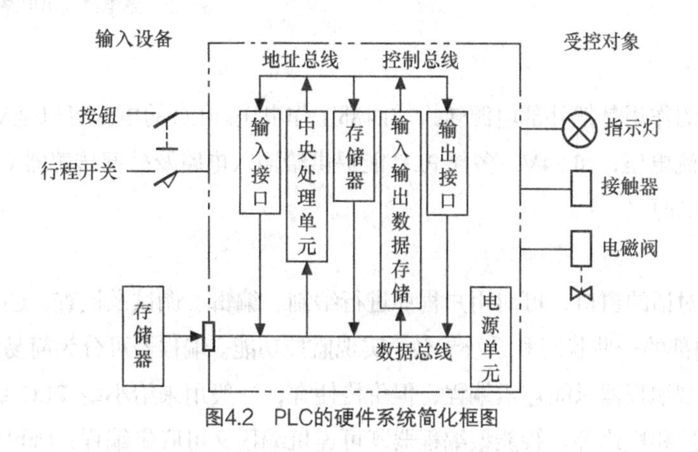

图4.2 PLC的硬件系统简化框图

2. 存储器

PLC 存储器一般有系统程序存储器和用户程序存储器。

系统程序存储器主要用来存放系统的管理和监控程序、对用户程序作编译处理的程序，以及 PLC 内部的各种状态参数。它由 PLC 生产厂家提供，固化在 ROM/EPROM 中，不能由用户直接存取。

用户程序存储器主要用于存放用户根据生产过程和按工艺要求编制的应用程序，可通过编程器输入或修改。用户程序是由用户编制的，如梯形图和语句表等，存放在 RAM 中，为了防止掉电后 RAM 中的内容丢失，PLC 使用了锂电池作为对 RAM 的后备供电，能使 RAM 中的程序保持几年。用户程序存储器通常以字（16B）为单位表示存储容量。PLC 产品资料中存储器的容量一般就是指用户程序存储容量。

PLC 中常用的存储器有 CMOSRAM、EPROM、EEPROM，也常采用磁盘等外存储器。

3. 输入/输出（I/O）模块

输入/输出模块是 PLC 与现场 I/O 装置或其他外部设备的连接部件。PLC 的输入模块用以接收和采集外设各类输入信号（从操作按钮、各种开关、数字拨码盘开关等送来的开关量；或由电位器、传感器、变送器等提供的模拟量），并将其转换成 CPU 能接收和处理的数据。PLC 的输出模块则是将 CPU 输出的控制信息转换成外设所需要的控制信号去驱动控制对象（如继电器、接触器、电磁阀、指示灯等）。

PLC 还提供各种操作电平和驱动能力的 I/O 模块和各种用途的 I/O 功能模块。如输入/输出电平转换、串/并行变换、数据传送、误码校验、A/D 或 D/A 变换以及高速计数器模块、定位控制模块、PID 模块、PLC 网络模块、PLC 与计算机通信模块、温度传感器输入模块等。

PLC 的输出通常有继电器输出、晶闸管输出和晶体管输出 3 种形式。继电器输出最为常用，可驱动直流负载，也可驱动交流负载，图 4.3 所示为继电器输出的电路示意图。而晶体管输出方式驱动直流负载；晶闸管输出方式驱动交流负载。驱动负载的电源要由外部现场来提供。

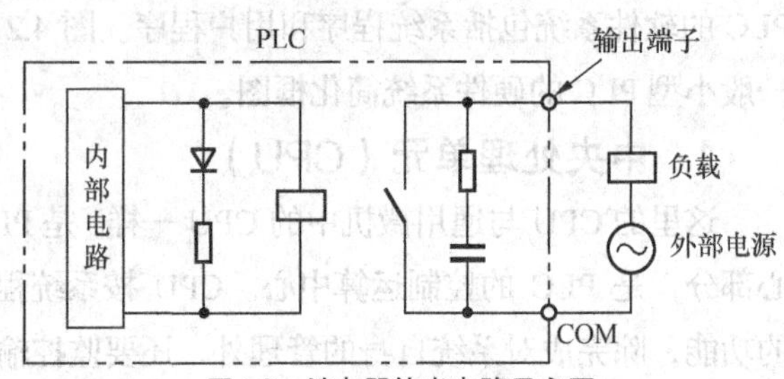

图4.3 继电器输出电路示意图

4. 电源单元

PLC 电源单元的作用是把外部电源转换成内部工作电压。PLC 的电源可以是交流电压，如 220V、110V；也可以是直流电压，如 24V。多数 PLC 能提供给输入电路及外部传感器（如接近开关、光电开关等）24V 直流电源。

5. 编程器

编程器是人机对话的窗口，可对用户程序进行编制、编辑、调试及检查，还可以通过其键盘去调用和显示 PLC 内部的一些状态和系统参数，实现监控功能。编程器可分为简易型编程器和智能型编程器两类。简易型编程器只能连机编程，但价格便宜，一般用来给小型 PLC 编程，或用于 PLC 控制系统的现场调试和检修等。智能型编程器既可连机编程又可脱机编程；既可输入指令表程序又可直接生成和编辑梯形图程序，使用方便直观，但价格较高。一台编程器可供多台同系列 PLC 共同享用。目前，大多使用计算机进行编程。

6. 外设 I/O 接口

外设 I/O 接口的作用就是将一些外设（如 EPROM 写入器、打印机、图形监控系统）与 CPU 连接。PLC 还可以通过通信接口与其他 PLC 或上位计算机连接，实现联网功能。

7. I/O 扩展接口

I/O 扩展接口的作用就是用于扩展单元与基本单元之间的连接。当用户的输入输出设备所需的 I/O 点数超过了基本单元（主机）的 I/O 点数时，可用 I/O 扩展单元来加以扩展，使 I/O 点数的配置更为灵活。

4.1.2 PLC 的工作原理

PLC 采用周期性循环扫描的工作方式进行工作。PLC 中，用户将程序按序号顺序存放好，CPU 从第一条指令开始顺序逐条地执行程序，在无跳转指令的情况下，CPU 对用户程序作周期性循环扫描，直到用户程序结束，然后又返回到第一条指令，开始新一轮扫描。在每次扫描过程中，还要完成对输入信号的采集和对输出状态的刷新等工作，PLC就是这样周而复始地重复上述的扫描循环。全过程一次所需的时间为扫描周期。

PLC的工作过程可分为公共操作、输入采样、程序执行、输出刷新4个阶段。

1. 公共操作阶段

公共操作阶段主要包括内部自检和通信操作服务。内部自检主要检查PLC的硬件是否正常；通信操作服务主要是PLC与一些功能模块通信，响应编程器键入的命令，更新编程器的显示内容等。

2. 输入采样阶段

PLC在输入采样阶段，首先按顺序采样所有的输入端子，并将输入点的状态或输入数据存入内存中各对应的输入映像寄存器里，即输入刷新。随即关闭输入端口，接着进入程序执行阶段。在程序执行阶段，即使输入状态有变化，输入映像寄存器的内容也不会改变。输入信号变化了的状态只能在下一个扫描周期的输入采样阶段被读入。

3. 程序执行阶段

在程序执行阶段，PLC对用户程序顺序扫描。在扫描每一条指令时，所需的输入状态可从输入映像寄存器中读入，也可从元件映像寄存器中读入当前的输出状态，同时按程序进行相应的逻辑运算，运算结果再存入元件映像寄存器中。所以对每一个元件（PLC内部的输出软继电器）来说，元件映像寄存器的内容，会随着程序的执行过程而变化。

4. 输出刷新阶段

当所有指令执行完毕，元件映像寄存器中所有输出继电器的状态（接通/断开）在输出刷新阶段转存到输出锁存器，并通过一定的方式输出，驱动外部负载，这才是PLC的实际输出。

PLC的输入采样、程序执行、输出刷新的工作过程如图4.4所示，这是集中采样、集中输出的扫描工作方式，主要适用于小型PLC，其扫描周期一般为十几毫秒到几十毫秒。而对于I/O点数多的大型PLC，则采用分时分批扫描的工作方式，可缩短循环扫描周期，提高控制的实时响应性。对用户来说，合理编制程序是缩短响应时间的关键。

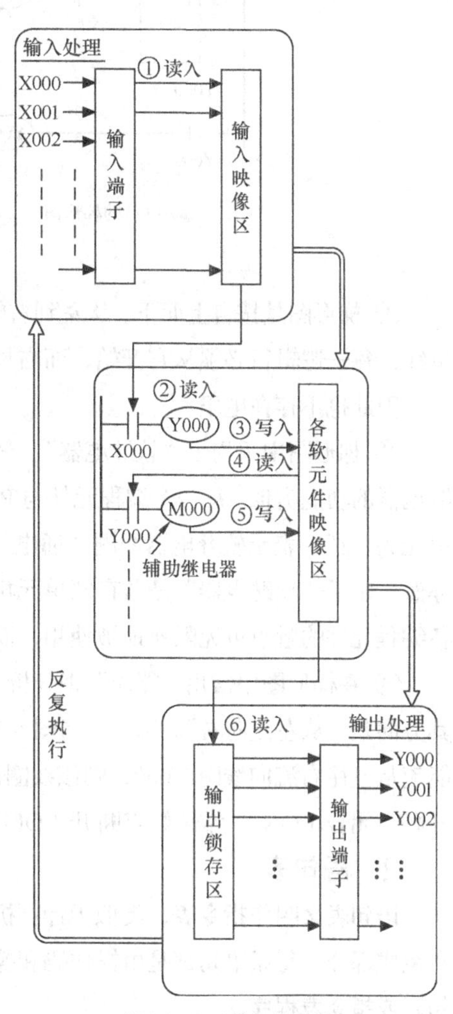

图4.4 PLC的扫描过程

PLC有两种工作状态，即停止（STOP）状态和运行（RUN）状态。处于RUN状态时，PLC的工作于上述4个阶段；而处于STOP状态时，PLC只工作在公共操作阶段。

4.1.3 PLC的表达方式

PLC中常用的编程语言有梯形图、语句表（指令表）、功能图等。

1. 梯形图编程

梯形图是一种图形语言，形象、直观、实用，在形式上类似于继电器控制电路。图4.5（a）所示为PLC的梯形图，与图4.5（b）所示的继电器控制线路类似。继电器控制线路的左右（或上下）两端是电源线，各电气元件的触点靠导线连接，当某个回路有电流流过时，继电器线圈吸合，其触点动作。而梯形图的主要特点如下。

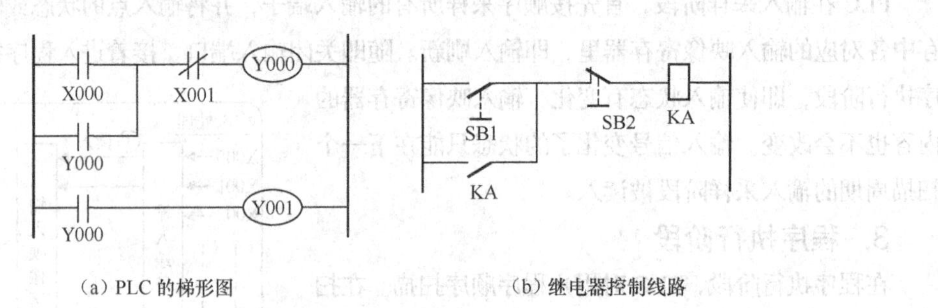

（a）PLC的梯形图　　（b）继电器控制线路

图4.5　PLC的梯形图

① 梯形图是按自上而下，从左到右的顺序排列。其两侧的垂直公共线称为母线。左母线为起始母线，每一逻辑行必须从它开始，而右母线为结束母线（有些PLC省去不画）。左右母线不是电源线，因此也不存在电压。

② 梯形图中采用了“软继电器”。它是PLC内部的编程元件，而不是真实的物理继电器，但与继电器的功能类似。每一个编程元件与PLC的元件映像寄存器的一个存储单元相对应，若相应存储单元为“1”，表示软继电器线圈“通电”，则其常开触点闭合（ON），常闭触点断开（OFF），反之亦然。由于“软继电器”是与存储单元相对应的，而存储器的状态可无数次被读取，因此，PLC中各编程元件的触点可无限次地被使用，而物理继电器的触点是有限的。

③ 在梯形图中常用“能流”来分析PLC程序的工作情况。这个“能流”就是一个假想的电流，其方向是“从左流向右”。例如，当图4.5（a）中触点X000与X001非均为“1”时，就有一假想的能流从左往右流向线圈Y000，则该线圈被“接通”，或者说被“激励”，此时Y000对应的无数个常开触点闭合（ON），常闭触点断开（OFF）。

2. 语句表

语句表又叫作指令表，类似于计算机汇编语言的形式，用指令的助记符来编程。语句是它的基本组成部分，每条语句都是由操作码和操作数构成的。由若干条指令（语句）组成的程序就叫作语句表或指令表程序。

不同机型的PLC，其语句表使用的助记符也不尽相同。例如，FX系列PLC的指令对图4.5（a）所示梯形图进行编程，其语句表程序如表4.1所示。

表4.1　　FX型PLC语句表

步　序	操作码（助记符）	操作数（器件号）	说　明
1	LD	X000	逻辑行开始，读入X000的常开点
2	OR	Y000	并联Y000的常开点（自锁点）
3	ANI	X001	串联X001的常闭点
4	OUT	Y000	Y000线圈输出，逻辑行结束
5	LD	Y000	又一个逻辑行开始，读入Y000的常开点
6	OUT	Y001	Y001线圈输出，逻辑行结束

3. 功能图

功能图也称为顺序功能图（sequential function chat，SFC）是一个顺序控制过程的图解表示法，主要由“步”、“转移”及“有向线段”等元素组成。它将一个完整的控制过程分解为若干个阶段（状态），各阶段具有不同的动作。阶段间有一定的转换条件，只要条件满足就可实现状态转移，上一个状态动作结束，下一个状态开始。这种功能图简单、清晰。

4. 高级语言

近几年的一些大型PLC，采用了BASIC、Pascal、C语言等高级语言，可以像使用计算机一样进行编程，不仅能完成逻辑控制功能、数据处理、数值计算，还易于实现与计算机的通信联网。

4.1.4 PLC的技术指标

1. PLC的基本技术指标

PLC的基本技术指标很多，下面介绍几个主要的基本技术指标。

（1）程序存储器容量

程序存储器容量通常用K字（KW）或K字节（KB）、K位来表示，主要指PLC能存放用户程序的容量。16位二进制数为一个字，每1024个字为1K字。中小型PLC的存储器容量一般在8K字以下。PLC中程序的指令是按“步”存放的，一“步”占一个地址单元，一个地址单元一般占两个字节。例如，容量为4KB的程序存储器可存2000步PLC的用户程序。

（2）I/O点数

PLC的输入/输出量有开关量和模拟量两种。对于开关量，I/O点数用最大的I/O点数表示；而对于模拟量，I/O点数用最大I/O通道数表示。

（3）扫描速度

以“ms/K字”为单位或以“μs/步”为单位表示，如30ms/K字表示扫描1K字的用户程序需要的时间是30ms。

（4）编程语言

PLC常用的编程语言有梯形图、语句表、功能图及某些高级语言等，前两者使用得最多。不同的PLC采用的语言也不尽相同。

（5）指令种类数和总条数

这个指标用以表示 PLC 的编程和控制功能。

（6）PLC 内部继电器的种类和点数

包括输入继电器、输出继电器、辅助继电器、特殊继电器、定时器、计数器、状态寄存器、数据寄存器以及它们的个数（点数）等。

2. PLC 与继电器控制系统的比较

PLC 的梯形图与继电器控制线路十分相似，它沿用了继电器控制电路中的元件名称和符号（仅有个别不同），从信号的输入/输出形式及控制功能来看，二者是相同的。但 PLC 控制与继电器控制也有许多不同之处。

（1）实施控制的方法不同

在继电器控制线路中，控制功能的实现是通过硬件连线来完成的，因此功能专一，不灵活；而 PLC 的控制是通过软件编程来实现的，易于更改。

（2）工作方式不同

继电器控制线路中的各继电器是按“并行”方式工作的，或者说是同时执行的，即当电源接通时，满足条件的继电器将同时动作。而在 PLC 控制系统中，受同一条件制约的各“软继电器”，其动作次序取决于程序的扫描顺序，所以说 PLC 是以“串行”方式工作的。PLC 的这种串行工作方式可避免继电器控制的触点竞争和时序失配问题。

（3）器件组成不同

继电器控制线路由若干个硬继电器组成；而梯形图则由许多的“软继电器”所组成。那些硬继电器的触点易磨损，触点数有限，一般只有 4～8 对；而梯形图中的“软继电器”是存储器中对应的寄存器状态，没有触点接触，可供编程使用的触点数有无数对。

（4）响应时间不同

继电器控制线路为机械式触点，动作慢；而 PLC 的动作时间取决于扫描周期，仅为几毫秒或几十毫秒。

4.1.5 PLC 的分类

PLC 的产品很多，形式多样，而且其功能也不尽相同，通常可按容量和功能分类，也可按结构形式分类，FX 型 PLC 分类如表 4.2 所示。

表 4.2　　FX 型 PLC 的分类

种类		分类依据	结构特点及适用场合	产品举例
按容量和功能分	小型	I/O 点数在 256 点以下，存储容量在 2 K 步以内	价格低、体积小、普及通用性好。适合于控制逻辑性强的单台设备	S7-200（西门子） FX_{1N}（三菱）
	中型	I/O 点数通常在 256～2048 点，存储容量在 2～8K 步	功能多、运算快、可靠性强。适合于温度控制、动作要求复杂的机械控制及连续生产过程的控制等	C-200H（欧姆龙） S7-300（西门子）

续表

种类		分类依据	结构特点及适用场合	产品举例
按容量和功能分	大型	I/O点数大于2048点，存储容量在8K步以上	与工业控制计算机相近，可构成一台多功能系统，也可组成一个集中分散的生产过程和产品质量控制系统。适合于设备自动化控制和过程控制监控系统	S5-150U（西门子） P-5000（欧姆龙）
按PLC的结构形式分	整体式	把CPU、存储器及I/O模块等装在印制电路板上，并把电源模块也配置在一起，装入机体内，形成一个整体	结构简单紧凑、体积小、价格低。适合场合同小型机	FX系列（三菱） C系列（欧姆龙）
	模块式	把PLC各部分以单独的模块分开，用接插的方式将其组装在一个电源机架内	用户可以选用不同挡次的CPU模块，而且I/O点数也可根据控制要求灵活配置，扩展方便，便于维修。适合各种场合	C200H（欧姆龙） CQM1（欧姆龙） GE-Ⅰ（GE）

此外，还可根据PLC的功能水平分类，分为高、中、低3种。

4.1.6 FX系列微型PLC的型号

FX系列微型PLC的型号构成如下：

FX-[1]-[2]-[3]-[4]

FX——系列名，FX系列有FX_{1N}，FX_{1S}，FX_{2N}，FX_{2NC}等；

[1]——输入输出总点数；

[2]——单元类型，M为基本单元，E为扩展单元；

[3]——输出形式，R为继电器输出，T为晶体管输出，S为可控硅（晶闸管）输出；

[4]——其他区别，C为接插件输入输出。

例如，“FX_{1N}-40MR”型号表示一个输入/输出总点数（I/O点数）为40点的、FX_{1N}系列PLC的基本单元，其输出方式为继电器输出。

注意，扩展单元没有CPU，不能单独使用，只起扩大I/O点数的作用。

4.1.7 PLC的输入输出方式

1. 输入端接线

FX系列PLC提供了24V直流电源接线端。一方面通过用户输入设备（如按钮、行程开关等）为其自身提供电源；另一方面还可为外部输入传感器（接近开关或光电开关）提供电源。当24V端子作为传感器电源时，COM端为直流电源的负端。

采用扩展单元时，要将基本单元和扩展单元的24V端子连接起来，基本单元和扩展单元的COM端也应连接起来。

图 4.6 所示为输入端接线的一个示例。

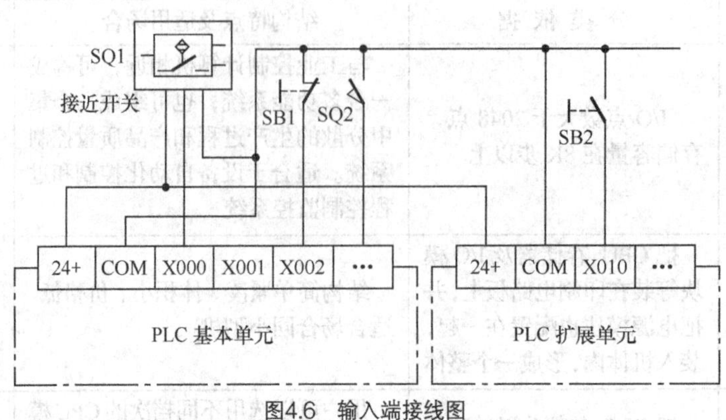

图4.6 输入端接线图

2. 输出端接线

PLC 有 3 种输出形式，要根据负载的要求来决定选择哪一种形式的输出。下面以继电器输出形式为例，介绍几点注意事项。

① PLC 的输出接线有独立输出和分组输出两种类型。独立输出型，各输出点之间相互隔离，每一个输出点都可使用单独的电源，如图 4.7（a）所示，输出端 Y010 可接额定电压为 110V 的交流负载，而 Y012 可接额定电压为 24V DC 的直流负载。分组式输出型，其每一组输出点共用一个公共端，它们共用一个电源。PLC 通常有 2 点一个公共端、4 点一个公共端、8 点一个公共端等几种输出形式。图 4.7（b）所示为 8 点一个公共端的接线形式，Y000～Y007 这 8 个点只能接额定电压相同（如 24V DC）的负载。

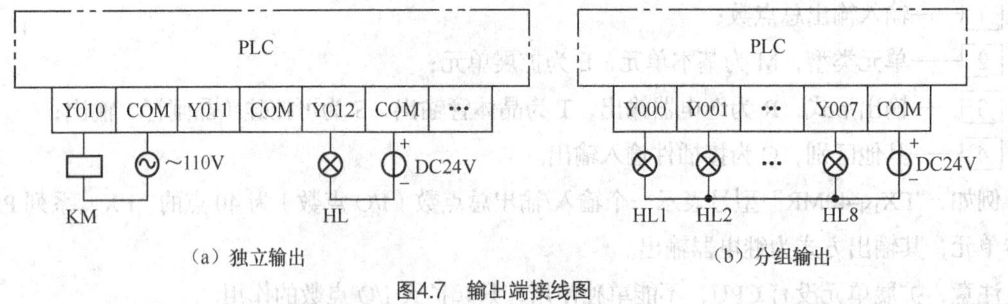

图4.7 输出端接线图

② 根据 PLC 输出端的带负载能力，选择负载的接线形式。采用继电器输出的 PLC 可以驱动 2A 的电阻负载，也就是说 PLC 输出公共端允许的最大电流是 2A。如果驱动一个额定电压为 24V DC、功率为 50W 的阻性负载，其工作电流大于 2A，此时，PLC 就不能只直接带负载，要通过一中间继电器进行转接，即先驱动中间继电器线圈，再用其触点去驱动负载，否则会烧坏 PLC。

③ PLC 的输出端接有感性元件（如线圈负载）时，要加抗干扰电路。如图 4.8（a）所示，在直流电路中，应在负载（KM 线圈）两端并联续流二极管。可用额定电流为 1A、额定电压大于电源电压 3 倍的二极管。如图 4.8（b）所示，在交流电路中，应在负载（KM 线圈）两端

并联阻容吸收器。电容一般可取 0.1μF ~ 0.47μF，其额定电压应大于电源峰值电压；电阻可取 51 ~ 120Ω。

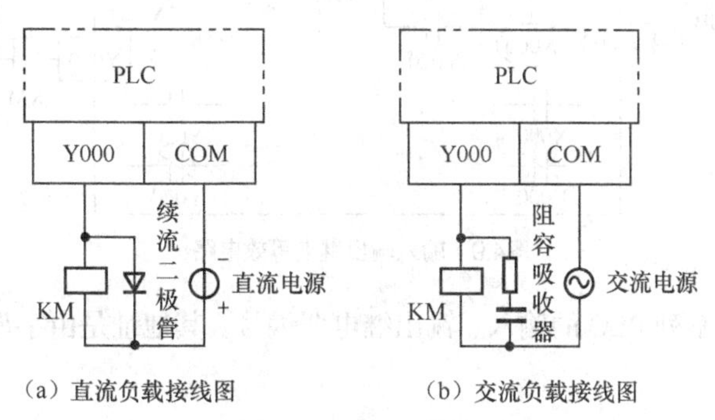

（a）直流负载接线图　（b）交流负载接线图

图 4.8　输出端接线图

4.2 FX1N 系列 PLC 内部的软元件

PLC 中的各种编程元件（软元件或软继电器）均用字母来表示，如 X 表示输入继电器，Y 表示输出继电器，T 表示定时器，C 表示计数器，M 表示辅助继电器，S 表示状态器等。每一个编程元件都是由上述字母与 3 位十进制数字或 3 位八进制数字组合表示。不同型号的 PLC 其器件编号不同，具体应查看相应的软元件编号表。

4.2.1 输入继电器 X 和输出继电器 Y

输入继电器是 PLC 接收外部信号的窗口，与 PLC 的输入端子相连，它读入外部输入信号的状态并存储在输入映像寄存器中；输出继电器将 PLC 的输出信号送给输出模块，再驱动外部负载。

输入继电器和输出继电器都有无数对常开触点和常闭触点供内部编程使用。输入继电器只能由外部信号驱动（不能由程序驱动），其触点也不能直接输出去驱动外部负载。输出继电器只能由内部程序驱动（不能由外部输入信号驱动），此外，输出继电器还有一对常开硬触点与 PLC 的输出端子相连，并具有一定的带负载能力。

图 4.9 所示为输入继电器 X000 和输出继电器 Y020 的等效电路。当外部按钮 SB 按下时，X000 的线圈接通（即其对应的寄存器状态为“1”），则输入继电器 X000 的常开触点闭合，常闭触点断开。当 Y020 按程序执行结果被驱动时，它的硬触点闭合，使外部负载工作；同时其内部的常开触点闭合，常闭触点断开。

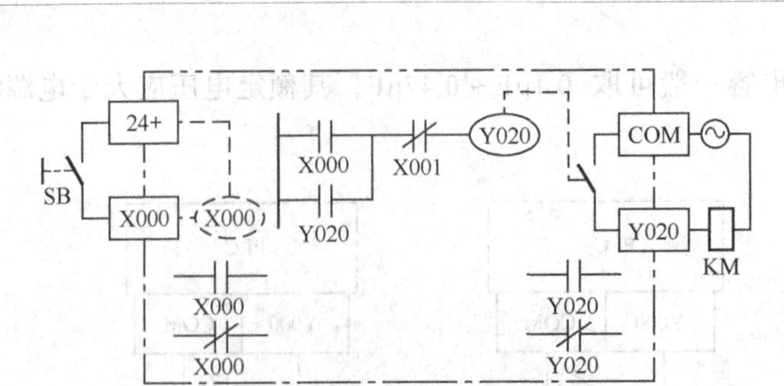

图4.9 输入输出继电等效电路

表 4.3 所示为 FX_{1N} 系列 PLC 的输入、输出继电器编号。其地址是由字母 X（Y）及 3 位八进制数构成。

表 4.3 输入、输出继电器编号

型 号	FX_{1N}-24M	FX_{1N}-40M	FX_{1N}-60M
输入继电器	X000～X015 14 点	X000～X027 24 点	X000～X043 36 点
输出继电器	Y000～Y011 10 点	Y000～Y017 16 点	Y000～Y027 24 点

4.2.2 辅助继电器 M

PLC 中有许多辅助继电器，它类似于继电器控制系统中的中间继电器，但它是用软件实现的。每个辅助继电器有无数对常开触点和常闭触点供编程使用，它们只能驱动内部继电器（不能直接输出去驱动负载），且其“线圈”也只能由程序驱动。辅助继电器有通用型继电器和停电保持型继电器两种。

表 4.4 所示为 FX_{1N} 系列 PLC 的辅助继电器编号。其地址是由字母 M 及十进制数构成的。

表 4.4 FX_{1N} 型 PLC 的辅助继电器编号

型 号	地址范围	点数（个）	备 注
通用型辅助继电器	M000～M383	384	电源停电，其状态恢复
保持型辅助继电器（停电保护型继电器）	M384～M1535	1152	电源停电，有内部锂电池或 EEPROM 进行停电保持，其状态仍保持。其中，M384～M511 为 EEPROM 保持型，M512～M1535 为电容保持型

4.2.3 特殊辅助继电器

特殊辅助继电器也称专用辅助继电器。FX 系列 PLC 中的特殊辅助继电器很多，按其特定的功能可分为两类，即触点利用型和线圈驱动型。对于触点利用型特殊辅助继电器，可用 PLC 内部程序驱动线圈，用户使用其触点；线圈驱动型特殊辅助继电器，通过用户（外部信号）驱动线圈，PLC 可作特定的运行。表 4.5 所示为 FX 系列 PLC 部分特殊辅助继电器的功能表，表中 a 接点表示常开触点，b接点表示常闭触点。

表4.5　　特殊辅助继电器的功能

编　号	名　称	功能说明
M8000	运行监控（a接点）	RUN输入：RUN　STOP　RUN M8000：ON　ON M8001：ON M8002：ON　一个运算周期　ON M8003：ON　ON
M8001	运行监控（b接点）	
M8002	初始脉冲（a接点）	
M8003	初始脉冲（b接点）	
M8005	电池电压过低	当电池电压异常过低时动作
M8011	10ms时钟	M8011（10ms）：10ms（100Hz） M8012（100ms）：100ms（10Hz） M8013（1s）：1s M8014（60s）：1min
M8012	100ms时钟	
M8013	1s时钟	
M8014	1min时钟	
M8034	所有输出禁止	将PLC的外部输出接点全部置于OFF状态

4.2.4　定时器T

PLC中的定时器T相当于继电器控制系统中的通电延时型时间继电器。定时器T累计PLC内1ms、10ms、100ms的时钟，达到所设的设定值时，输出触点动作。FX_{1N}系列PLC中定时器的分配如表4.6所示。

表4.6　　FX_{1N}型PLC的定时器编号

地址范围	点　数	时　钟	备　注
T0～T199	200点	100ms	定时范围为0.1～3276.7s
T200～T245	46点	10ms	定时范围为0.01～327.67s
T246～T249	4点	1ms	累计电容保持型
T250～T255	6点	100ms	累计电容保持型

1. 设定值的指定方法

定时器必须有设定值。设定值的指定方法有两种，既可以用程序存储器内的常数（K）直接设定，也可用数据寄存器（D）的内容进行间接设定，设定值为十进制常数。

（1）常数（K）设定

FX系列PLC的常数数值设定用K或H分别表示十进制数和十六进制数，如图4.10（a）所示，用K将设定值指定为十进制常数500。T20是以100ms为单位的定时器，则定时器触点要经过100ms×500=50000ms=50s计时才动作。

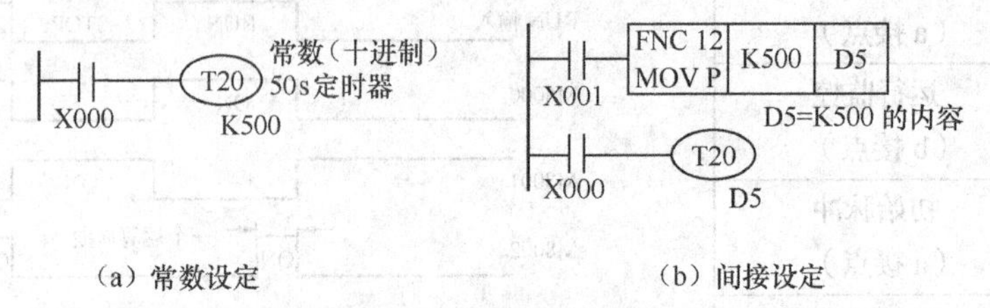

图4.10 设定值的指定方法

（2）间接设定（D）

预先将数值500写入程序或通过数值开关输入到间接指定的数据寄存器D5中，如图4.10（b）所示，当X001为“1”时，K500被传送到D5中，D5的内容为500，即为定时器T20的计时时间。

2. FX系列PLC的定时器类型

FX系列PLC有两种类型的定时器，即一般型和累计型。

（1）一般型定时器

图4.11所示为一般型定时器的延时接通工作电路梯形图及时序图。

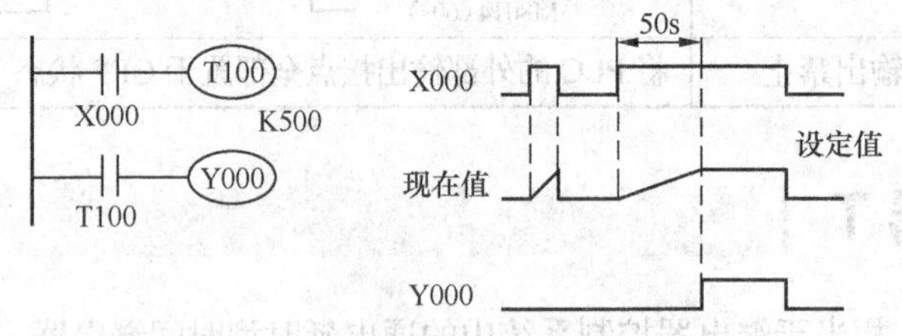

图4.11 一般型定时器梯形图及时序图

当X000为“1”时，T100开始计时，即从设定值K开始，每隔100ms进行一次加法累积，累积到设定值50s时，T100的常开触点闭合，常闭触点断开。

X000断开后，T100复位，其常开触点断开，常闭触点接通，并恢复了设定值。

（2）累计型定时器

图4.12所示为累计型定时器的工作电路梯形图及时序图。

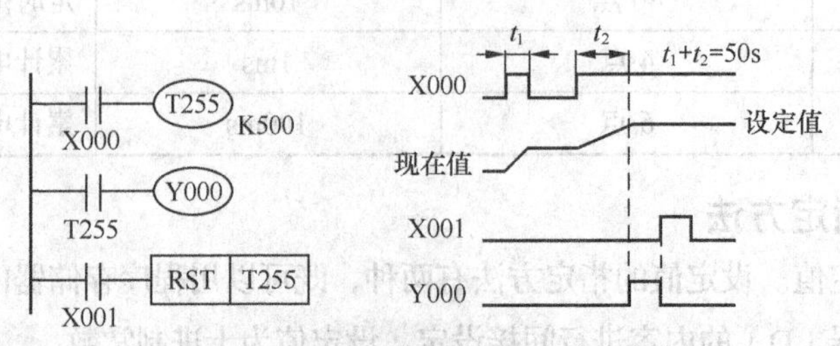

图4.12 累计型定时器梯形图及时序图

当 X000 为“1”时，T255 将以 100ms 累计，达到设定值 100ms×500=50000ms=50s 时，T255 动作。在计时的过程中，若 X000 为“0”，一段时间后（大于一个扫描周期）再为“1”时，T255 仍继续计时，一直累计到 50s 时，T255 的触点才动作。X001 为“1”时，T255 复位，输出触点也复位。

4.2.5 计数器 C

PLC 中的计数器有 3 种，即 16 位加计数器、32 位加/减计数器及高速计数器。前两者受扫描时间的限制，其响应速度在 10Hz 左右；而高速计数器的计数不受扫描时间的影响，可进行高达 60kHz 的计数。计数器分一般型（通用型）和保持型两种。一般型计数器的计数值在切断 PLC 电源时被清除；而保持型计数器可存储停电前的计数值，故可按上一次数值累计计数。

FX_{1N} 系列 PLC 中计数器的分配及特点如表 4.7 所示，其编号由字母 C 与 3 位十进制数构成。

表 4.7　　FX_{1N} 系列 PLC 中计数器 C 的分配及特点

计数器	地址范围	点数	类型	设定值范围	指定的设定值	当前值的变化	输出接点
16 位加计数	C0～C15	16 点	一般型	1～32 767	常数 K 或数据寄存器	加计数后不变化	加计数后保持状态
	C16～C199	168 点	保持型				
32 位加/减计数	C200～C219	20 点	一般型	−2 147 483 648～+2 147 483 647	常数 K 或一对数据寄存器（2 个）	加计数后变化（环形计数器）	加计数后保持状态，减数复位
	C220～C234	15 点	保持型				
高速计数	C235～C255	16 点	保持型				

1. 16 位加计数器

图 4.13 所示为 16 位加计数器的工作电路梯形图及时序图。

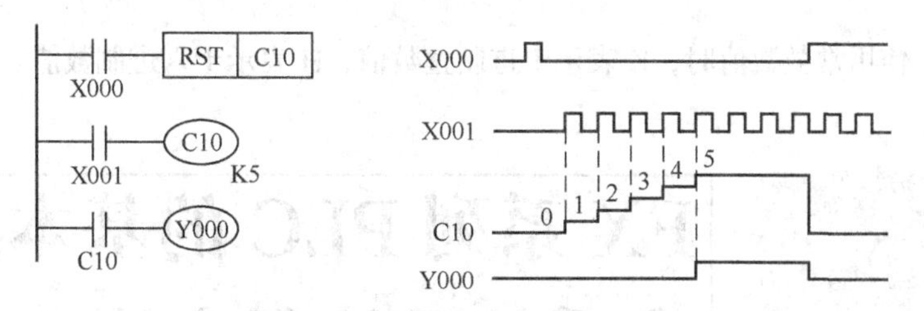

图4.13　16位加计数器梯形图及时序图

X000 是外部输入的复位信号，为“1”时，执行复位指令 RST，计数器 C10 的当前值为 0；X001 为计数器 C10 的输入端，每驱动一次 C10 线圈，计数器 C10 的当前值就加 1，执行到第 5 次（设定值 K5）时，计数器 C10 的触点动作，Y000 输出。此时，若 X001 再动作，计数器的当前值也不变。

设定值的设定方法，同定时器。

2. 32位加/减计数器

32位加/减计数器，可利用特殊的辅助继电器M8200～M8234指定加/减计数的方向。每个特殊的辅助继电器M对应驱动一个计数器C，即M8200对应C200，M8201对应C201，M8202对应C202……当计数器C×××被M8×××驱动时，为减计数，否则为加计数。

设定值可正可负，图4.14所示为一个设定值为K−2的加/减计数工作电路梯形图及时序图。

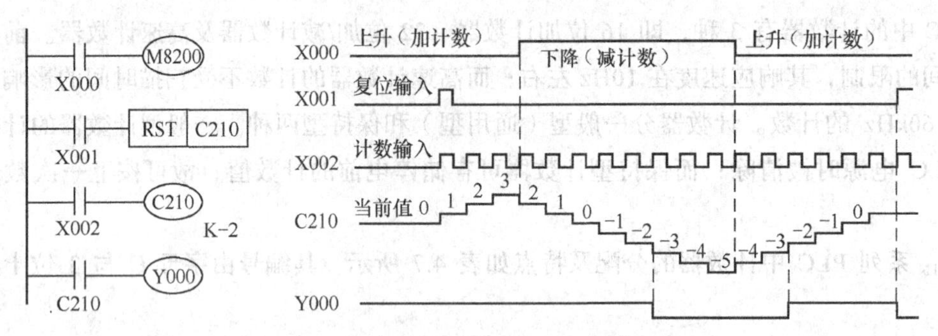

图4.14 加/减计数器的计数梯形图及时序图

X000是M8210的驱动信号，为“1”时，C210为减计数；为“0”时，为加计数。X001是复位信号，为“1”时，计时器的当前值复位为“0”。

X002为计数器C210的输入端。

① C210为减计数器（X000为“1”）时，X002每来一个脉冲，计数器C210的当前值就减1。在C210的当前值由−2减到−3时，其触点复位。

② C210为加计数器（X000为“0”）时，X002每来一个脉冲，计数器C210的当前值就加1。在C210的当前值由−3加到−2时，其触点动作。

计数器还可作数据记忆用的数据寄存器使用。

4.2.6 常数K、H

FX系列PLC使用常数数值时，K表示十进制整数值，H表示十六进制数值。

FX系列PLC的基本逻辑指令系统及编程方法

FX系列PLC共有27条基本逻辑指令，如I/O指令、单个触点及电路块的串并联指令、堆栈指令、脉冲指令及脉冲检出指令等。

4.3.1 I/O 指令（LD、LDI、OUT）

LD/LDI：取/取反指令，用于常开/常闭触点与母线连接。指令的操作元件为 X、Y、M、T、C、S。

OUT：线圈驱动指令，用于将逻辑运算的结果去驱动一个指定的线圈。该指令的操作元件为 Y、M、T、C、S 和功能指令线圈 F，也就是说 OUT 指令不能用于驱动输入继电器线圈。

图 4.15 所示为 I/O 指令的用法。

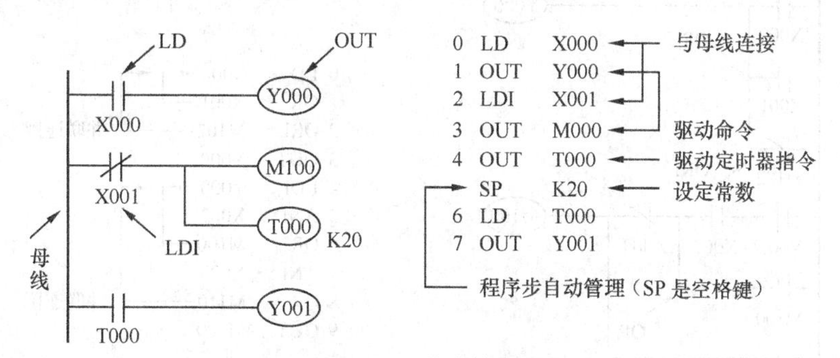

图4.15 I/O指令的用法

① LD/LDI 指令不仅能将触点连到公共母线上，也可以与 ANB、ORB 指令配合作为分支回路的起点。

② OUT 指令能连续使用若干次，这相当于几个线圈的并联，图 4.15 所示为“OUT M100”与“OUT T000”的并联。

③ OUT 操作元件是定时器 T、计数器 C 线圈时，必须给定常数 K 或用数据寄存器编号间接设定该参数。

4.3.2 单个触点及电路块的串并联指令

1. 单个触点的串并联指令（AND/ANI，OR/ORI）

AND/ANI：与指令/与反指令，用于单个常开触点/常闭触点的串联，完成逻辑“与”/“与非”运算。

OR/ORI：或指令/或反指令，用于单个常开触点/常闭触点的并联，完成逻辑“或”/“或非”运算。

图 4.16（a）所示为 AND/ANI 指令的用法，图 4.16（b）所示为 OR/ORI 指令的用法。

① AND、ANI、OR、ORI 指令的操作元件均为 X、Y、M、T、C、S。

② 它们只能用于单个触点与前面电路的串联/并联；而且串/并联次数是无限的，即可重复使用。

③ OR/ORI 指令并联触点时，并联触点的左端要接到前面的 LD/LDI 指令的触点上，其右端与前一条指令对应的触点右端相连。

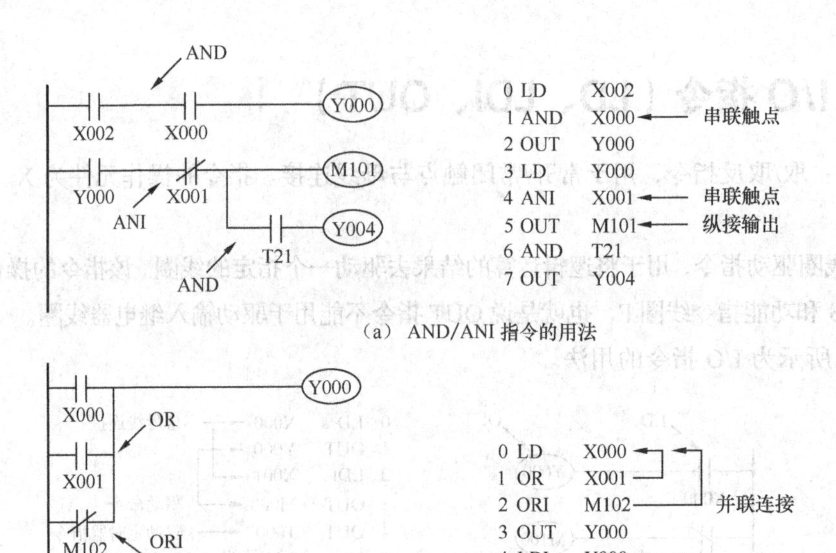

（a）AND/ANI 指令的用法

（b）OR/ORI 指令的用法

图4.16 单个触点的串并联指令的用法

④ 如图 4.16（a）所示，OUT M101 指令后，再通过 T21 触点去驱动线圈 Y004，称为连续输出或纵接输出。如果按正确的顺序编程，可反复地使用连续输出。但是，如果驱动顺序相反，如图 4.17 所示，则必须使用 MPS/MPP 指令进行编程。

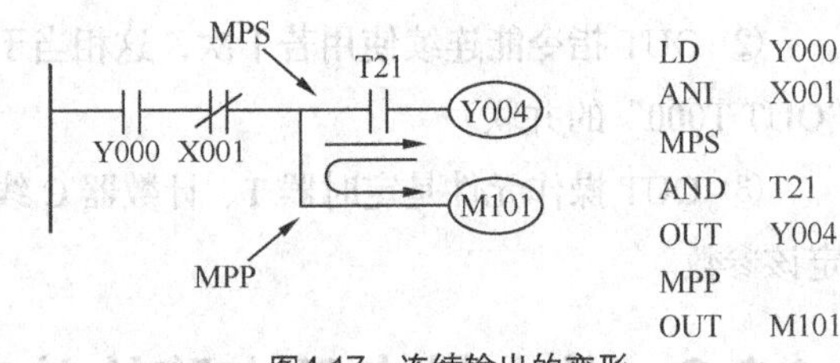

图4.17 连续输出的变形

2. 电路块的串并联指令（ANB，ORB）

由两个以上的触点串联连接的电路为串联电路块；有分支的电路为并联电路块。

ORB：块或指令，用于电路块与前面电路的并联。

ANB：块与指令，用于电路块与前面电路块之间的串联。

图 4.18（a）、（b）所示为 ORB 指令及 ANB 指令的用法。

① ORB 和 ANB 都是无操作元件的独立指令。

② 在使用 ORB 指令时，每个电路块的起点用 LD/LDI 指令，终点用 ORB 指令。如需将多个电路块并联，则在每一电路块后面加上一条 ORB 指令。用这种方法编程，对并联的支路数不限制。

③ 在使用 ANB 指令之前，应先完成电路块的内部连接。并联电路块中各支路的起点用 LD/LDI 指令，在并联好电路块后，使用 ANB 指令与前面电路串联。多个电路块按从左到右顺次串联的形式，则 ANB 指令的使用次数不限制。

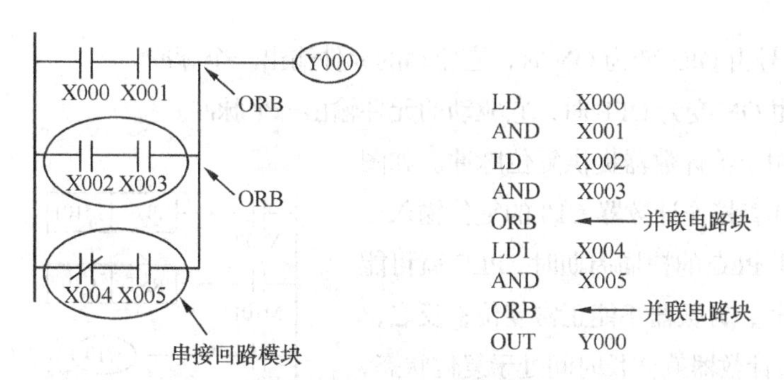

（a）电路块并联指令的用法

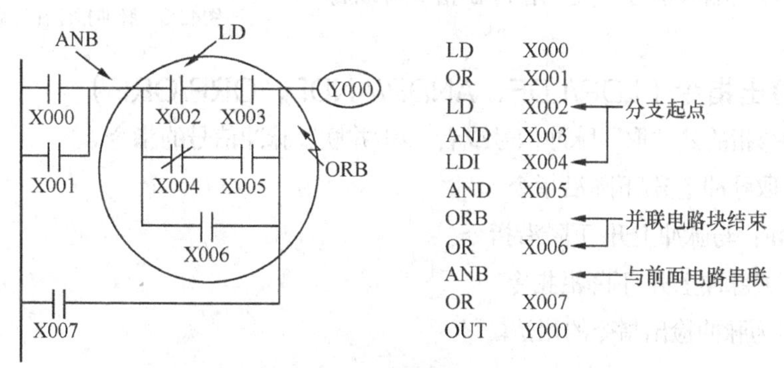

（b）电路块的串联指令的用法

图4.18 电路块指令的用法

4.3.3 脉冲指令及脉冲检出指令

1. 脉冲指令（PLS，PLF）

脉冲指令也称为微分指令，作用是将输入的宽脉冲变成脉宽等于扫描周期的脉冲信号，但其周期不变。

PLS：上升沿微分输出指令。

PLF：下降沿微分输出指令。

图 4.19 所示为脉冲指令的用法。

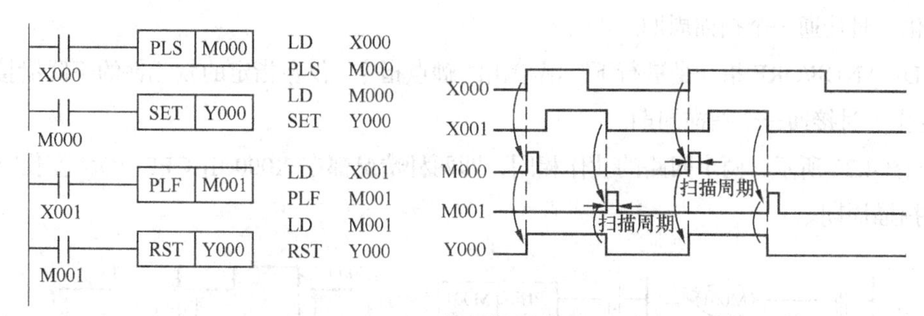

图4.19 脉冲指令的用法

① PLS 及 PLF 的操作元件为 Y，M。

② PLS：输入信号由OFF变为ON时，它驱动的元件输出一个脉冲。

PLF：输入信号由ON变为OFF时，它驱动的元件输出一个脉冲。

③ PLS指令常用于给计数器提供复位脉冲。如图4.20所示，若用X000直接作计数器C10的复位输入，则当X000的脉宽小于PLC的扫描周期时，PLC就可能采集不到X000的信号，计数器不能正常复位；反之，如果X000脉宽太宽，计数器就会长时间处于复位状态，而不能正确地对计数输入信号计数。用PLS指令可以解决此问题。

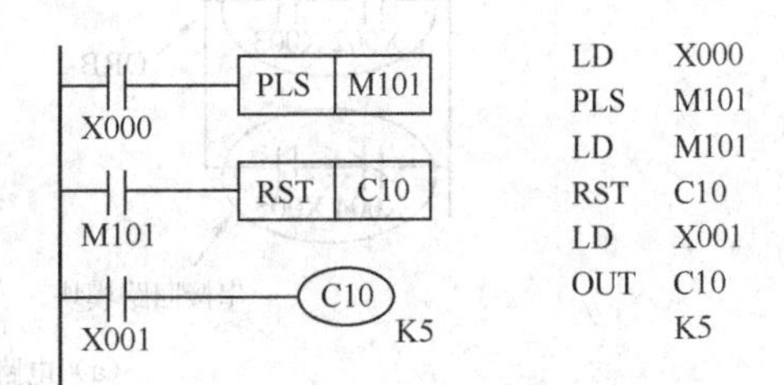

图4.20 脉冲指令在计数器中的应用

2. 脉冲检出指令（LDP/LDF，ANDP/ANDF，ORP/ORF）

脉冲检出指令指的是“取”脉冲信号或者“串/并联”脉冲信号的指令。

LDP/LDF：取脉冲上升/下降沿指令。

ANDP/ANDF：与脉冲上升/下降沿指令。

ORP/ORF：或脉冲上升/下降沿指令。

图4.21所示为脉冲检出指令的用法。

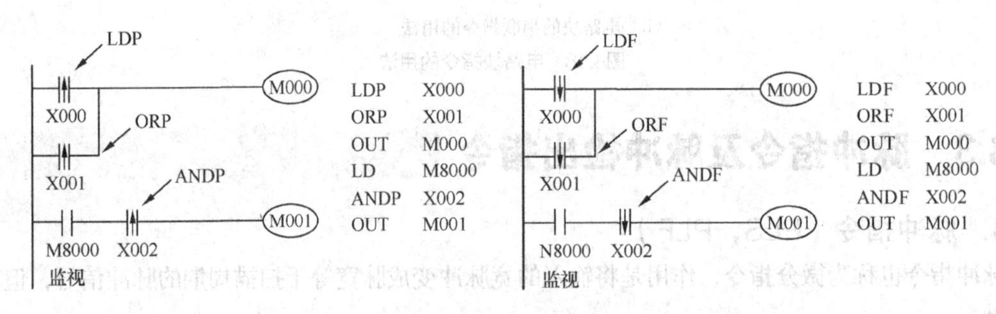

（a）LDP/ANDP/ORP指令的应用　（b）LDF/ANDF/ORF指令的应用

图4.21 脉冲检出指令的用法

① 这些脉冲检出指令的操作元件都是X、Y、M、S、T、C。

② LDP/ANDP/ORP指令是进行上升沿检出的触点指令，仅在指定的软元件的上升沿接通（OFF到ON变化）时接通一个扫描周期。

③ LDF/ANDF/ORF指令是进行下降沿检出的触点指令，仅在指定的软元件的下降沿接通（ON到OFF变化）时接通一个扫描周期。

④ 如图4.22所示，两个回路的动作相同，即两种情况都在X000由OFF→ON变化时，M001接通一个扫描周期。

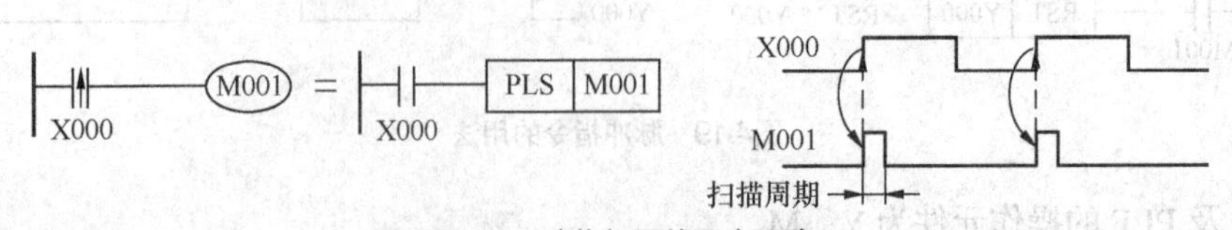

图4.22 动作相同的两个回路

4.3.4 置位复位指令（SET，RST）

SET：置位指令，启动作保持作用。

RST：复位指令，其作用是消除动作保持，使当前值及寄存器清零。

图4.23所示为置位复位指令的用法。

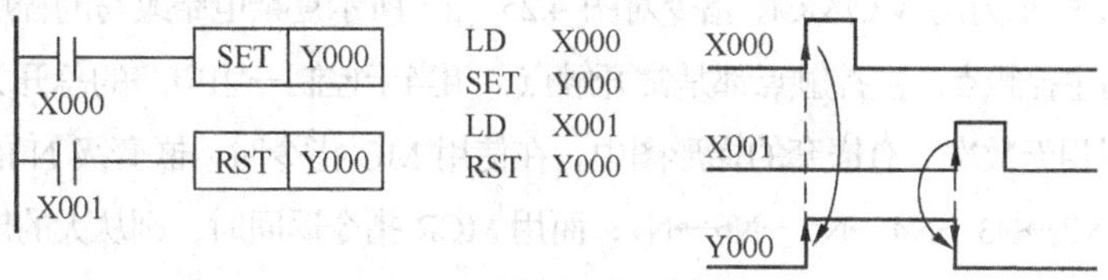

图4.23　置位复位指令的用法

① SET指令的操作元件是Y、M、S。

RST指令的操作元件是Y、M、S、T、C、D、V、Z。

② 对于同一软元件，SET/ RST指令可多次使用，顺序随意，但最后执行者有效。

③ 可用RST指令对定时器T、计数器C的当前值复位及触点复位；也可用RST指令对数据寄存器（D）、寻址寄存器（V）、（Z）的内容清零。

4.3.5 堆栈指令（MPS，MRD，MPP）

堆栈指令用于对分支多重输出回路编程。PLC中把能记忆中间运算结果的存储器叫栈。

MPS：堆栈指令，它将运算结果送入栈的第一段存储器中；若再用一次，该结果就被推入下一个（第二段）存储器中，如此依次向下堆栈。

MRD：读栈指令，它是读取栈中数据的指令。

MPP：堆栈结束指令，它把栈中各数据按顺序向上推出，并读出最上端结果。

图4.24所示为堆栈指令的用法。

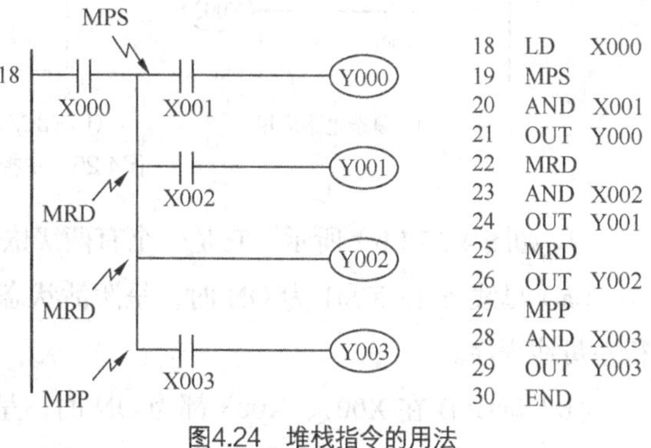

图4.24　堆栈指令的用法

① MPS、MRD、MPP指令都没有操作元件。

② MPS指令为堆栈的开始，MPP指令为堆栈的结束，必须成对出现。

③ MRD指令在堆栈指令中间，只是起到读取数据的作用。在只有两个分支的一次堆栈回路中，MRD指令不出现，即被MPP指令取代了。

4.3.6 主控及主控复位指令（MC，MCR）

MC：主控指令或称母线右移指令，用于公共串联触点的连接。

MCR：主控复位指令，用于对MC指令的复位。

在编制控制程序时，经常会遇到多个分支电路同时受一个或一组触点控制的情况，如图 4.25（a）所示。若采用前述指令不容易编写程序，而如果用 MC/MCR 指令，则可方便地解决。

① MC/MCR 指令的目标元件为 Y、M（不含特殊用途的辅助继电器）。

② 与主控触点相连的触点必须用 LD 或 LDI 指令。使用 MC 指令后，母线移到了主控点后面的新母线上，使用 MCR 指令可使母线回到原来的公共母线上。

③ 图 4.25（b）所示为用 MC/MCR 指令对图 4.25（a）所示复杂电路改写的程序。连在母线上垂直画出的触点 M100 为主控触点。主控触点都是常开触点，相当于控制一组电路的总开关。N0 为嵌套等级，在没有嵌套时，可以用无数次。有嵌套的梯形图中，在使用 MC 指令时，嵌套级 N 的编号应按增大顺序编写，即 N0→N1→N2→N3→N4→N5→N6→N7；而用 MCR 指令返回时，则从大的嵌套级开始删除，即 N7→N6→N5→N4→N3→N2→N1→N0。嵌套级最大可编写 8 级。

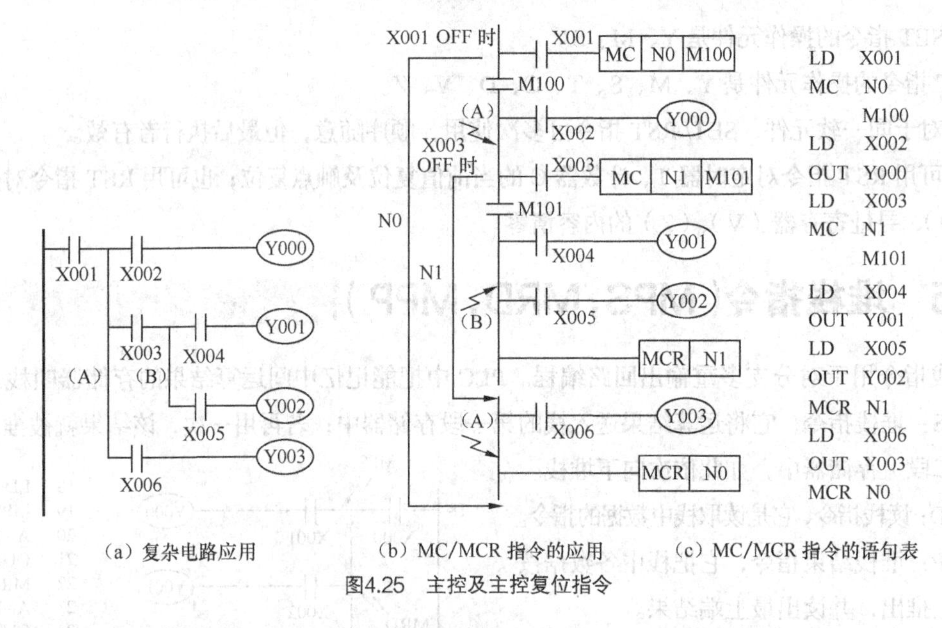

（a）复杂电路应用　（b）MC/MCR 指令的应用　（c）MC/MCR 指令的语句表

图4.25　主控及主控复位指令

④ 如图 4.25（b）所示，它是一个有两级嵌套的梯形图，即 N0、N1 级。

（a）母线 A 在 X001 为 ON 时，呈激活状态；X001 为 OFF 时，不执行 N0、N1 级，而直接执行左母线程序。

（b）母线 B 在 X001、X003 都为 ON 时，呈激活状态；X003 为 OFF 时，不执行 N1 级，而直接执行 A 母线（N0 级）程序。

（c）通过 MCR N1，母线返回到 A 的状态。

（d）通过 MCR N0，母线返回到最初（左母线）的状态。

4.3.7 其他指令

1. 空操作指令（NOP）

NOP：空操作指令，无动作。

① NOP 指令没有操作元件。

② 将程序全部清除时，全部指令即为 NOP。

③ 若在指令与指令之间加入 NOP 指令，则无视其存在继续工作；在修改或追加程序时，可用 NOP 指令占据程序空间（NOP 指令占一个程序步），以减少步号的变化。如图 4.26 所示，若将已写入的指令换成 NOP 指令，则回路会发生变化，在编程时要注意。

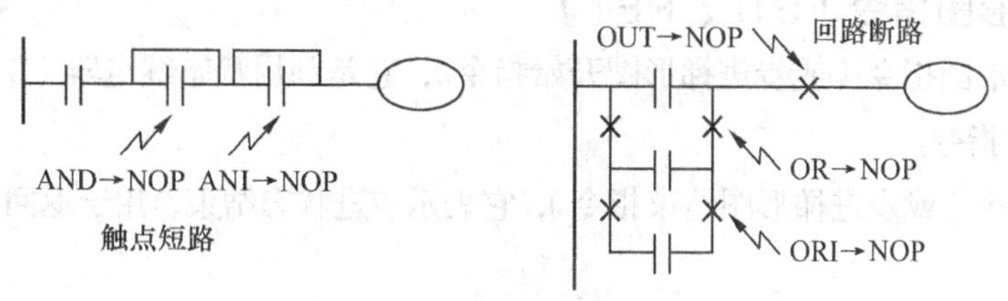

图4.26　空操作指令的用法

2. 程序结束指令（END）

END：程序结束指令。用于表示程序的结束，进行输入输出处理并返回到第 0 步。

图 4.27 所示为程序结束指令的用法。

① END 指令也是操作元件的独立指令。

② END 指令用于程序的终了。PLC 在循环扫描的工作过程中，对 END 指令以后的程序步不再执行，直接进入输出处理阶段。因此，在调试程序过程中，可分段插入 END 指令，再逐段调试，在该段程序调试好后，删去 END 指令，然后进行下段程序的调试，直到程序调试完为止。

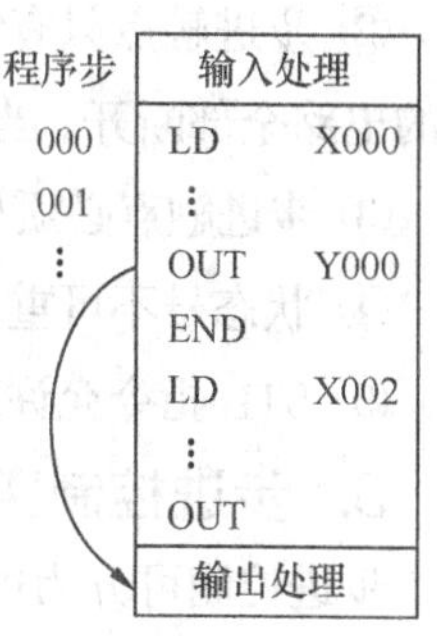

图4.27　程序结束指令的用法

4.3.8　步进梯形指令

1. SFC 图与 STL 图

SFC 图，即功能图或状态转移图，是把机械控制的流程用状态（工序）的流程来表示的图形。这种相对稳定的状态即为 SFC 图的“步”。如图 4.28（a）所示，SFC 图中每一个“步”提供了 3 种功能：驱动处理、转移条件及置位后转移的目标。

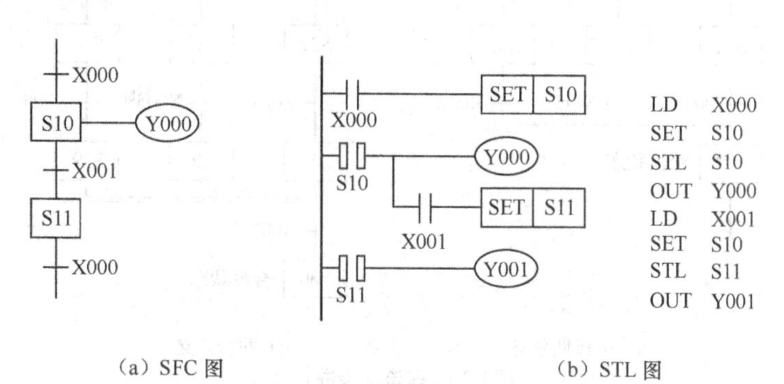

（a）SFC 图　　（b）STL 图

图4.28　SFC图和STL图的表达

STL图，即步进梯形图，是在PLC中用梯形图表示的SFC图形。如图4.28（b）所示，图中符号"—▯▯—"表示步进触点。当X000接通时，状态器S10受激励，驱动执行Y000输出。当转移条件X001接通时，工作状态器从S10转移到S11，同时S10自动复位，Y000也断开。

在PLC中，STL图指令与SFC图的实质内容是相同的。STL图可作为SFC图处理；从SFC图反过来也可形成STL图。但要注意：FX系列PLC可以用STL图表现SFC图，但不可以逆变换。

2. 步进梯形图指令（STL、RET）

STL：步进梯形图指令（或步进梯形图开始指令），它是利用状态继电器（S）在顺控程序上进行工序步进控制的指令。

RET：返回指令（或步进梯形图结束指令），它表示步进状态结束，用于返回主程序（母线）的指令。

步进梯形图指令的用法说明如下。

① STL指令的操作元件只有状态器S；RET指令无操作元件。

② 步进触点只有常开触点，没有常闭触点。步进触点闭合时，它后面的电路才动作，否则其后面的电路全部断开。当需要保持输出结果时，可用SET/RST指令实现。

③ 步进触点必须与梯形图左母线连接，且用RET指令返回母线。因此，STL/RET具有主控功能。

④ 状态号不可重复使用。

⑤ STL指令允许双重输出，但是不允许在一个状态内的双重线圈输出。

3. 步进控制实例

步进控制可分为单流程控制和多流程控制。在一些复杂的控制过程中，有时还需要进行条件控制（选择性控制）或并行控制（同时控制）。所谓条件控制，指的是有选择地执行多项流程中的某一项流程；而并行控制指的是多项流程同时进行的控制。图4.29所示为多流程的步进控制方式。

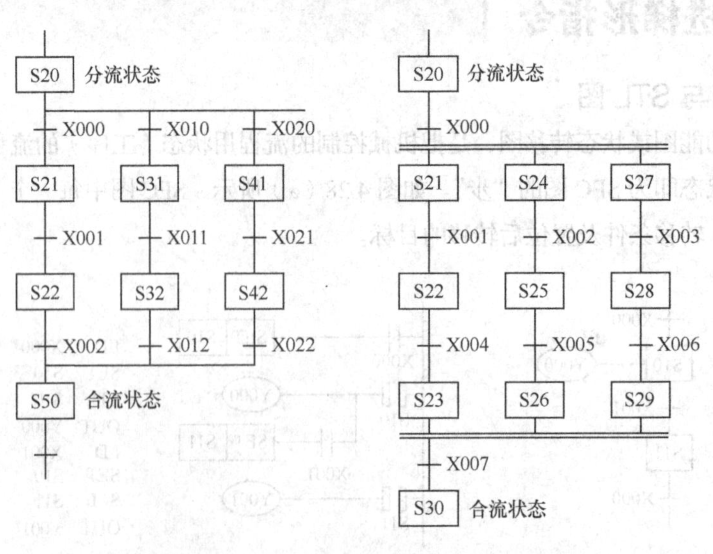

（a）选择性分支　　（b）并行分支

图4.29　多流程步进方式

下面是一个小车的步进控制示例。其动作顺序是：按下启动按钮 SB（X000），小车前进，碰上行程开关 SQ1（X011）立即后退；碰到 SQ2（X012）时停 5s 再前进，压下 SQ3（X013），又立即后退，直到压下 SQ2 时停车（注意：在此的行程开关 SQ1、SQ2、SQ3 都选用了常闭触点）。

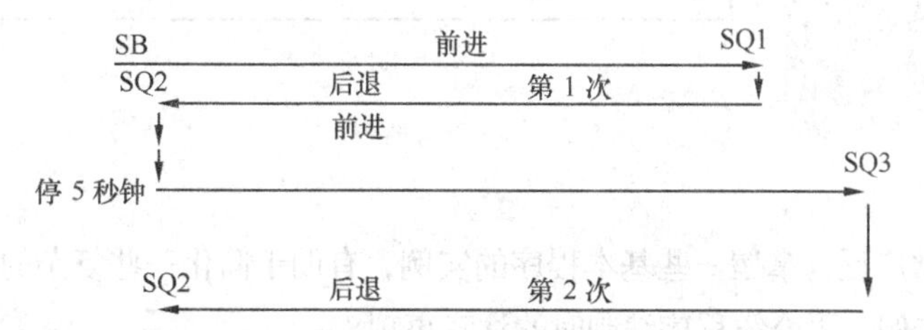

图 4.30（a）所示为单流程控制的 SFC 图。SFC 图开始时，一般使用 LAD0 电路块（在不属于 SFC 图的开头处使用 LAD0 符号）。在 LAD0 电路块中，可用特殊的辅助继电器 M8002 设置初始状态 S0，使 S0 置位（ON）。PLC 中用 S0～S9 作为初始状态的软元件，其他状态可用 S20～S889 等（其中有停电保持型）。在此回路中，用 LAD1 电路块结束 SFC 和整个程序。图 4.30（b）所示为其对应的 STL 图。

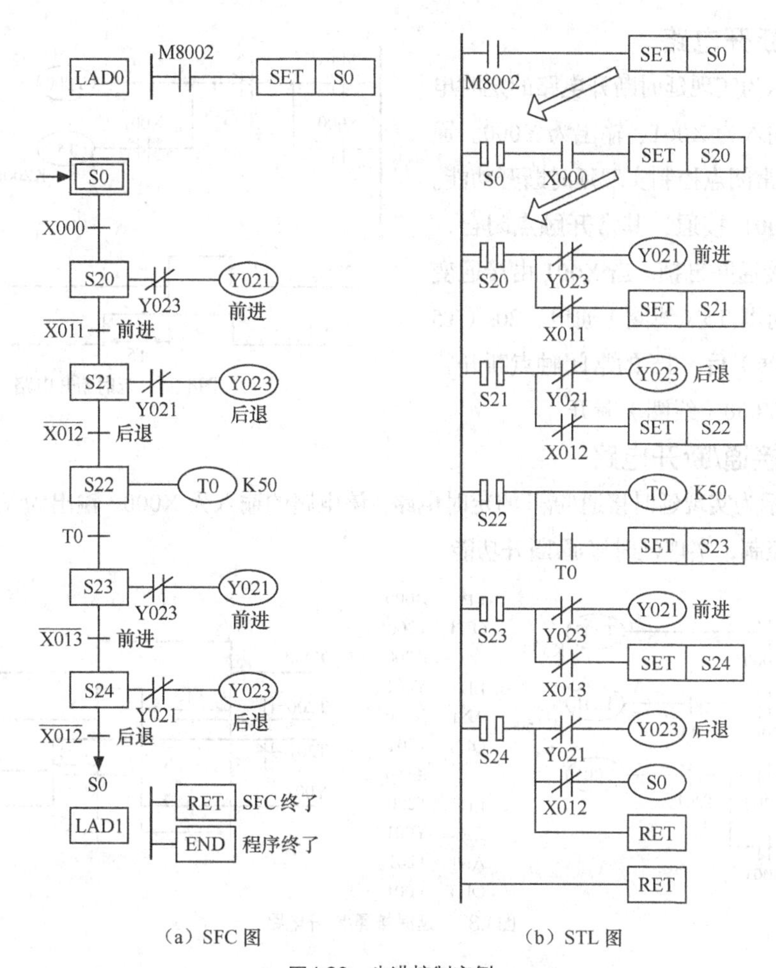

（a）SFC 图　　（b）STL 图

图4.30　步进控制实例

4.4 编程实例及注意事项

PLC的应用非常广泛，掌握一些基本程序的实例，有助于简化一些复杂的程序编制。本节先介绍几个定时器应用实例，再介绍程序编制时的注意事项。

4.4.1 定时器应用电路

FX_{1N}系列PLC的定时器都是延时接通型的。但用定时器与其他的器件相配合，通过编程可以实现各种各样的时间控制电路。

1. 延时断开电路

图4.31所示为实现延时断开电路的定时电路。该电路的输入为X001、输出为Y000。通过定时器T5的常闭点控制实现延时断开功能。

当输入X001接通，其常开触点闭合，Y000（线圈）接通并自锁。当X001由接通变为断开，则定时器T5（线圈）通电，20s（T5为100ms定时器）后，T5的常闭触点断开，使输出继电器Y000（线圈）断开。

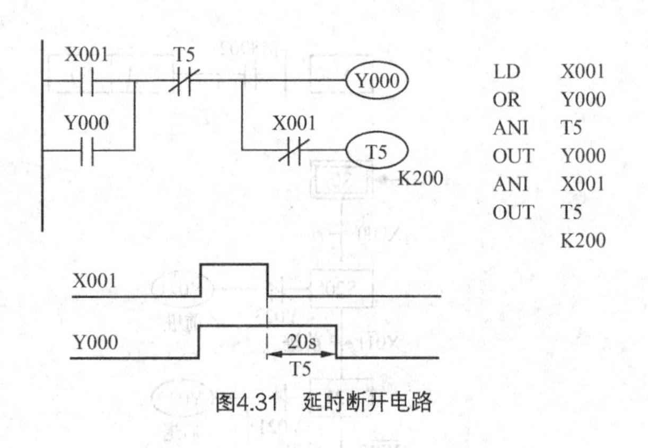

图4.31 延时断开电路

2. 延时接通/断开电路

图4.32所示为实现延时接通/断开的定时电路。该电路的输入为X000、输出为Y001。通过两个定时器的延时控制，实现延时接通/断开功能。

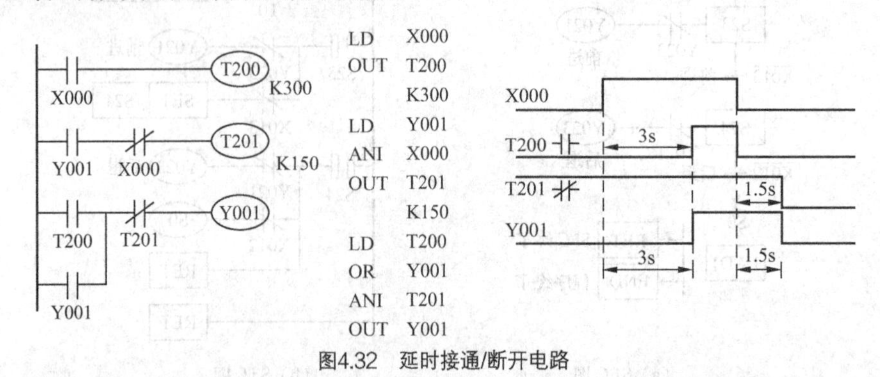

图4.32 延时接通/断开电路

当输入X000接通，其常开触点闭合，定时器T200线圈接通，开始定时。3s（T200为10ms定时器）后，T200的常开触点闭合，输出继电器Y001（线圈）接通并自锁。当X000由接通变为断开，则定时器T201（线圈）接通，定时1.5s后，其常闭触点断开，使Y001线圈断开。

3. 闪烁电路

图4.33所示为一闪烁电路实例。X001是一个长时间接通的输入端。当X001由断开变为接通时，定时器T1开始计时。延时2s后，T1的延时常开触点闭合，Y000（线圈）开始输出；同时T2（线圈）接通。T2接通后1s，定时器T1线圈断开，T1的（延时）常开触点断开，Y000停止输出。待下一个扫描周期，又开始前面的动作，即延时2s接通Y000。重复以上过程，形成了闪烁电路。通过改变定时器T1、T2的时间，可改变闪烁通断时间。

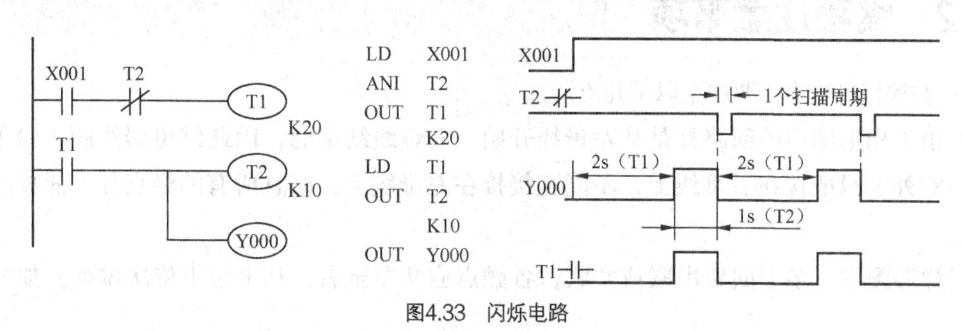

图4.33 闪烁电路

4. 长延时电路

PLC定时器的定时范围一定（最长定时时间为3276.7s），当实际要求的定时时间超过了PLC定时器的最大定时范围时，可以通过几个定时器的串联或定时器与计数器的配合使用来扩充定时范围。

图4.34（a）所示为用两个定时器构成的长延时电路。定时器T20的定时时间为3000s，定时器T21的定时时间为2400s。通过两个定时器，可延时3000s+2400s =5400s（1.5h）。

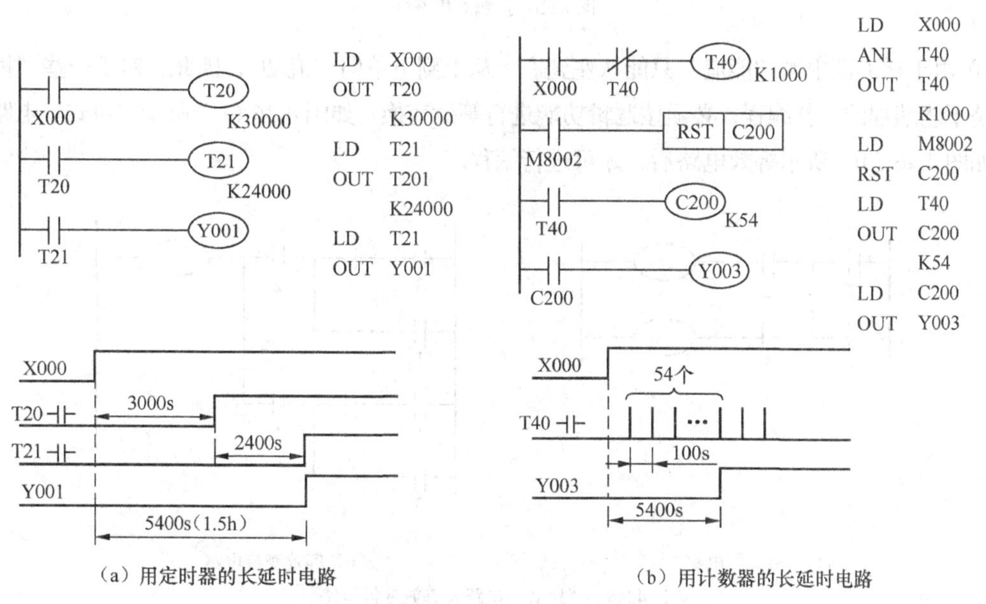

图4.34 长延时电路

图 4.34（b）所示为定时器 T40 和计数器 C200 组合而成的长延时电路。当输入继电器 X000 接通时，T40 开始计时。延时 100s 后，T40 的常开点闭合，作为 C200 的计数输入；此时 T40 的常闭触点使 T40 自动复位，当下一次扫描时，T40 的常闭点又接通其线圈，这样 T40 的触点每隔 100s 闭合一次，每次接通的时间为一个扫描周期。计数器 C200 对这个 T40 脉冲计数，当计数 54 次时，C200 的常开触点闭合，使输出 Y003 线圈接通。因此，从 X000 接通到 Y003 输出接通，总的延时时间为定时器和计数器设定值的乘积，即 100s×54=5400s（1.5h）。其中 M8002 是用来在程序运行开始时对 C200 进行复位的特殊辅助继电器。

4.4.2 编程注意事项

PLC 在编程过程中，要注意以下几点。

① 由于梯形图中的回路都是从左母线开始、右母线结束的，因此继电器线圈（除了输入继电器 X 外）只能接在右母线上，不能直接接在左母线上，而且所有的触点都不能放在线圈的右边。

② 梯形图中，多个回路串联或并联，各触点应从左至右，从上至下依次排列，如图 4.35 所示。

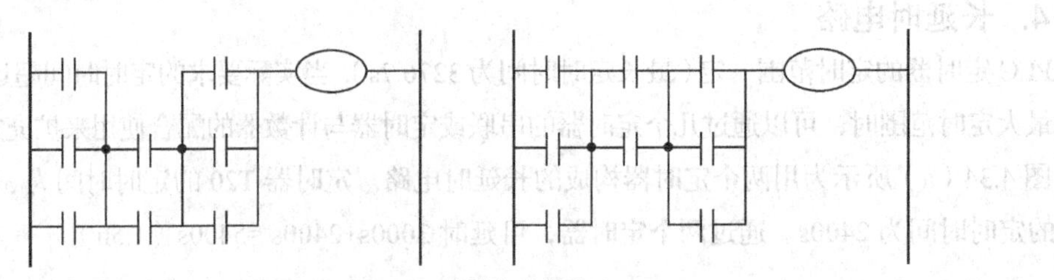

图4.35　多触点串并联

③ 由于梯形图中的“能流”只能从左到右、从上到下单向“流动”，因此，对于一些“桥式”电路是不能编程的。若编程，必须按逻辑功能进行等效变换。如图 4.36（a）所示“桥式”电路，应变换如图 4.36（b）所示等效电路后，才可进行编程。

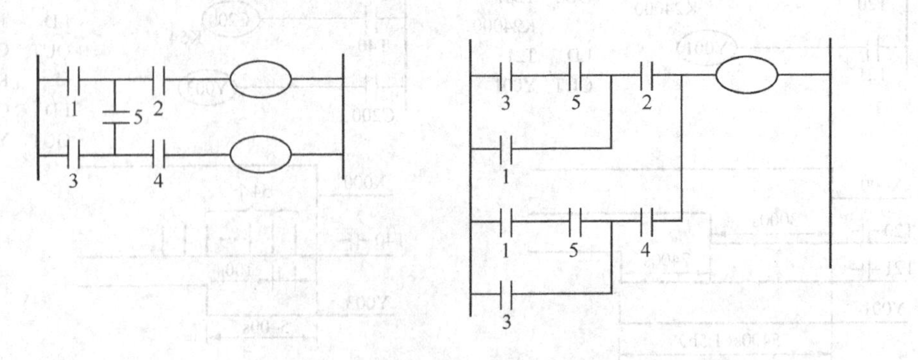

（a）“桥式”电路　　（b）等效变换电路

图4.36　“桥式”电路及等效变换电路

④ 对梯形图进行语句编程时，应按从左到右，自上而下的原则进行。对复杂的梯形图，可将原程序分成若干块，逐块编程，然后再将各块顺次连接起来，如图 4.37 所示。

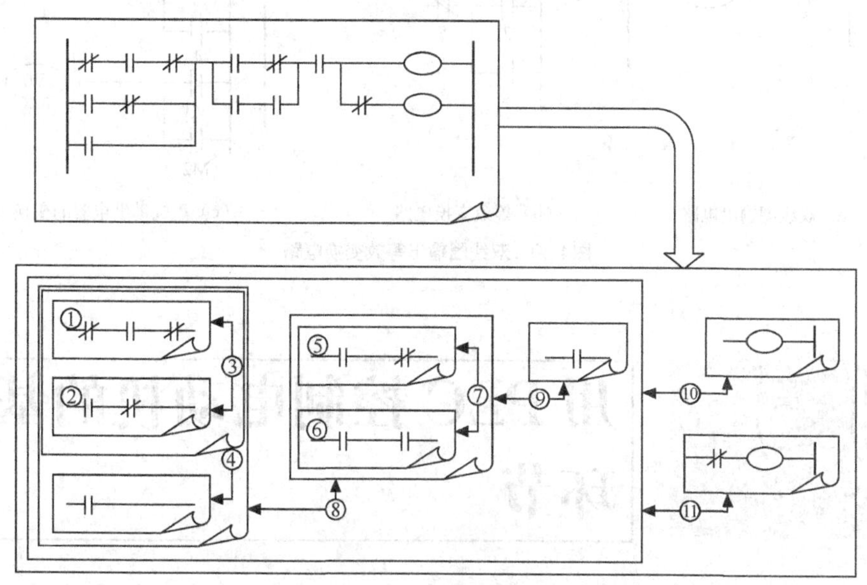

图4.37 语句编程顺序

⑤ 语句表的步号通常从存储器的起始地址开始，连续不断地编制，中间不要留有空地址。

⑥ 在用语句表编程时，采用合理的编程顺序和适当的电路变换，可以减小程序步数、节省内存空间并缩短扫描周期。并联多的电路尽量靠近母线，串联多的电路尽量放在上面。如图 4.38（a）、（b）所示，左面的梯形图经右面的梯形图转换，可减少语句步数。

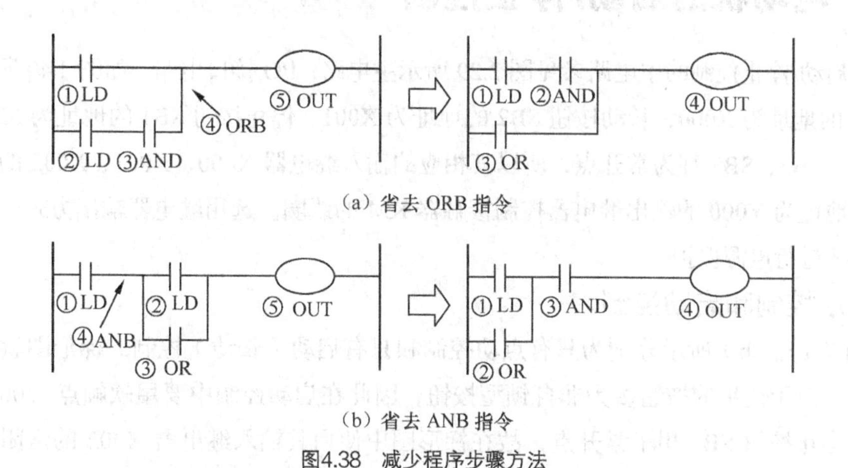

(a) 省去 ORB 指令

(b) 省去 ANB 指令

图4.38 减少程序步骤方法

⑦ 在顺序控制中若进行双重输出（即双线圈输出），则控制的动作会很复杂。因此，必须进行适当的变化，才能达到顺控的要求。如图 4.39（a）所示电路，可以通过图 4.39（b）、（c）电路转换，达到所需控制目的。

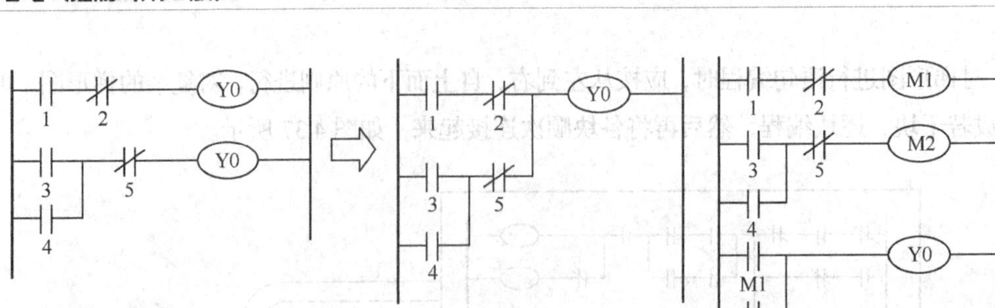

（a）双线圈输出电路　（b）等效变换电路　（c）用辅助继电器的变换电路

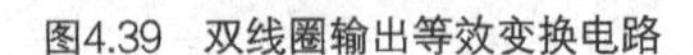
图4.39　双线圈输出等效变换电路

4.5 用PLC控制电动机的基本环节

用PLC进行电动机的控制时，通常需要3种电路，即主电路、I/O接口电路及梯形图软件。主电路与继电器控制的主电路相同，参见第2章电动机基本控制环节各主电路；I/O接口电路指出输入设备（如按钮、行程开关等）、输出设备（如继电器、接触器等）的地址分配情况；梯形图软件即各种编制的程序，是实现动作的核心。

4.5.1 电动机的启动/停止控制

电动机启动/停止控制的主电路参见图2.29所示主电路；I/O接口电路，如图4.40所示。其中点动按钮SB3的地址为X000，长动按钮SB2的地址为X001，停止按钮SB1的地址为X002。由于3个按钮SB1、SB2、SB3都为常开点，所以其相应的输入继电器X000、X001、X002的初始状态都为“0”。用地址为Y000的输出继电器控制接触器KM的线圈。选用继电器输出方式，应外接交流电源，同时要进行电源保护。

1. 点动控制和启动控制

图4.41（a）、（b）所示分别为只有点动控制和只有启动（长动）控制的梯形图软件。与继电器控制类似，由于使用的按钮多为非自锁型按钮，因此在启动控制中要用软触点Y000进行自锁保持。由于停止按钮SB1用了常开点，故在梯形图中使用其输入继电器X002的常闭点控制电动机停止。

2. 既有点动又有长动的控制

图4.42所示为既有点动控制又有长动控制的梯形图。如图4.42（a）所示，通过点动输入继电器X000的常闭触点断掉长动自锁点Y000，来实现点动控制。

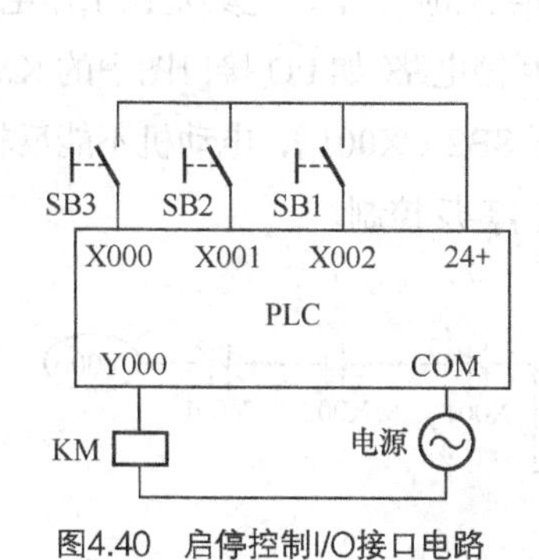

图4.40　启停控制I/O接口电路

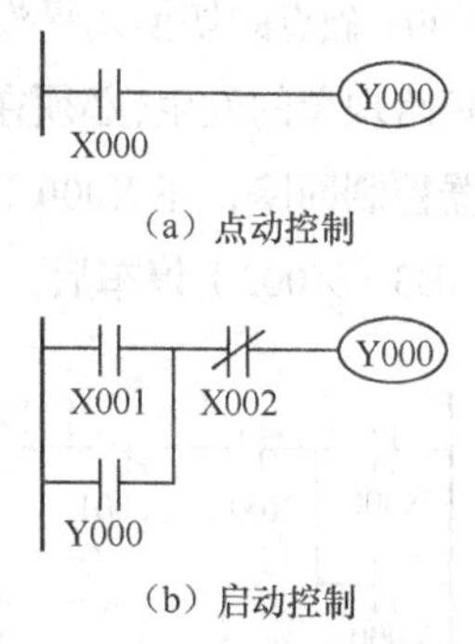

图4.41　点动、启动控制梯形图

在复杂动作的程序编制中，可以把动作进行分解。每个动作用一个或多个辅助继电器实现，最后用相关的辅助继电器进行控制。这样可以使编程简单、清晰，不易出错。如图 4.42（b）所示，通过辅助继电器 M000 和 M001 分别实现点动和长动，再用两者控制 Y000。

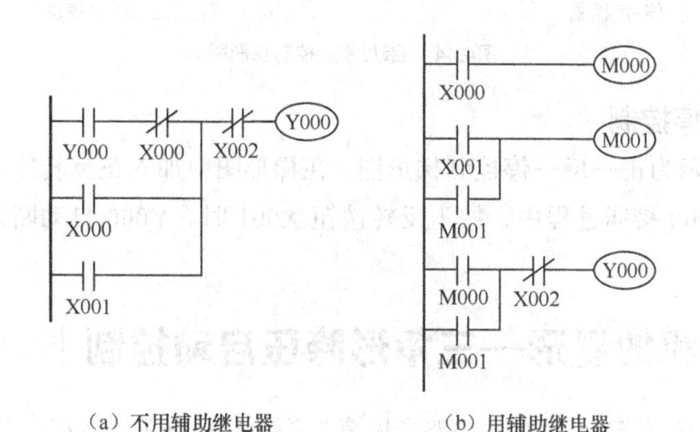

图4.42　既有点动又有长动的控制梯形图

4.5.2　电动机的正反转控制

电动机正反转控制的主电路参见第 2 章图 2.51（a）；I/O 接口电路如图 4.43 所示，SB1、SB2、SB3 分别为正转、反转及停止按钮；KM1、KM2 为正反转接触器。

1. 正-停-反控制

图 4.44（a）所示为正-停-反控制梯形图。由于停止按钮 SB3 用了常闭触点，使其输入继电器 X002 的常态为“1”，因此在 Y000 和 Y001 回路中使用了 X002 的常开触点。Y000 回路中使用 Y001 的常闭触点作为软件互锁点，Y001 回路使用 Y000 的常闭点作为软件互锁点。

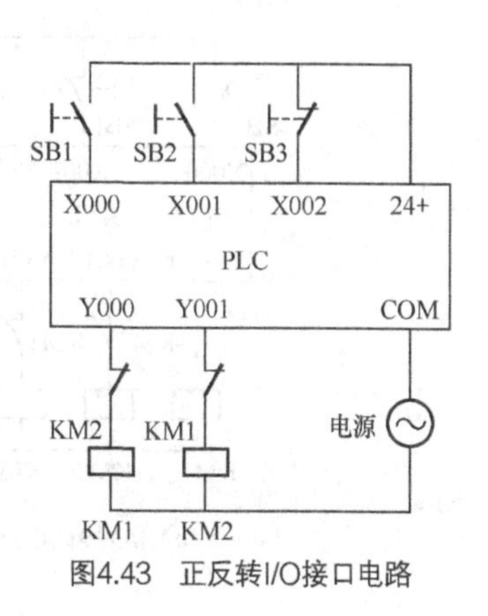

图4.43　正反转I/O接口电路

由于 PLC 在循环扫描时执行程序的速度非常快，使软继电器 Y000 和 Y001 触点的切换几乎没有时间延迟。因此，在实际应用中，尤其是在工作电流较大时，为防止电源短路现象的发生,必须在 PLC 的外部设置硬件互锁电路(如 I/O 接口图中的 KM1、KM2)。类似于继电器控制回路，在 X000（SB1）为“1”时，按下 SB2（X001），电动机不能反转，必须先按停止按钮 SB3（X002）停车后，才能实现反转，故为正-停-反控制。

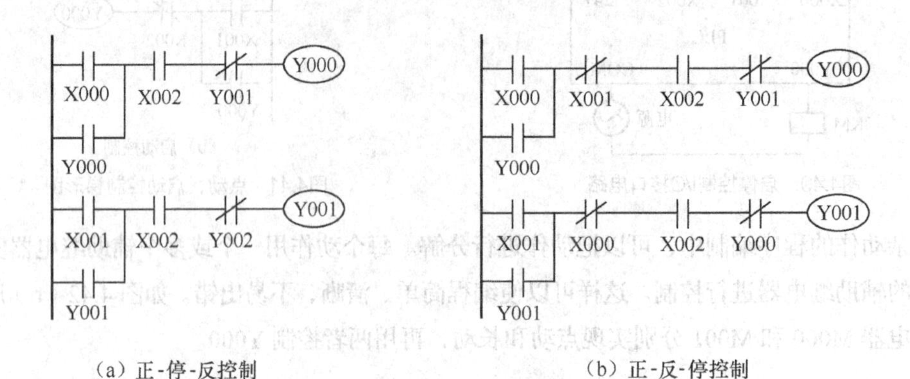

（a）正-停-反控制　　（b）正-反-停控制

图4.44　启动/停止控制梯形图

2. 正—反—停控制

图 4.44（b）所示为正—反—停控制梯形图。在梯形图中加入正反转输入继电器的互锁点，可以使正转线圈 Y000 接通过程中，按下反转按钮 X001 时，Y000 自动断开，Y001 接通，实现反转。

4.5.3　电动机的星形—三角形降压启动控制

电动机星形—三角形降压启动的主电路参见第 2 章图 2.49（a）；I/O 接口电路如图 4.45（a）所示，其中 SB1、SB2 分别为停止按钮和启动按钮；KM1、KM2、KM3 分别为工作接触器、三角形接法接触器和星形接法接触器。其控制梯形图如图 4.45（b）所示，定时器 T20 的延时时间为 2s。在此梯形图中，应注意 Y001 的连续输出形式。

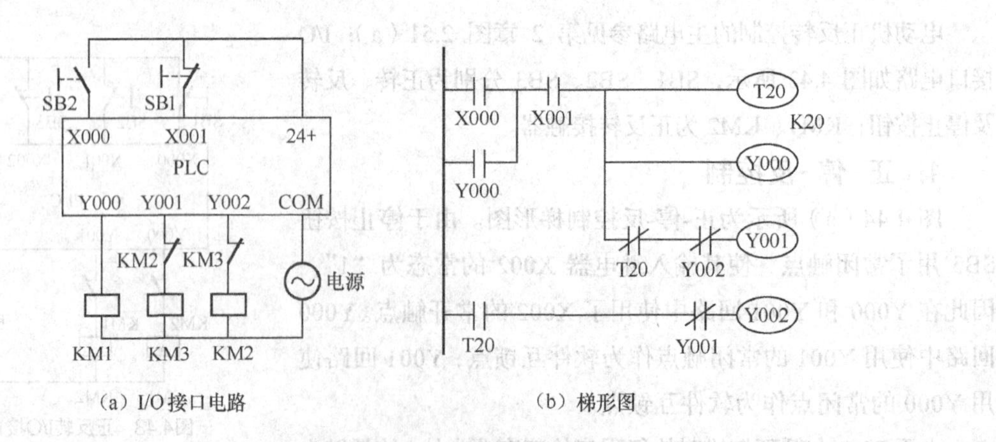

（a）I/O 接口电路　　（b）梯形图

图4.45　星形—三角形降压启动控制

4.5.4 电动机的制动控制

电动机能耗制动和反接制动的主电路分别参见第2章图2.55（a）和图2.56（a），其中KM1为电动机运转接触器，KM2为制动接触器。制动控制分为时间原则和速度原则。

时间原则控制的能耗制动和反接制动的I/O接口电路相同，如图4.46（a）所示，其中SB1、SB2分别为停止按钮和启动按钮。控制梯形图如图4.46（b）所示。

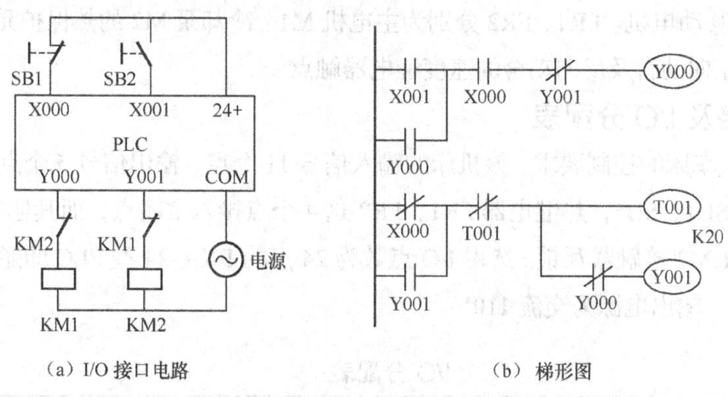

图4.46 时间原则的制动控制

速度原则控制的能耗制动和反接制动的I/O接口电路也相同，如图4.47（a）所示，其中SB1、SB2分别为停止按钮和启动按钮，KS为速度继电器的触点。控制梯形图如图4.47（b）所示。

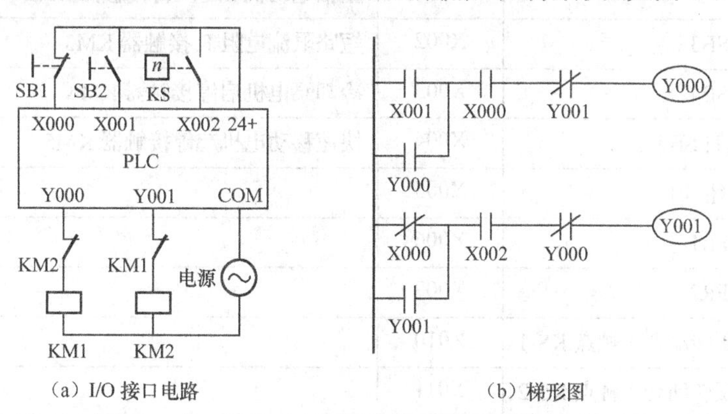

图4.47 速度原则的制动控制

4.6 典型机床的用PLC控制

第3章中介绍了典型机床的继电器控制线路，本节介绍用PLC控制C650卧式车床、23040摇臂钻床及 TSPX619 卧式镗床的程序实例。

4.6.1 C650 卧式车床的 PLC 控制

1. 主电路

C650 卧式车床的主电路参见图 3.8，其中有 3 台电动机：主电机 M1、冷却泵 M2、快速电机 M3，有 5 个接触器：KM1、KM2 控制主电机正反转，KM3 控制限流电阻 R，KM4 控制冷却泵电机，KM5 控制快速移动电机。FR1、FR2 分别为主电机 M1、冷却泵 M2 的热保护元件，KS-1、KS-2 为控制主电机 M1 正向动合及反向动合的速度继电器触点。

2. 硬件电路及 I/O 分配表

根据 C650 卧式车床的控制要求，该机床的输入信号 11 个点，输出信号 5 个点，如表 4.8 所示。输入元件中，按钮 SB1、SB5，热继电器 FR1、FR2 这 4 个点接入常闭点，而其他接入的是常开点。输出元件中 KM1、KM2 接触器互锁。选用 I/O 点数为 24 点的 FX_{1N}-24 型 PLC 即能够满足要求，I/O 接口如图 4.48 所示，输出电源为交流 110V。

表 4.8　　I/O 分配表

输 入 信 号	I 点	输 出 信 号	O 点
M1 反接制动按钮 SB1	X000	主轴电动机 M1 正转接触器 KM1	Y000
M1 点动按钮 SB2	X001	主轴电动机 M1 反转接触器 KM2	Y001
M1 正转启动按钮 SB3	X002	短路限流电阻 R 接触器 KM3	Y002
M1 反转启动按钮 SB4	X003	冷却泵电机启停接触器 KM4	Y003
冷却泵电机停止按钮 SB5	X004	快速移动电机起停接触器 KM5	Y004
冷却泵电机启动按钮 SB6	X005		
M1 过载热继电器 FR1	X006		
M2 过载热继电器 FR2	X007		
速度继电器（M1 正转动合）触点 KS-1	X010		
速度继电器（M1 反转动合）触点 KS-2	X011		
快速移动的限位开关 SQ	X012		

3. PLC 程序

根据 C650 卧式车床的动作要求，编制其 PLC 控制程序梯形图，如图 4.49 所示。

（1）主电机控制 Y000（KM1）、Y001（KM2）、Y002（KM3）

程序中，用了 4 个辅助继电器，即 M001～M004。M001、M002 分别为主电机正、反转启动辅助继电器，具有保持（自锁）功能。M003 为主电机启动辅助继电器。M004 为制动辅助继电器，在其自锁点中用了 Y000（KM1）、Y001（KM2）进行互锁，表示按下停止按钮 X000（SB1）松手后可自锁（Y000、Y001 的常闭点使其能保持）。用 M004 控制定时器 T001（反接制动延时）。反接制动开始后，KM1（或 KM2）接通时，M4 方断掉。

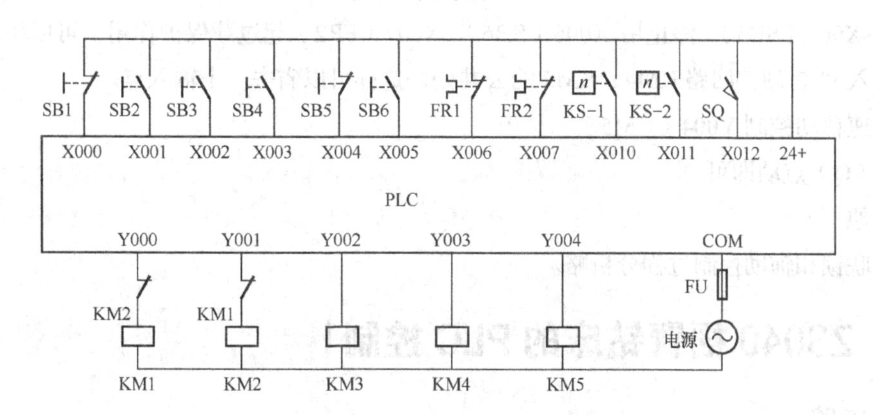

图4.48　C650卧式车床I/O接口图

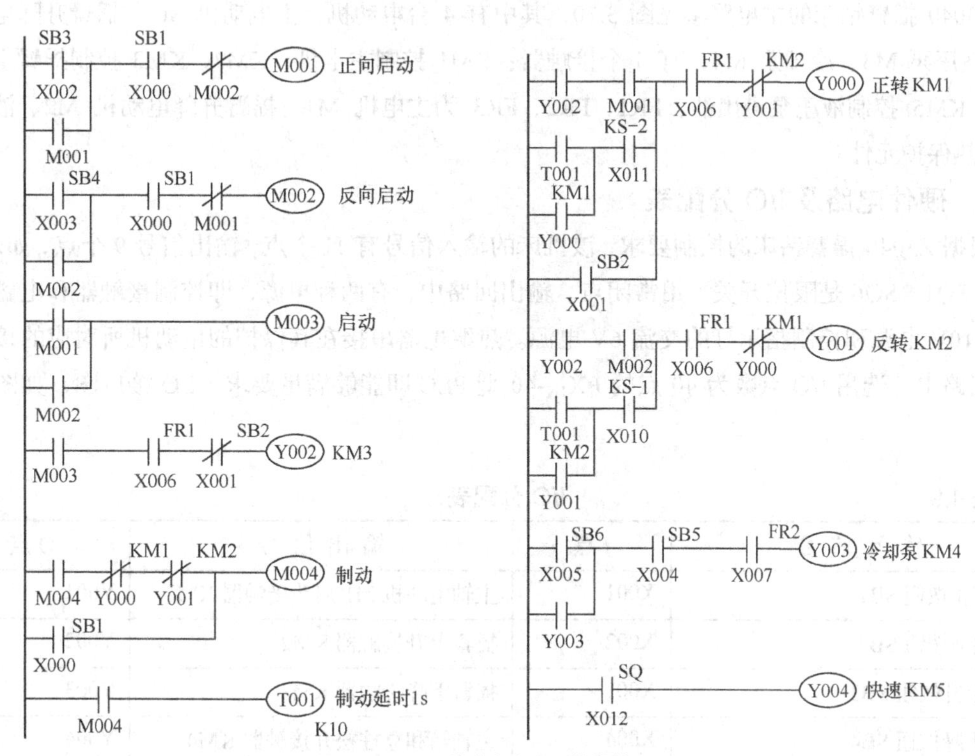

图4.49　C650卧式车床PLC控制梯形图

例如，正转控制 Y000（KM1），有 3 个支路。

① 点动：由 X001（SB2）的通断控制，无自锁。

② 启动：由辅助继电器 M001 及 Y002（KM3）共同控制。

③ 反转的反接制动：假设电动机原来反转运行，则 X011（KS-2）闭合。当按下 X000（SB1），制动辅助继电器 M004 接通，延时 1s 时间后，此支路接通，使 Y000 接通并自锁；当主电机转速降到 100r/min 时，KS-2 断开，X011 断开，此时 Y000（KM1）断开，反接制动结束。

Y001（KM2）为反转继电器，与正转类似，只是少了一个点动控制。

（2）冷却泵控制 Y003（KM4）

启动用 X005（SB5），停止用 X006（SB6）。X007（FR2）起过载保护作用，可以将 FR2 硬件触点直接串入 PLC 硬件回路 KM4、KM5 的公共处，这样可以省去一个输入点。

（3）快速移动控制 Y004（KM5）

X012（SQ）点动即可。

（4）其他

冷却、联锁和辅助控制过程分析略。

4.6.2 Z3040 摇臂钻床的 PLC 控制

1. 主电路

Z3040 摇臂钻床的主电路参见图 3.10，其中有 4 台电动机：主电动机 M1、摇臂升降电动机 M2、液压泵 M3、冷却泵 M4，有 5 个接触器：KM1 控制主电机，KM2、KM3 控制摇臂上升，KM4、KM5 控制液压泵进出油。FR1、FR2、FR3 为主电机 M1、摇臂升降电动机 M2、液压泵 M3 的热保护元件。

2. 硬件电路及 I/O 分配表

根据 Z3040 摇臂钻床的控制要求，该机床的输入信号有 11 个点，输出信号 9 个点，如表 4.9 所示。SQ1、SQ6 是限位开关，用常闭点。输出回路中，有两种电源，即控制接触器和电磁阀的交流 110V 电源和控制指示灯的交流 6V 电源。热继电器串接在其保护的电动机所对应的接触器硬件回路中。选用 I/O 点数为 40 点的 FX_{IN}-40 型 PLC 即能够满足要求。I/O 接口图，如图 4.50 所示。

表 4.9 I/O 分配表

输入信号	I 点	输出信号	O 点
M1 停止按钮 SB1	X001	主轴电动机 M1 启动接触器 KM1	Y001
M1 启动按钮 SB2	X002	摇臂上升接触器 KM2	Y002
摇臂上升按钮 SB3	X003	摇臂下降接触器 KM3	Y003
摇臂下降按钮 SB4	X004	主轴箱和立柱松开接触器 KM4	Y004
主轴箱和立柱松开按钮 SB5	X005	主轴箱和立柱夹紧接触器 KM5	Y005
主轴箱和立柱夹紧按钮 SB6	X006	电磁阀 YV	Y006
摇臂下降限位开关 SQ6	X010	松开指示灯 HL1	Y011
摇臂上升限位开关 SQ1	X011	夹紧指示灯 HL2	Y012
摇臂松开到位开关 SQ2	X012	主电机运转指示灯 HL3	Y013
摇臂夹紧到位开关 SQ3	X013		
主轴箱和立柱夹紧到位开关 SQ4	X014		

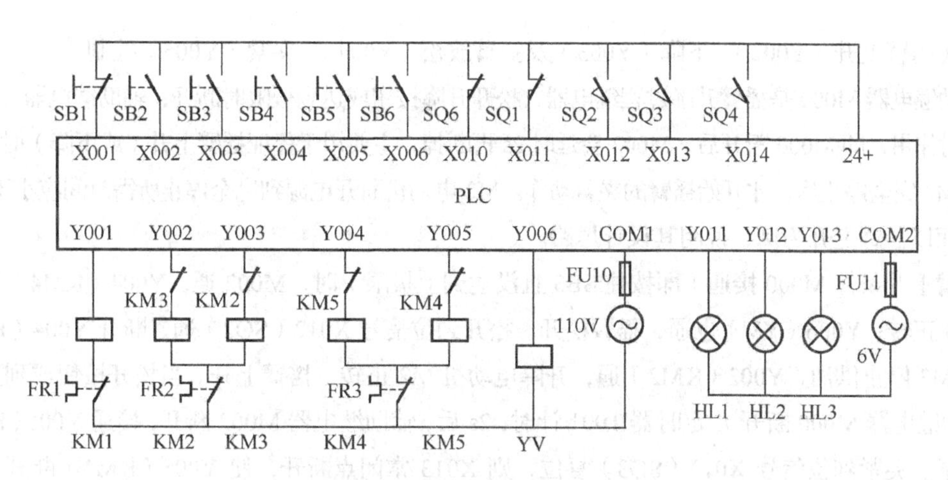

图4.50 Z3040摇臂钻床I/O接口图

如果电磁阀的工作电流大于PLC的负载电流（一般为2A），可以外加一个继电器KA，即用Y006的输出点先驱动继电器，再用KA的触点控制电磁阀（在此没有画出）。

3. PLC程序

根据Z3040摇臂钻床的控制要求，编制其PLC控制梯形图，如图4.51所示。

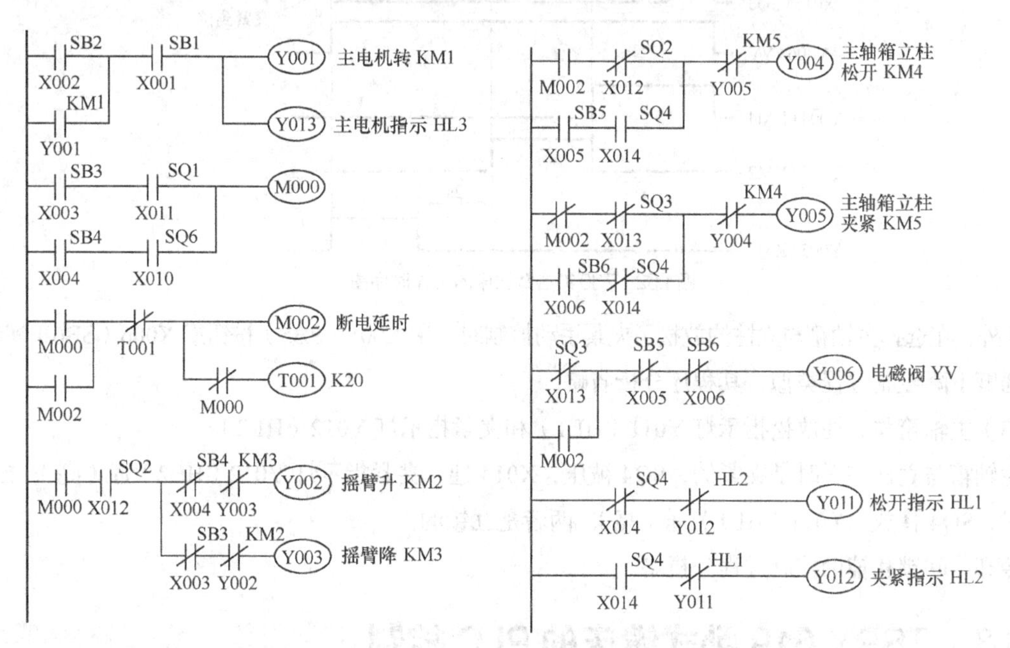

图4.51 Z3040摇臂钻床的PLC控制梯形图

（1）主轴电动机控制Y001（KM1）

启动用X002（SB2），停止用X001（SB1）。启动时，Y001（KM1）、Y013（HL3）接通，KM1控制主轴电动机全压启动、指示灯HL3亮。由于FR1串入KM1硬件回路中，省去了一个输入点。按下SB1时，X001断开，Y001、Y003断开，主轴电动机停转，灯灭。

（2）摇臂上升（Y002）、下降（Y003）及摇臂放松（Y004）、夹紧（Y005）控制

辅助继电器M000是摇臂升降过程继电器，松开升降按钮或达到极限时断开；辅助继电器M002起断电延时作用，即M000断开后，M002会延时2s再断掉，主要用于保证摇臂上升（或下降）时，升降电动机M2完全停止后，才开始摇臂的夹紧动作。M2电动机断开电源到完全停止所需时间应小于2s。

下面以摇臂上升为例，说明其设计思路。

摇臂上升条件M000接通（即按住SB3且没达到上极限）时，M002通，Y004（KM4）通，液压泵M3正转；Y006（YV）也通，摇臂松开。松开到位信号X012（SQ2）通，断开Y004（KM4），液压泵M3停止供油，Y002（KM2）通，升降电动机M2正转，摇臂上升。当松开按钮或到上极限时（辅助继电器M000断开），定时器T001计时，2s后，辅助继电器M002断开，接通Y005（KM5），摇臂夹紧。夹紧到位信号X013（SQ3）复位，则X013常闭点断开，使Y005（KM5）断开，液压泵M3停止，避免长期供油；此时Y006（YV）也断开。工作时序如图4.52所示。此外，在选择主轴箱与立柱的放松、夹紧手动控制时，用X005（SB5）按钮或X006（SB6）实现。

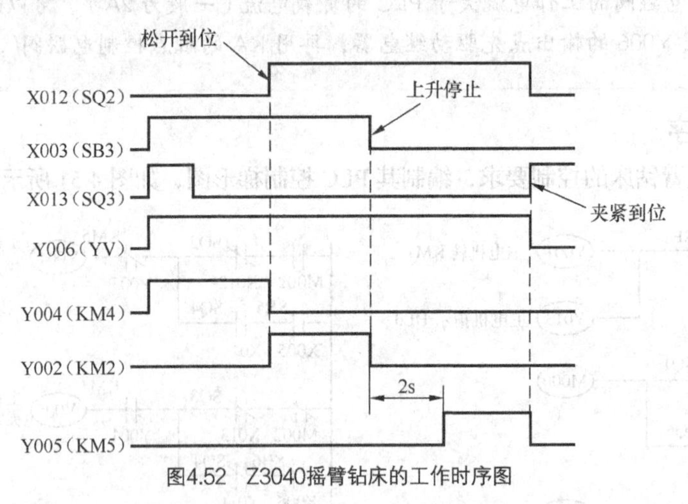

图4.52 Z3040摇臂钻床的工作时序图

此外，在选择主轴箱与立柱的放松、夹紧手动控制时，用X005（SB5）按钮或X006（SB6）实现。

摇臂下降控制过程类似，其程序分析省略。

（3）主轴箱与立柱放松指示灯Y011（HL1）和夹紧指示灯Y012（HL2）

主轴箱与立柱在平时是夹紧的，SQ4被压，X014通，夹紧指示灯Y012（HL2）通（亮）；松开到位时，SQ4释放，Y011（HL1）通（亮）；两者是互锁的。

冷却、联锁和辅助控制过程分析略。

4.6.3 TSPX 619卧式镗床的PLC控制

1. 主电路

TSPX 619卧式镗床的主电路参见图3.15，其中有2台电动机：主轴电动机M1和快速电动机M2。主轴电动机有高、低速两挡，由变速手柄X006（SQ）控制。低速时，Y006（KM6）导通，其前提是正转Y001（KM1）或反转Y002（KM2）接通。Y003（KM3）起短接限流电阻R的作用，在正转或反转时接通，在点动和反接制动时断开；点动和反接制动是在低速下进行的。快速电动机 M2 只有点动，没有自锁。FR 为主电机 M1 的热保护元件；KS-1、KS-2 为速度继电器的正向动合及反向动合触点。

2. 硬件电路及 I/O 分配表

根据 TSPX 619 卧式镗床的控制要求，该机床的输入信号有 17 个点，输出信号有 7 个点，如表 4.10 所示。Y007 输出点驱动 2 个负责主电机高速运转的接触器 KM7、KM8。X017、X020 接速度继电器的正转、反转动合触点，电动机正转时，X017 闭合，为正转反接制动做准备。选用 I/O 点数为 40 点的 FX_{1N}-40 型 PLC 即能够满足要求。I/O 接口图，如图 4.53 所示。

表 4.10 I/O 分配表

输 入 信 号	I 点	输 出 信 号	O 点
M1 反接制动按钮 SB6	X000	主轴电动机 M1 正转接触器 KM1	Y001
M1 正转启动按钮 SB1	X001	主轴电动机 M1 反转接触器 KM2	Y002
M1 反转启动按钮 SB2	X002	短路限流电阻 R 接触器 KM3	Y003
M1 正向点动按钮 SB3	X003	快速移动电机正转接触器 KM4	Y004
M1 反向点动按钮 SB4	X004	快速移动电机反转接触器 KM5	Y005
M1 过载热继电器 FR	X005	主电机低速接触器 KM6	Y006
变速限位开关 SQ	X006	主电机高速接触器 KM7、KM8	Y007
M2 快速正转开关 SQ7	X007		
M2 快速反转开关 SQ8	X010		
主运动变速冲动开关 SQ1	X011		
主运动变速冲动开关 SQ2	X012		
进给运动变速冲动开关 SQ3	X013		
进给运动变速冲动开关 SQ4	X014		
主轴箱、工作台进给联锁开关 SQ5	X015		
主轴、平旋盘滑块进给联锁开关 SQ6	X016		
速度继电器（M1 正转动合）触点 KS-1	X017		
速度继电器（M1 反转动合）触点 KS-2	X020		

注：SQ1～SQ4只在变速手柄拉出时才复位。

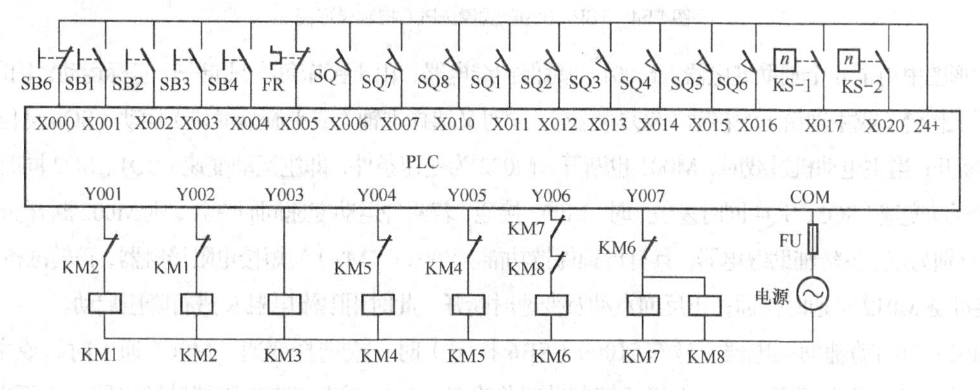

图4.53 TSPX 619卧式镗床I/O接口图

3. PLC程序

TSPX 619卧式镗床的动作复杂，互锁关系较多，因此在程序编制时要多用辅助继电器，其PLC控制程序梯形图，如图4.54所示。

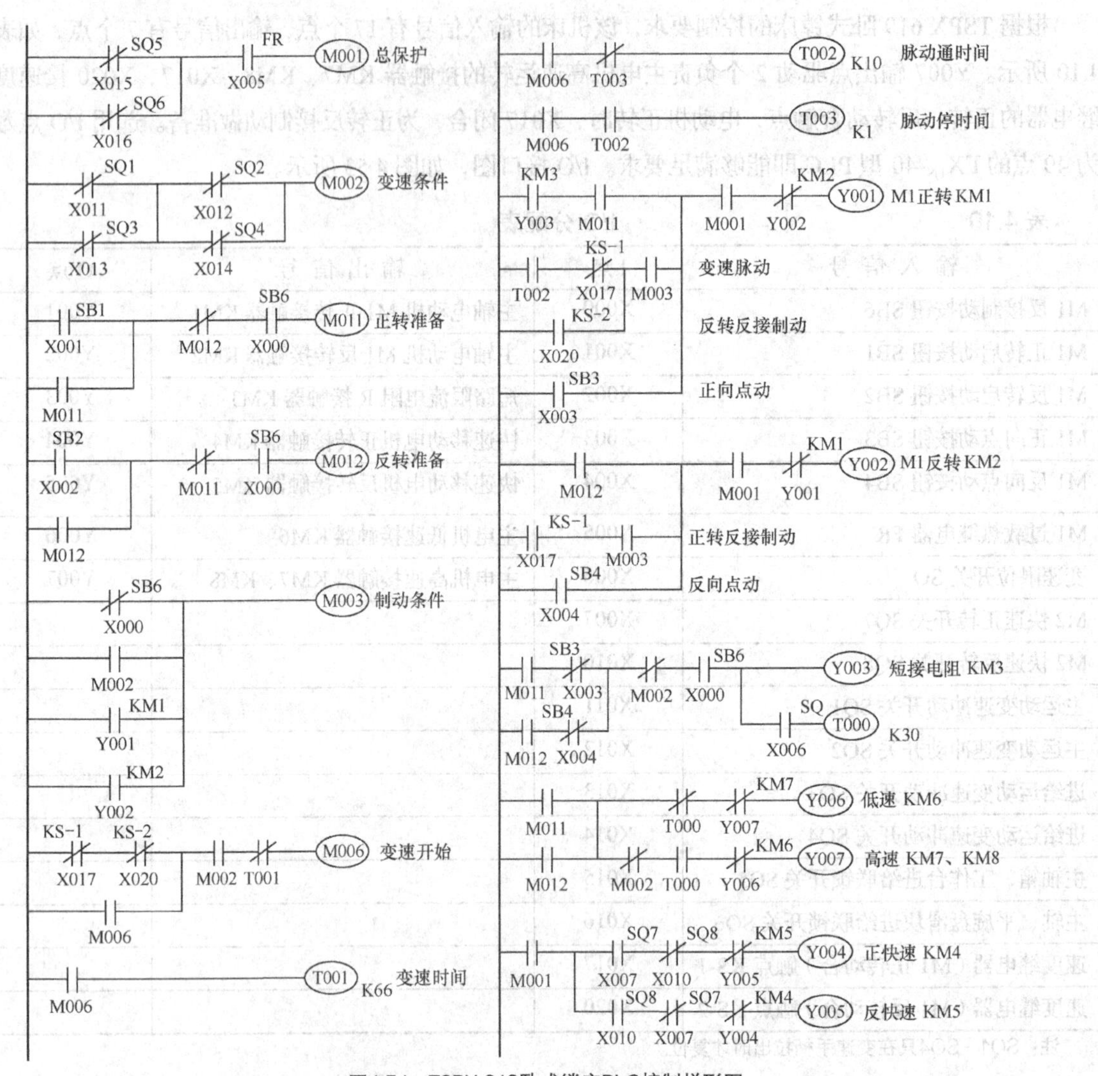

图4.54 TSPX 619卧式镗床PLC控制梯形图

梯形图中用了6个辅助继电器。M001为总保护继电器，由于镗床每次只能一个坐标运动，因此，若选择了工作台（或主轴箱）的移动（SQ5复位），同时又选择主轴（或平旋盘滑块）运动（SQ6复位）时，M001断开；当主电动机过载时，M001也断开。M002为变速条件，即主运动变速（SQ1、SQ2同时复位）或进给运动变速（SQ3、SQ4同时复位）时，M002接通；若两种运动变速同时选择，则M002断开。M011、M012分别为正、反转辅助继电器，具有自锁保持功能、Y003（KM3）为短接电阻接触器，正转准备M011或反转准备M012接通时接通；正反向点动及变速时断开，此时用限流电阻R进行降压启动。

M003为制动辅助继电器，停车X000（SB6按下）时；或选择变速（M002通）时、或主电机正、反转接通、此点接通，为主电机反接制动时作准备。M006为变速控制辅助继电器，由于电机变速只能在电机转速低于 100r/min 或停止时进行，所以靠 X017（KS-1）、X020（KS-2）的常闭点接通，变速时间控制在一定时间内（如 6.6s，最多脉动 6 次），由 T001 控制。该梯形图用了 4 个定时器，T000（3s）为高速延时定时器，T001 为变速时间定时器（6s），T002（1s）、T003（0.1s）为主轴脉动时间控制定时器。

（1）主轴电动机正转接触器 Y001（KM1）接通条件

① 主轴电动机点动控制

X003（SB3）通，Y001（KM1）接通，电动机通过电阻 R 限流启动。

② 主轴电动机启动控制

X001（SB1）通，M011 通电（其本身自锁），Y003（KM3）接通，则 Y001（KM1）接通，电动机全压启动。

（2）主轴电动机反转接触器 Y002（KM2）接通条件

与正转接通条件相同，只是少了一个变速冲动条件。因为机床的变速，只在正转时进行。

（3）主轴电动机高低速控制

当高速手柄扳在高速时，X006（SQ 压合）通，Y006（KM6）通，低速启动，此时定时器 T000 也开始定时，3s 后 Y006（KM6）断开，Y007（KM7、KM8）通，高速运行。

（4）主轴电动机反接制动控制

假设主电机正在高速正转，则 M011、Y003（KM3）、Y001（KM1）和 Y007（KM7、KM8）通，且速度继电器正向动合触点 X017（KS-1）也通。

当按下停止按钮 X000（SB6）时，M011、Y003（KM3）、Y001（KM1）和 Y007（KM7、KM8）都断开，此时由于 M003 和 X017（KS-1）仍导通，故 Y002（KM2）导通，与限流电阻 R 一起，使主轴电动机反接制动。当电动机速度降低为 100r/min 时，X017（KS-1）也断开，制动结束。

（5）主轴电动机变速冲动控制

假设主轴电动机正在反转高速运行，M012 通；变速时 M002、M003 接通，使 Y007（KM7、KM8）Y003（KM3）和 Y002（KM2）断开，M003、X020 使 Y001（KM1）通 M012 使 Y006（KM6）通，主电动机低速反接制动；转速低于 100r/min 时，变速开始，使 T001、T002 接通，1s 后 T003 通；0.1s 后 T002 断，持续 6.6s（由 T001 控制），此脉动结束，如图 4.55 所示。定时器 T002 的常开触点是一个通 0.1s 断 1s 的脉冲，变速时，通断 Y001（KM1），直到变速结束。变速时，高速接触器（KM7、KM8）不能接通。

（6）快速移动进给电动机 M2 的控制

快速移动进给电动机 M2 是由快速手柄 X007（SQ7）、X008（SQ8）控制的。

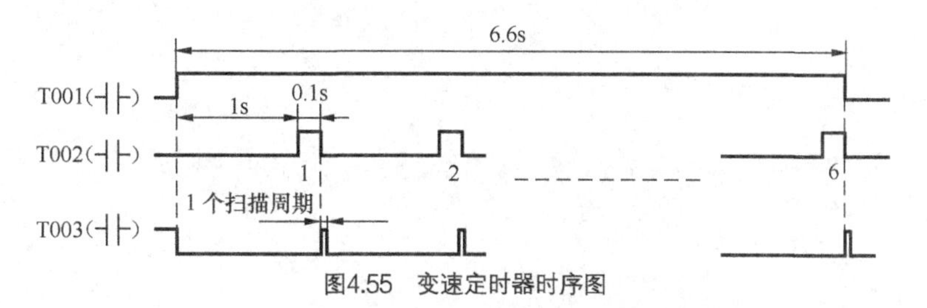

图4.55 变速定时器时序图

本章小结

本章首先介绍了 PLC 的分类、组成及工作原理，然后以 FX 系列 PLC 为例，介绍了 PLC 的内部软元件、基本逻辑指令及编程方法，并对步进梯形指令作了简单介绍，最后重点介绍了 C650 卧式车床、Z3040 摇臂钻床及 TSPX 619 卧式镗床的 PLC 应用实例。

习题4

1. 小型 PLC 系统由哪几部分组成？各部分的主要作用是什么？
2. PLC 的工作方式如何？简述其工作过程。
3. PLC 与继电器控制相比，有哪些异同？
4. 梯形图中“能流”是有能量的电流吗？
5. FX 系列 PLC 的开关量输出有几种形式？各有什么特点？
6. FX 系列 PLC 有哪几类编程元件？说明它们的用途、编号和使用方法。
7. FX 系列 PLC 的指令分为哪几类？各类的主要作用是什么？
8. FX 系列 PLC 的功能指令有哪几类？
9. 设计 200s 和 2000s 定时器各一个，若需断电保护，设计时应注意什么问题？
10. 设计一个用 PLC 实现的三相异步电动机星形—三角形启动的梯形图，并写出语句表程序，要求有正反转控制。
11. 设计一个用 PLC 实现的三相异步电动机能耗制动的梯形图，并写出语句表程序。
12. 用 PLC 实现第 2 章习题 15 中的小车动作过程。
13. 试述 C650 型车床梯形图程序控制逻辑关系。
14. 试述 Z3040 型摇臂钻床摇臂向下移动时的梯形图程序控制逻辑关系。
15. 试述 TSP X619 型卧式铣床主轴高速启动时的梯形图程序控制逻辑关系。
16. 试述 TSP X619 型镗床梯形图程序是如何实现变速时的连续反复低速冲动的。

第5章 其他电机

前面介绍了三相异步电动机的结构及应用，本章将重点介绍单相异步电动机、直流电动机、步进电动机、伺服电动机以及用于检测的电机。

5.1 单相异步电动机

由单相交流电源供电的异步电动机称为单相异步电动机。单相异步电动机具有结构简单，成本低廉，噪声小等优点，因此广泛用于工业、农业、医疗和家用电器等方面，最常见的如电风扇、洗衣机、空调等。图 5.1 所示为几种常用的单相异步电动机。

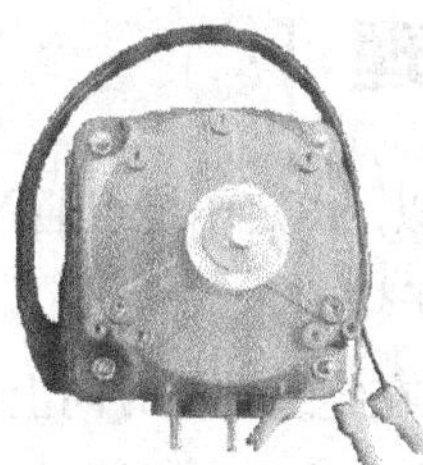

（a）单相电容启动式

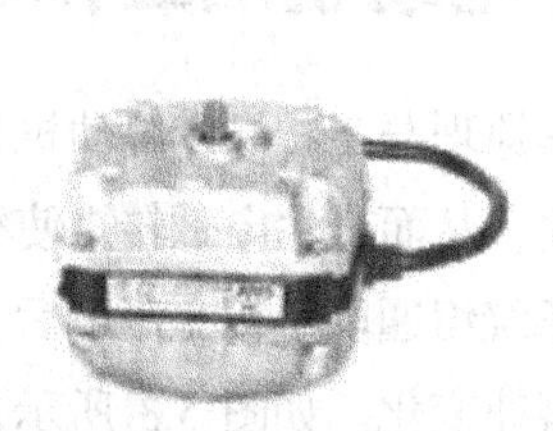

（b）单相罩极式

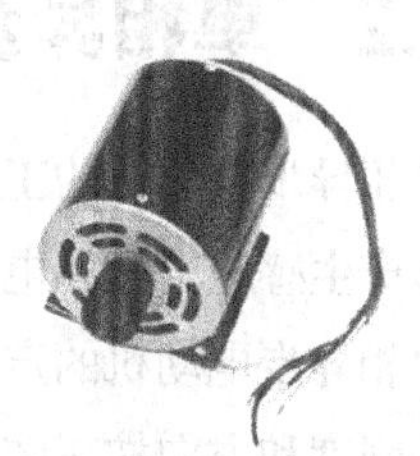

（c）YY 系列单相电容式

图5.1　单相异步电动机的实物图

5.1.1　单相异步电动机的基本结构

单相异步电动机的结构如图 5.2 所示，其结构与三相异步电动机相似，也是由定子和转子两个基本部分组成。

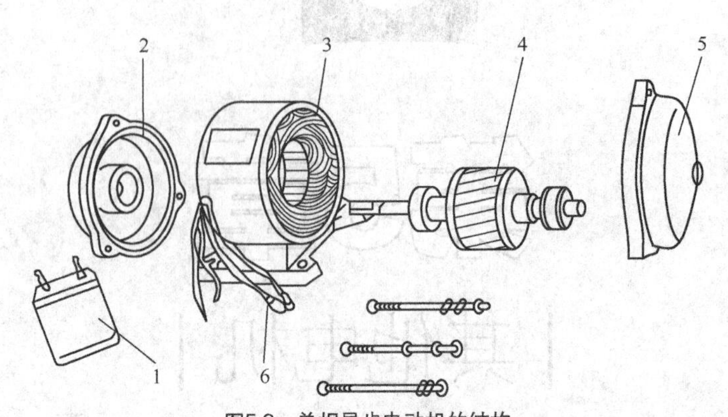

图5.2　单相异步电动机的结构

1—电容器；2—前端盖；3—定子；4—转子；5—后端盖；6—引出线

1. 定子

定子是电动机的固定部分，是用来产生旋转磁场的，由定子铁芯、定子绕组和外壳等组成。

（1）定子与定子绕组

定子铁芯是由硅钢片叠压而成的，在定子铁芯上嵌有定子绕组。

单相异步电动机正常工作时，一般只需要单相绕组即可。但单相绕组通以单相交流电时产生的磁场是脉动磁场，没有启动转矩。为了使单相电动机能自行启动并能改善其运行性能，除工作绕组（又称主绕组）外，在定子上还安装一个辅助的启动绕组（又称副绕组）。两个绕组在空间相距 90°或一定的电角度。

（2）外壳

外壳包括机座、端盖、轴承盖、接线盒等部件。由于单相异步电动机一般功率较小，因此，其体积也较小，不需要用于起吊的吊环等部件。

2. 转子

转子主要用来产生旋转力矩，拖动生产机械旋转。其转子结构都是笼型的。

5.1.2　单相异步电动机的工作原理

单相异步电动机的工作原理与三相异步电动机相似，由定子绕组通入交流电产生旋转磁场，转子导体产生感应电压和电流，从而产生电磁转矩使转子转动。

单相异步电动机的定子绕组通以单相交流电后，就在绕组轴线方向上产生一个交变的脉动磁场，磁场的强度和方向按正弦规律变化。如图 5.3 所示，当电流在正半周时，磁场方向垂直向上；当电流在负半周时，磁场方向垂直向下，所以说，它是一个脉动磁场。

这个脉动磁场可分解为两个幅值相同、转速相等，但转向相反的旋转磁场（每个旋转磁场的幅值为脉动磁场的一半）。当转子静止时，两个旋转磁场分别在转子上产生两个转矩，其大小相等、方向相反，合成转矩为零，不能自行启动，这是单相异步电动机的特点。

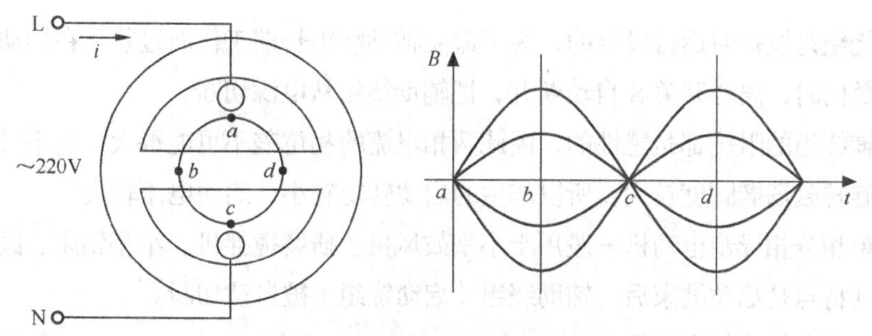

图5.3 不同瞬间空气隙中B的分布

如果用外力使转子顺时针转动一下，此时顺时针方向转矩大于逆时针方向转矩，转子就会按顺时针方向不停地旋转，直到接近同步转速。当然，反方向旋转也是如此。

通过上述分析可知，单相异步电动机转动的关键是产生一个启动转矩，各种不同类型的单相异步电动机产生启动转矩的方法也不同。

5.1.3 单相异步电动机的主要类型和启动方法

如果在单相异步电动机定子上安放具有空间相位相差 90° 的两套绕组，然后通入相位相差 90° 的正弦交流电，那么就能产生一个像三相异步电动机那样的旋转磁场，实现自行启动。根据获得旋转磁场的方式不同（也就是启动方法），下面介绍单相异步电动机的几种主要类型。

1. 单相分相异步电动机

只要在空间不同相的绕组中通以不同相的电流，其合成磁场就是一个旋转磁场，分相电动机就是根据这一原理设计的。

（1）电阻启动单相分相异步电动机

电阻启动单相分相异步电动机，在定子上嵌有两个单相绕组，一个称为主绕组（或称为工作绕组），一个称为辅助绕组（或称为启动绕组）。两个绕组在空间相差 90° 电角度，它们接在同一单相电源上，等效电路如图 5.4（a）所示。

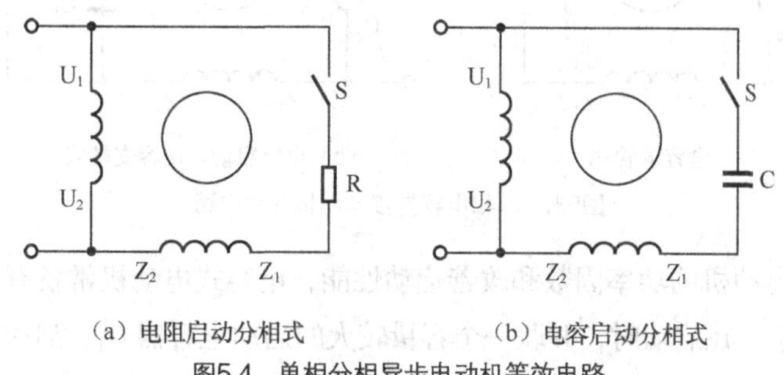

（a）电阻启动分相式　（b）电容启动分相式

图5.4 单相分相异步电动机等效电路

S 为一离心开关，平时处于闭合状态。电动机的辅助绕组一般要求阻值较大，因此采用用较细的导线绕成，以增大电阻（匝数可以与主绕组相同，也可以不同）。由于主绕组 U_1U_2 和辅助绕组 Z_1Z_2 的阻抗不同，流过两个绕组的电流的相位也不同，一般使辅助绕组中的电流领先于主绕组中的电流，形成了一个两相电流系统，这样就在电动机中形成旋转磁场，从而产生启动转矩。

通常辅助绕组是按短时运行设计的，为了避免辅助绕组长期工作而过热，在启动后，当电动机转速达到一定数值时，离心开关S自动断开，把辅助绕组从电源切断。

由于主、辅绕组的阻抗都是感性的，因此两相电流的相位差不可能很大，更不可能达到90°，由此而产生的旋转磁场椭圆度较大，所以产生的启动转矩较小，启动电流较大。

电阻启动单相分相异步电动机一般用于小型鼓风机、研磨搅拌机、小型钻床、医疗器械、电冰箱等设备中。其特点是启动结束后，辅助绕组（启动绕组）被自动切断。

（2）电容启动单相分相电动机

在结构上，此电动机和电阻启动单相分相异步电动机相似，只是在辅助绕组中串入一个电容，如图5.4（b）所示。

当电动机静止不动或转速较低时，装在电动机后端盖上的离心开关S处于闭合状态，因而辅助绕组连同电容器与电源接通。当电动机启动完毕后，转速接近同步转速的75%～80%时，由于离心力的作用，自动将开关S切断，此时切断辅助绕组电路，电动机便作为单相电动机稳定运转。同理，这种电动机的辅助绕组也只是在启动过程中短时间工作，因此导线选择得也较细。

电容启动单相分相电动机一般用于小型水泵、冷冻机、压缩机、电冰箱、洗衣机等设备中。

2. 单相电容异步电动机

如果将上述电动机的辅助绕组由原来较细的导线改为较粗的导线串联，并使辅助绕组不仅产生启动转矩，而且参加运行。运行时，在辅助绕组电路中的电容器仍与电路接通，保持启动时产生的两相交流电和旋转磁场的特性，即保持一台两相异步电动机的运行。这样不仅可以得到较大的转矩，而且电动机的功率因数、效率、过载能力都比普通单相电动机要高，如图5.5（a）所示。这种带电容器运行的电动机，称为单相电容式异步电动机，或称单相电容运转电动机。

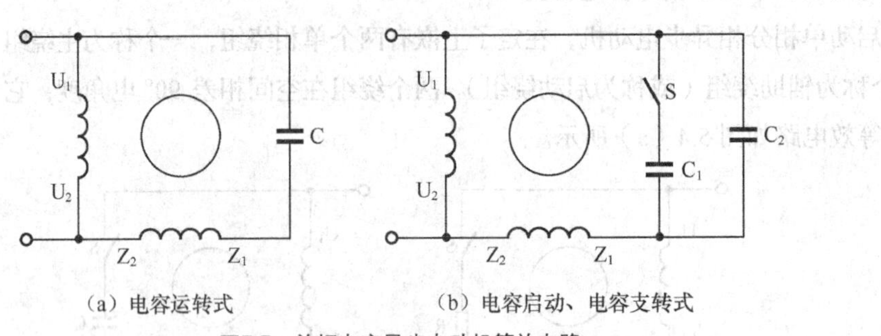

（a）电容运转式　　（b）电容启动、电容支转式

图5.5　单相电容异步电动机等效电路

为了提高电容式电动机的功率因数和改善启动性能，电容式电动机常备有两个容量不同的电容器，如图5.5（b）所示。在启动时，并联一个容量较大的启动电容器C_1；启动完毕，离心开关自动断开，使启动电容器C_1脱离电源，而辅助绕组与容量较小的电容器C_2仍串联在电路中参与正常运行。电容电动机电容的电容量比电容分相电动机的电容量要小，启动转矩也小，因此启动性能不如电容分相电动机。

3. 单相罩极异步电动机

单相罩极异步电动机按磁极结构的不同，可分为凸极式和隐极式两种。凸极式结构应用较广。

凸极式罩极电动机的定子、转子铁芯用厚度为0.5mm的硅钢片叠成，定子做成凸极铁芯，组成磁极，在每个磁极1/4～1/3处开一个小槽，将磁极表面分为两块，在较小的一块磁极上套入短路铜环，套有短路铜环的磁极称为罩极。整个磁极上绕有单相绕组，它的转子仍为笼形，其结构如图5.6所示，其等效电路如图5.7所示。

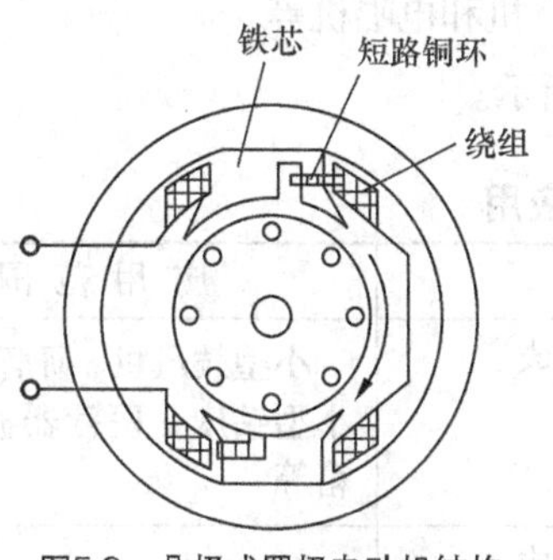

图5.6　凸极式罩极电动机结构

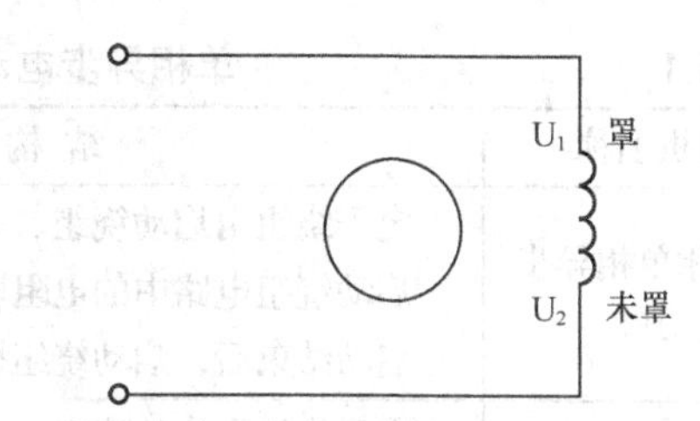

图5.7　凸极式罩极电动机等效电路

当绕组中通以单相交流电时，产生一脉振磁通，一部分通过磁极的未罩部分，一部分通过短路环。后者在短路环中感生电动势，并产生电流。根据楞次定律，电流的作用总是阻止磁通变化。

在绕组电流 i 从0向上增加到 a 这段时间内，如图5.8（a）所示。由于 i 及磁通 Φ 上升得较快，在短路铜环中感应出较大的电流 i_k，其方向与 i 的方向相反，以反抗短路铜环中磁通的增加；被罩极部分的磁通密度小于未被罩极部分的磁通密度，因此，整个磁极的磁场中心线偏向未罩部分的磁极。

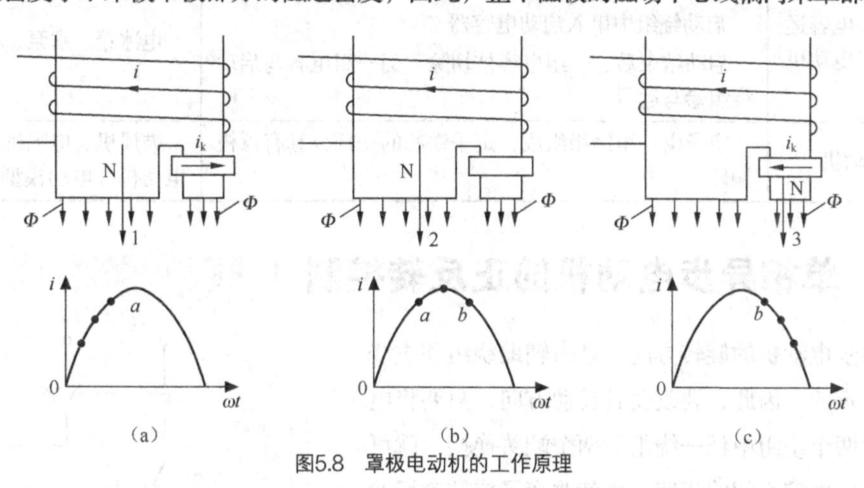

图5.8　罩极电动机的工作原理

在绕组电流 i 从 a 点向上升到 b 这段时间内，如图5.8（b）所示。由于 i 的变化率很小，在短路铜环中感应出的电流 i_k 便接近于0，整个磁极的磁力线接近均匀分布，磁极的磁场中心线位于磁极的中心。

在绕组电流 i 从 b 下降到零这段时间内，如图5.8（c）所示。由于 i 及 Φ 的数值减小得较快，在短路铜环中感应出较大的电流 i_k，其方向与 i 的方向相同，因而罩极部分的磁通密度较大，这样，整个磁极的磁场中心线偏向罩极部分。

由此可见，随着电流 i 的变化，磁场的中心线从磁极的未罩部分移向被罩部分，使通过短路环部分的磁通与通过磁极未罩部分的磁通在时间上不同相，并且总要滞后一个角度。于是就会在电动机内产生一个类似于旋转磁场的“扫动磁场”，其方向由磁极未罩部分向着短路环方向扫动。这种扫动磁场实质上是一种椭圆度很大的旋转磁场，从而使电动机获得一定的启动转矩。

单相罩极异步电动机的主要优点是结构简单、成本低、维护方便。但启动性能和运行性能较差，所以主要用于小功率电动机的空载启动场合，如电风扇、录音机和电唱机等。

常用单相异步电动机的结构特点及应用范围，如表 5.1 所示。

表 5.1　单相异步电动机结构特点及应用

电动机名称	结构特点	应用范围
电阻分相单相异步电动机	定子绕组由启动绕组、工作绕组两部分组成 启动绕组电路中的电阻较大 启动结束后，启动绕组被自动切断	小型鼓风机、研磨搅拌机、小型钻床、医疗器械、电冰箱等
电容启动单相异步电动机	定子绕组由启动绕组、工作绕组两部分组成 启动绕组中串入启动电容器 C 启动结束后，启动绕组被自动切断	小型水泵、冷冻机、压缩机、电冰箱、洗衣机等
电容运行单相异步电动机	定子绕组由启动绕组、工作绕组两部分组成 启动绕组中串入启动电容器 C 启动绕组参与运行	电风扇、排风扇、电冰箱、洗衣机、空调器、复印机等
电容启动、电容运行单相异步电动机	定子绕组由启动绕组、工作绕组两部分组成 启动绕组中串入启动电容器 C 启动结束后，一组电容被切除，另一组电容与启动绕组参与运行	电冰箱、水泵、小型机床等
罩极电动机	定子由一组绕组组成，定子铁芯的一部分套有罩极铜环	鼓风机、电唱机、仪器仪表电动机、电动模型等

5.1.4 单相异步电动机的正反转控制

单相异步电动机的旋转方向，是由辅助绕组和主绕组的接法决定的。因此，要改变其转动方向，只要将电源切断，把两个绕组中任一绕组的两个端头换接，就可改变两绕组中电流之间的相序，也就改变了旋转磁场的方向，使电动机的旋转方向得到改变。

图 5.9 所示为单相电容运转电动机的转向控制原理图，其工作绕组 U_1U_2 和辅助绕组 Z_1Z_2 完全相同，通过自动转换开关 S 在工作绕组和辅助绕组间不断变换，实现电动机旋转方向的改变，得到电动机的正反向转动。

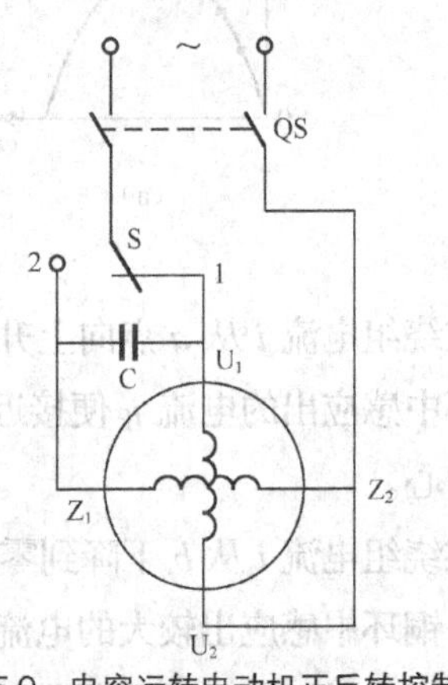

图5.9　电容运转电动机正反转控制

5.1.5 单相异步电动机的调速

单相异步电动机在不同场合有不同的速度要求，如家用风扇一般有3挡风速。单相异步电动机的调速方法有变频调速、串电抗器调速、晶闸管调压调速、串电容器调速以及绕组抽头调速等。在此仅简单介绍串电抗器调速和绕组抽头调速。

1. 串电抗器调速

在电动机的电源线路中串入起分压作用的电抗器，通过开关选择电抗器绕组的匝数来改变电抗值，从而改变电动机的电源电压，达到调速的目的。串电抗器调速的接线图如图5.10（a）所示。串电抗器调速的优点是结构简单、调速方便，但消耗的材料较多，吊扇电动机常采用此方法调速。

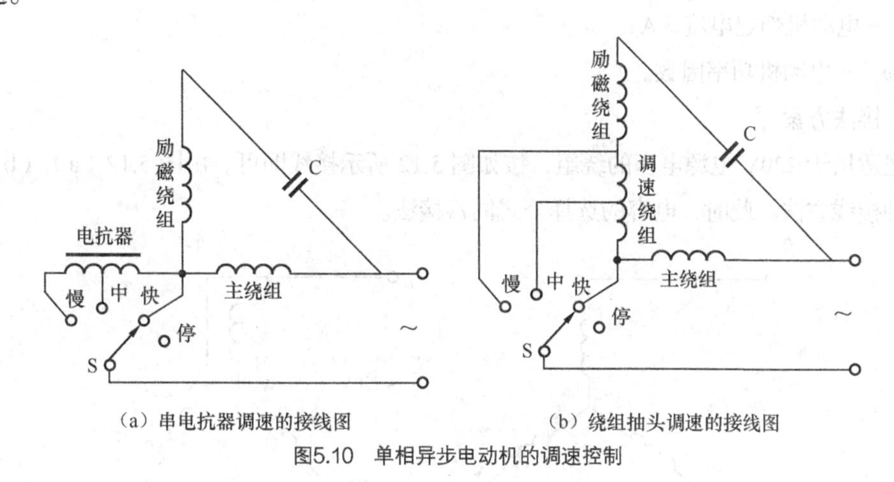

（a）串电抗器调速的接线图　（b）绕组抽头调速的接线图

图5.10 单相异步电动机的调速控制

2. 绕阻抽头调速

在电动机定子铁芯的主绕组上多嵌放一个调速绕组，调速绕组与主绕组的连接方法如图5.10（b）所示。由调速开关S改变调速绕组串入主绕组支路的匝数，达到改变气隙磁场的目的，从而改变电动机的速度。绕组抽头调速法与串电抗器调速法相比，其节省材料、耗电少，但绕组嵌放和接线较复杂。

以上调速方法对于罩极式异步电动机也适用。可应用工业各个领域，如电风扇、洗衣机、电冰箱、吸尘器、电唱机、鼓风机，众多的医疗器械和自动控制系统等。

5.1.6 三相异步电动机的单相运行

1. 三相异步电动机的单相运行

在没有三相电源（只有单相电源）或一时又没有单相电动机的情况下，只好将三相电机单相运行，其临时应急办法介绍如下。

在单相220V电源上使用三相异步电动机，是按分相式电机的原理，把三相电动机绕组中两相（U、V相）串联起来组成主绕组，另一相串联适当电容作辅助启动绕组，利用一、二次绕组中产生的 90° 相位差，来实现三相交流电动机接单相运的行（此方案只适用于小、微型电动机，负载降 40%）。

（1）△接法方案

把 220/380V 接法为 Y/△的电动机，按如图 5.11 所示方案配电容改接即可。电容 C_1、C_2 可按公式求得：

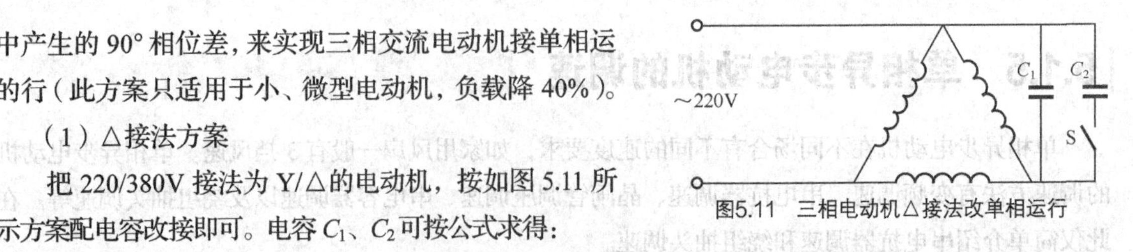

图5.11　三相电动机△接法改单相运行

$$C_1 = \frac{1590 I_N}{U_N \cos\varphi} \tag{5-1}$$

C_2=(1～4)C_1（电容 C_1、C_2 都要求耐压 450V～600V，无极油浸式）

式中，C_1——工作电容（耐压在 450～600V 的油浸无极电容）；

C_2——启动电容；

I_N——电动机额定电流，A；

cosφ——电动机功率因数。

（2）Y 接法方案

同样把适用于 220V 电源电压的绕组，按如图 5.12 所示接线即可。由图 5.12（a）、（b）可知，绕组有两种接线方法。此时，电容的选择公式同△接法。

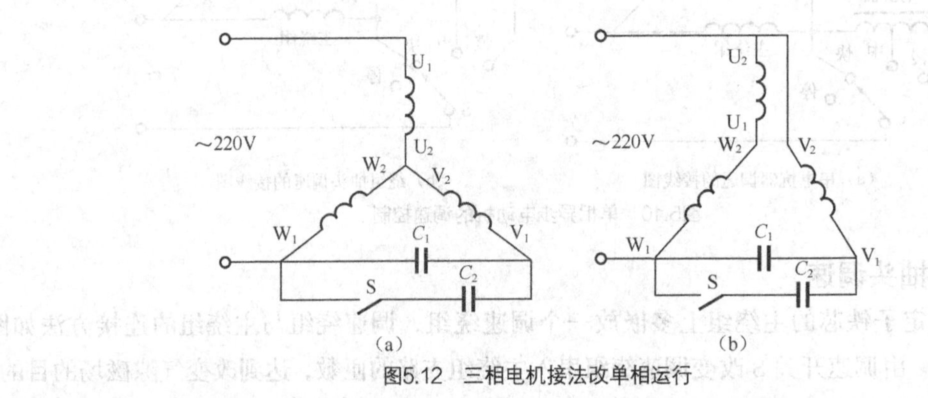

图5.12　三相电机接法改单相运行

2. 三相异步电动机的缺相运行

如果由于某种原因，造成三相异步电动机定子绕组的一相无电流，如熔断器熔断一相或定子绕组一相断路，统称断相。这时三相异步电动机运行在单相状态，有两种情况。

① 若三相异步电动机在启动前断了一相，对星形连接的绕组而言则无启动转矩；对三角形连接的绕组则相当于电阻分相启动，产生很小的启动转矩。一般空载启动时，不动或微微转动，而带负载时，无法启动。

② 若运行中断了一相，则电动机继续旋转，但其他两相电路中的电流剧增。如果所带负载接近额定负载，将造成运行电流超过额定电流，时间一长，电动机会发热烧坏。

因此，三相异步电动机应该在两相或两相以上设置过电流保护，这样，一旦发生一相断路，就能自动切断电源。

5.2 直流电机

直流电机具有良好的调速性能，具有较大的启动转矩和过载能力，因此，在启动和调速要求较高的生产机械（如大型机床、轧钢机、电力机车、起重机、船舶、造纸及纺织行业的机械）中得到广泛应用。其中小容量的直流电机还广泛应用于自动控制系统中。

与三相异步电动机相比，直流电机也存在一些缺点，比如制造中消耗金属较多，工艺较复杂，成本较高，运行中电流换向的故障较多，维修比较麻烦。对于粉尘比较大、易燃易爆场所，直流电机根本无法应用。但是启动和调速性能方面却有其独特的优越性，所以在需要较大启动转矩的生产机械上（如电车、电气机车等）和要求性能高的生产机械（如轧钢机等）上仍然获得广泛应用。图5.13所示为几个常用的直流电机实物图。

（a）ZYT 系列

（b）J-SZ（ZYT）-PX 系列

（c）ZK13TH 型

图5.13 直流电机实物图

5.2.1 直流电机的可逆原理

直流电机分为直流电动机和直流发电机两大类，其结构完全相同。每一台直流电机既可以作为发电机运行，也可以作为电动机运行，这一性质称为直流电机的可逆原理。

直流电机的实际运行方式由外施条件决定。如果在直流电机轴上施加外力，使电枢转动，那么直流电机可以把输入的机械能转换为直流电能输出，直流电机作为发电机运行；如果在电枢绕组两端施加直流电源，输入直流电能，那么直流电机可以把输入的直流电能转换为机械能输出，直流电机作为电动机运行。直流发电机和直流电动机，不是两种不同的电机，而是同一电机的两种不同的运行方式。图 5.14 所示为直流电机进行能量转换的示意图。可见，能量的转换是可逆的。

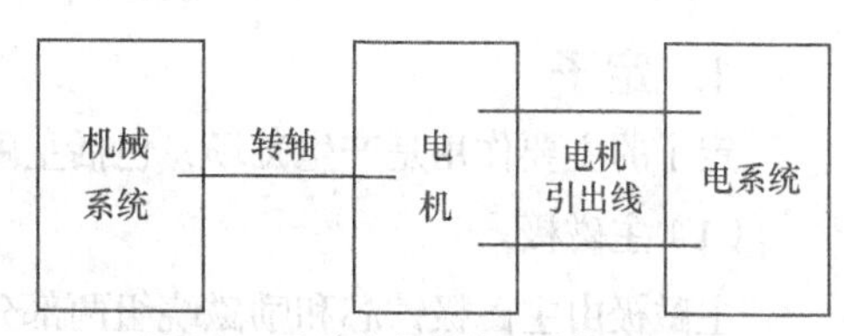

图5.14 直流电机的能量转换示意图

5.2.2 直流电机的结构

直流电机的所有部件可分为固定和转动两大部分。固定不动的部分叫定子，主要作用是产生磁场并起机械支撑作用，由主磁极、换向磁极、机座、端盖、轴承、电刷装置等部件组成。转动的部分叫转子，其主要作用是产生电磁转矩和感应电动势，是直流电机进行能量转换的枢纽，通常称为电枢，由电枢铁芯、电枢绕组、换向器、风扇、转轴等部件组成。定子、转子之间的间隙称为气隙。直流电机的结构如图 5.15 所示。

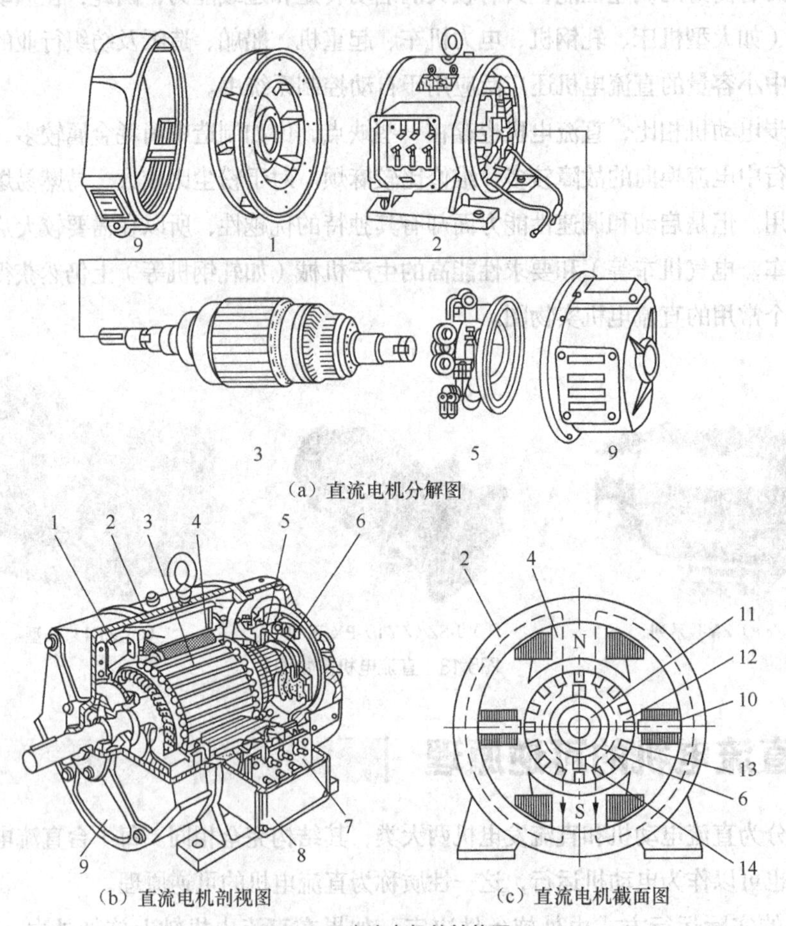

图5.15 直流电机的结构图

1—风扇；2—机座；3—电枢；4—主磁极；5—电刷架；6—换向器；7—接线板；8—出线盒；9—端盖；10—换向磁极；11—转轴；12—电枢铁芯；13—电枢绕组；14—电刷

1. 定子

定子的主要作用是产生磁场，包括主磁极、换向极、机座、电刷装置等。

（1）主磁极

主磁极由主磁极铁芯和励磁绕组两部分组成，如图 5.16 所示。铁芯用 0.5～1.5mm 厚的钢板冲片叠压铆紧而成，上面套励磁绕组的部分称为极身，下面扩宽的部分称为极靴。极靴宽于极身，既可以使气隙中磁场分布比较均匀，又便于固定励磁绕组。励磁绕组用绝缘铜线绕制而成，励磁绕组套在极身上，再将整个主磁极用螺钉固定在机座上。套在主磁极铁芯上的励磁线圈有并励和串励两种。并励线圈的匝数多、导线细；串励线圈的匝数少、导线粗。直流电机中分别把各个主磁极上的并励或串励励磁线圈连接起来称为励磁绕组。主磁极的作用是产生气隙磁场（一个恒定的主磁场），当给励磁绕组通入直流电流时，铁芯中即产生励磁磁通，并在气隙中建立磁场。主磁极可以有一对、两对或更多对。

（2）换向极

相邻主磁极之间的小磁极叫换向极，也叫附加极或间极。换向极的作用是改善换向，减小电机运行时电刷与换向器之间可能产生的火花。换向极由换向极铁芯和换向极绕组组成，如图 5.17 所示。换向极铁芯一般用整块钢制成，对换向性能要求较高的直流电机，换向极铁芯用 1.0～1.5mm 厚的钢板冲制叠压而成。换向极绕组用绝缘导线绕制而成，套在换向极铁芯上。换向极绕组总是和电枢绕组相串联的，流过的是电枢电流，所以换向极绕组的匝数少、导线较粗。整个换向极用螺钉固定于机座上。一般，换向极的数目与主磁极相等。

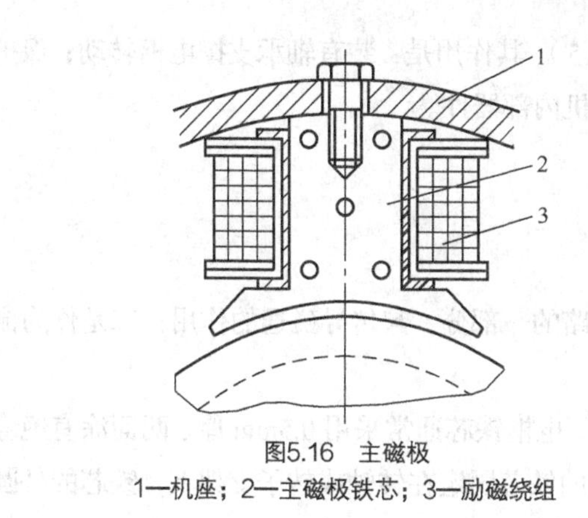

图5.16 主磁极
1—机座；2—主磁极铁芯；3—励磁绕组

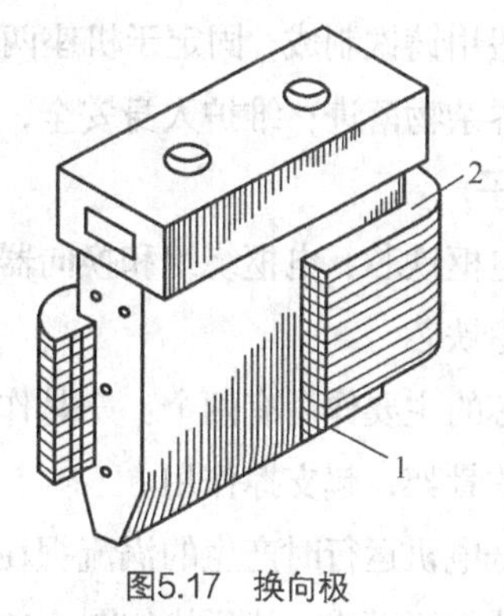

图5.17 换向极
1—换向极铁芯；2—换向极绕组

（3）机座

机座通常用铸铁、铸钢或钢板焊接而成。机座的主要作用有 3 个：一是作为磁轭传导磁通，它是电机磁路的一部分；二是用来固定主磁极、换向磁极和端盖等部件；三是借用机座的底脚把电机固定在基础上。所以机座必须具有足够的机械强度和良好的导磁性能。

（4）电刷装置

电刷装置主要由电刷、刷握、刷杆、刷杆座、刷辫及压紧弹簧等零件构成，如图 5.18 所示。电刷是石墨或金属石墨做成的导电块，放在刷握内用弹簧以一定的压力压在换向器表面，旋转时与换向器表面形成滑动接触。刷握用螺钉夹紧在刷杆上，借刷辫将电流从电刷引入或引出。根据电流的大小，每一刷杆上可安装一至数只刷握组成的电刷组，同极性的各刷杆用连接线连在一起，再引到出线盒上。电刷组的数目一般等于主磁极的数目。刷杆装在可移动的刷杆座上，以便于调整电刷在换向器表面上的位置。电刷装置的作用是通过固定的电刷和旋转的换向器之间的滑动接触，使转动的电枢绕组电路与静止的外部电路相连接，并实现交、直流电能的转换。

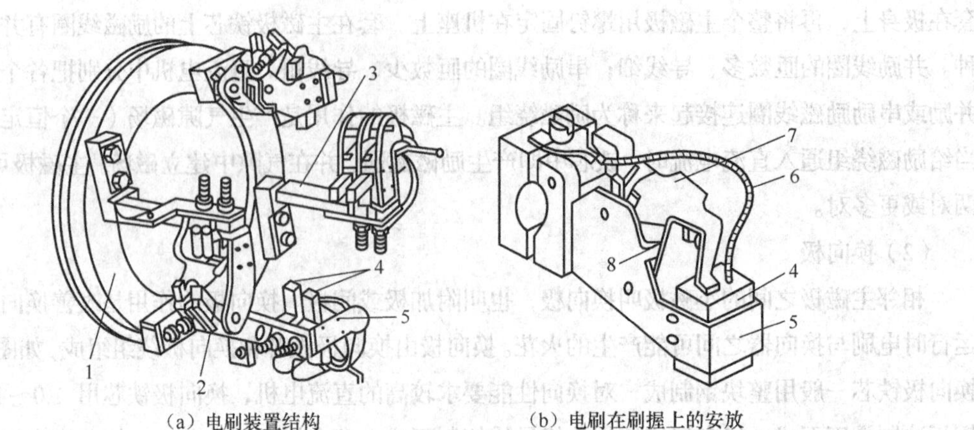

（a）电刷装置结构　　（b）电刷在刷握上的安放

图5.18　电刷装置

1—刷杆座；2—弹簧压板；3—刷杆；4—电刷；5—刷握；6—刷辫；7—压指；8—压紧弹簧

（5）端盖

端盖一般用铸铁制成，固定于机座两端（见图 5.15）。其作用是：装有轴承支撑电枢转动；保护电机避免外界杂物落进；维护人身安全，防止接触电机内部器件。

2. 转子

转子由电枢铁芯、电枢绕组和换向器等组成。

（1）电枢铁芯

电枢铁芯的主要作用有两个：一是作为电机主磁路的一部分，起传导磁通的作用；二是作为嵌放电枢绕组的骨架，起支撑作用。

为了降低电机运行时产生的涡流损耗和磁滞损耗，电枢铁芯通常采用 0.5mm 厚、两面涂有绝缘漆的硅钢冲片叠压而成，其形状如图 5.19 所示。叠成的铁芯固定在转轴或转子支架上，铁芯的外圆开有电枢槽，槽内嵌放电枢绕组。

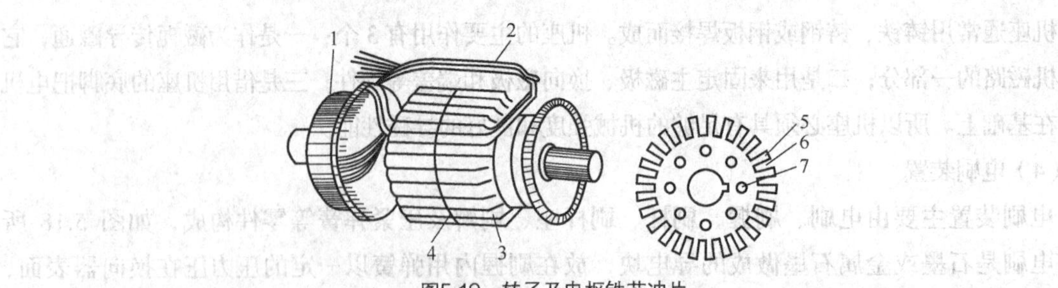

图5.19　转子及电枢铁芯冲片

1—换向器；2—电枢绕组元件；3—电枢铁芯；4—径向通风道；5—齿；6—槽；7—轴向通风孔

（2）电枢绕组

电枢绕组由许多线圈按一定规律连接而成，如图 5.20 所示。线圈用高强度漆包线或玻璃丝包扁铜线绕成。不同线圈的线圈边分上下两层嵌放在电枢槽中，线圈与铁芯之间和上、下两层线圈边之间都必须妥善绝缘。为防止离心力将线圈边甩出槽外，槽口用槽楔固定，如图 5.21 所示。电枢绕组的一端装有换向器，换向器由许多铜质换向片组成一个圆柱体，换向片之间用云母绝缘。换向器是直流电动机的重要构造特征，换向器通过与电刷的摩擦接触，将两个电刷之间固定极性的直流电流变换成为绕组内部的交流电流，以便形成固定方向的电磁转矩。

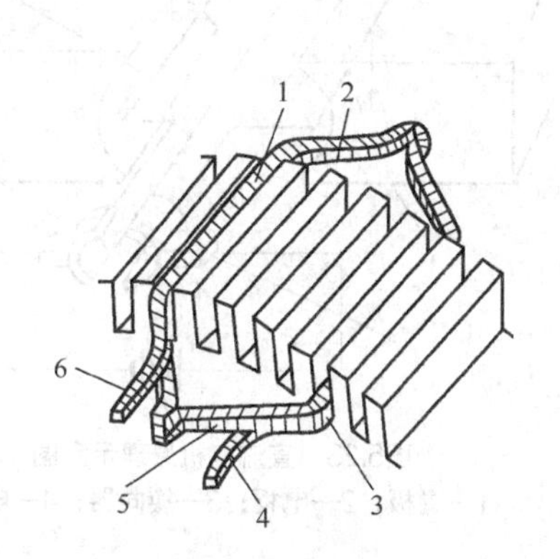

图5.20　线圈槽内安放示意图

1—上层有效边；2、5—端接部分；3—下层有效边；4—线圈尾端；6—线圈首端

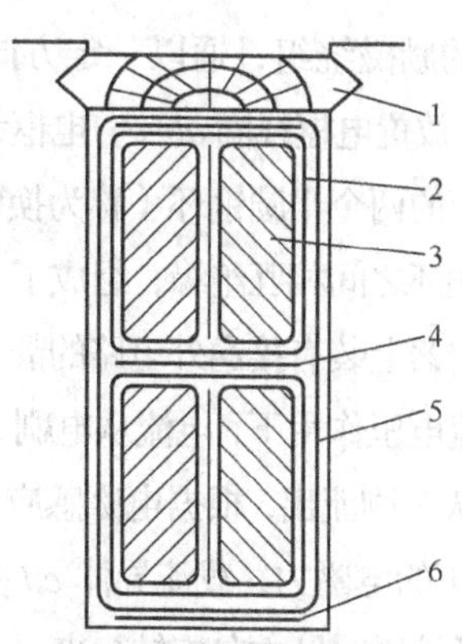

图5.21　电枢槽内绝缘

1—槽楔；2—线圈绝缘；3—导体；4—层间绝缘；5—槽绝缘；6—槽底绝缘

电枢绕组的作用：作为发电机运行时，产生感应电动势和感应电流；作为电动机运行时，通电后受到电磁力的作用，产生电磁转矩。

（3）换向器

换向器又称为整流子，是由许多楔形铜片组装而成，形成一个圆柱体，片与片之间用厚 0.4～1.2mm 的云母隔开，所有换向片与轴也是绝缘的，它装在电枢的一端。每一个换向片按一定规律与电枢线圈连接。换向器结构如图 5.22 所示，换向片的下部做成鸽尾形，两端用钢制 V 形套筒和 V 形云母环固定，再用螺母锁紧。换向器是直流电机的重要构造特征，换向器通过与电刷的摩擦接触，将两个电刷之间固定极性的直流电流变换成为绕组内部的交流电流，以便形成固定方向的电磁转矩。

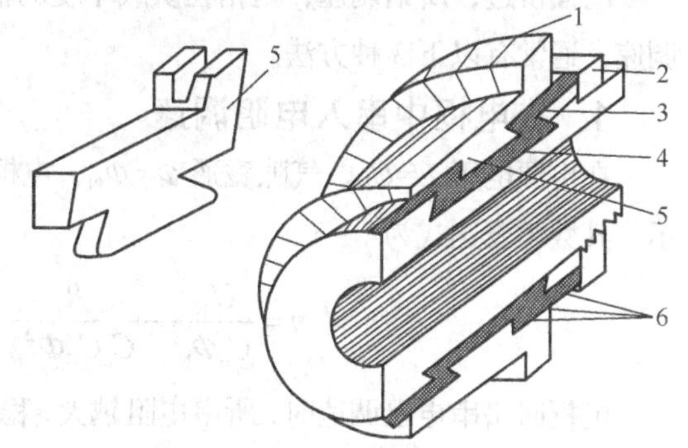

图5.22　换向器结构

1—片间云母；2—锁紧螺母；3—V形环；4—套筒；　5—换向片；6—云母绝缘

（4）转轴

转轴起电枢旋转的支撑作用，需有一定的机械强度和刚度，一般用圆钢加工而成。

3. 气隙

气隙是电机主磁极与电枢之间的间隙，小型电机气隙为 1～3mm，大型电机气隙为 10～12mm。气隙虽小，因空气磁阻较大，在电机磁路系统中有重要作用，其大小、形状对电机性能有很大的影响。

5.2.3 直流电机工作的原理

图 5.23 所示为直流电机原理示意图。在空间固定的主磁极 N、S 极（可以是永久磁铁产生，也可以对铁芯上的励磁绕组，通以一定方向的直流电流产生）之间，放置电枢线圈 *abcd*；电枢线圈两端分别与固定在轴上的两个半圆铜环（称为换向片）相连接。两个半圆铜环之间相互绝缘，组成了一个最简单的换向器。换向器上装有接通外电路的静止电刷 *A* 和 *B*。在外加直流电压作用下，电流从电刷 *A* 流入电枢线圈 *abcd* 后，从 *B* 刷流出，根据电磁感应定律，载流导体 *ab* 受到向下的电磁力，载流导体 *cd* 受到向上的电磁力，使转子按逆时针方向旋转起来。

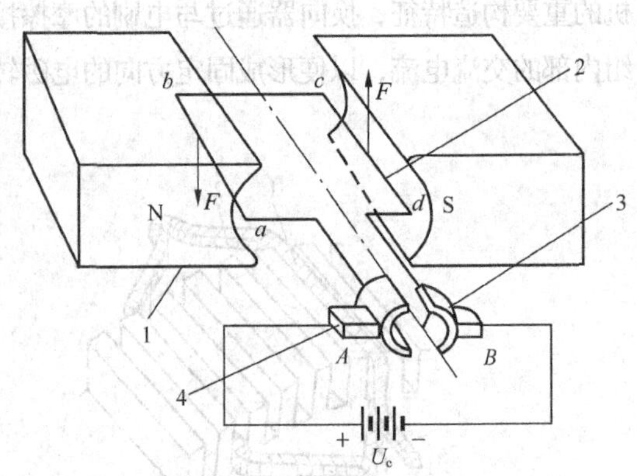

图5.23 直流电机原理示意图
1—磁极；2—电枢；3—换向器；4—电刷

5.2.4 直流电机的调速方法

前面讲过，所谓调速，是指在负载不变的情况下，人为地改变电机的转速的方法。直流电机的调速，通常有以下 3 种方法。

1. 在电枢中串入电阻调速

在电源电压 $U=U_N$，气隙磁通 $\Phi=\Phi_N$，电枢外串电阻时，$n=f(T)$的机械特性曲线，如图 5.24 所示。其数学表达式为

$$n=\frac{U_N}{C_e\Phi_N}-\frac{R_a}{C_eC_T\Phi_N^2}T=n_0-\beta_N T=n_0-\Delta n_N \quad (5\text{-}2)$$

电枢回路串电阻调速时，所串电阻越大，稳定运行转速越低。所以，这种方法只能在低于额定转速的范围内调速。电枢电路串电阻调速，设备简单，但串入电阻后机械特性变软，转速稳定性较差，电阻上的功率损耗较大。

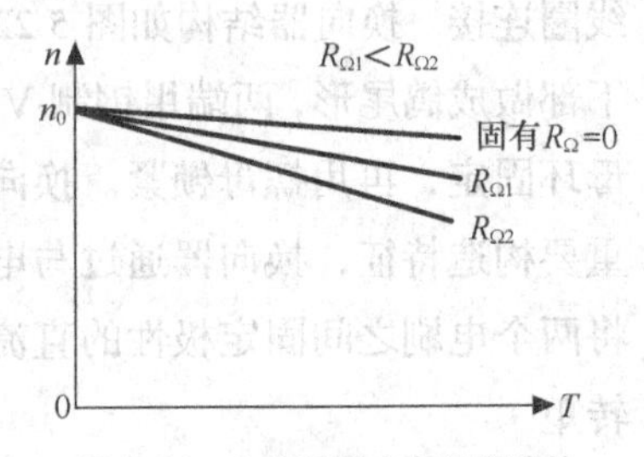

图 5.24 电枢回路串电阻调速的机械特性曲线

2. 改变电枢电压调速

在气隙磁通 $\Phi=\Phi_N$，电枢外串电阻 $R_\Omega=0$，改变电枢端电压时，$n=f(T)$的机械特性曲线，如图 5.25 所示。其数学表达式为

$$n=\frac{U}{C_e\Phi_N}-\frac{R_a}{C_eC_T\Phi_N^2}T=\frac{U}{C_e\Phi_N}-\beta_N T \quad (5\text{-}3)$$

由转速特性方程知：调节电枢电压 U、n_0变化，但斜率不变，所以调速特性是一组平行曲线。

3. 减少气隙磁通调速

在电源电压 $U=U_N$，电枢外串电阻 $R_\Omega=0$，改变气隙磁通 Φ 时，$n=f(T)$的机械特性曲线，如图 5.26

所示。其数学表达式为

$$n=\frac{U_N}{C_e\Phi}-\frac{R_a}{C_eC_r\Phi^2}T \tag{5-4}$$

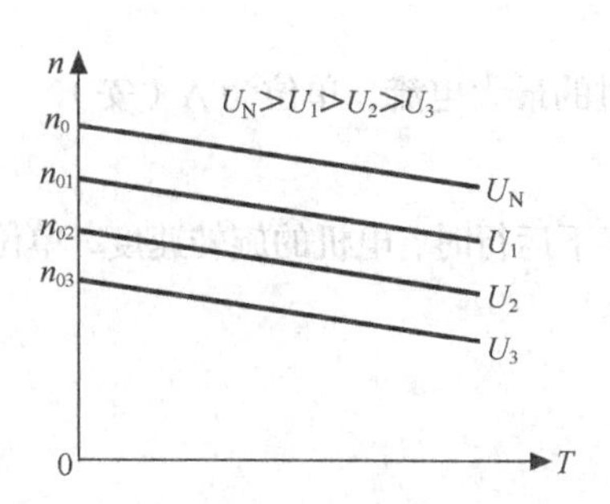

图 5.25 改变电枢电源电压调速的机械特性曲线

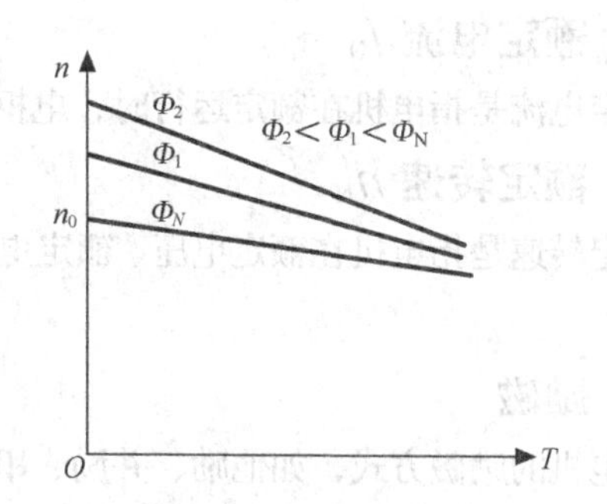

图 5.26 减小气隙磁通调速的机械特性曲线

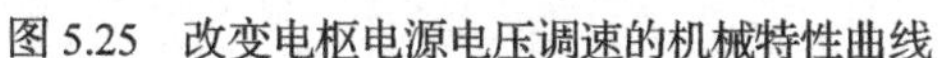

5.2.5 直流电机的铭牌

电机制造厂按照国家标准，根据电机的设计和试验数据而规定的每台电机的主要数据称为电机的额定值。额定值一般标在电机的铭牌上或产品说明书上。表 5.2 所示为某厂生产的 Z2-31 型直流电机的铭牌数据。

表 5.2 电机的铭牌

型　　号	Z2-31	励　　磁	并　励
额定功率	1.1kW	励磁电压	110V
额定电压	110V	励磁电流	0.895A
额定电流	13.3A	定额	连续
额定转速	1000r/min	温升	75℃
出厂编号—××××××		出厂日期　×年　×月	
中国　×××电机厂			

1. 型号

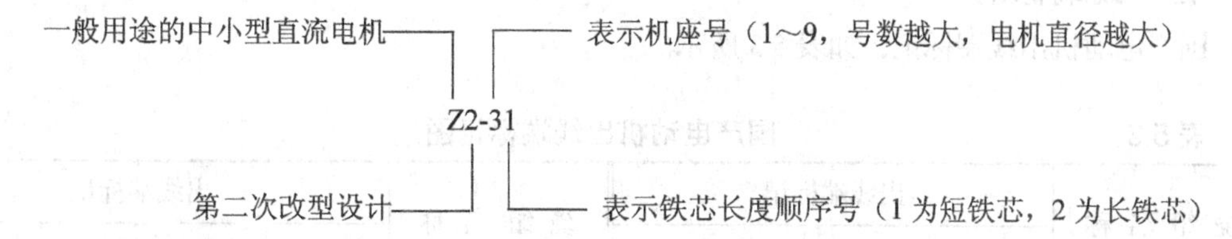

2. 额定功率 P_N

额定功率是指电机在额定运行时的输出功率。对电动机来说，是指轴上输出的机械功率；对发电机来说，是指电枢输出的电功率，单位为 kW（千瓦）。

3. 额定电压 U_N

额定电压是指电枢绕组能够安全工作的最大输入电压（电动机）或输出电压（发电机），单位为V（伏）。

4. 额定电流 I_N

额定电流是指电机在额定运行时，电枢绕组允许流过的最大电流，单位为A（安）。

5. 额定转速 n_N

额定转速是指电机在额定电压、额定电流和额定功率下运行时，电机的旋转速度，单位为r/min（转/分）。

6. 励磁

指电机的励磁方式，如他励、并励、串励和复励等。

7. 励磁电压 U_f

对并励电机来说，励磁电压就等于电机的额定电压；对他励电机来说，励磁电压要根据使用情况决定。

8. 励磁电流 I_f

指电机产生主磁通所需要的最大允许励磁电流。

9. 定额

指电机按铭牌数值工作时可以连续运行的时间和顺序。定额分为连续定额、短时定额、断续定额3种，如铭牌上标有“连续”，表示电机可不受时间限制连续运行。

10. 温升 T_N

表示电机允许发热的限度。一般将环境温度定为40℃，如温升80℃，则电机温度不可超过80℃+40℃=120℃，否则，电机就要缩短使用寿命。温升限度取决于电机采用的绝缘材料。

11. 额定效率 η_N

电机在额定状态工作时，输出功率 P_2 与输入功率 P_1 的百分比值。额定功率与额定电压和额定电流的关系如下：

$$\text{直流电机}\quad P_N=U_N I_N \eta_N \times 10^{-3}\ \text{kW} \tag{5-5}$$

$$\text{直流发电机}\quad P_N=U_N I_N \times 10^{-3}\ \text{kW} \tag{5-6}$$

12. 线端标记

国产电动机出线端标记，如表5.3所示。

表5.3 国产电动机出线端标记图

绕组名称	出线端标记		绕组名称	出线端标记	
	始端	末端		始端	末端
电枢绕组	A1 或 S1	A2 或 S2	并励绕组	E1 或 B1	E2 或 B2
换向极绕组	B1 或 H1	B2 或 H2	他励绕组	F1 或 T1	F2 或 T2
串励绕组	D1 或 C1	D2 或 C2			

此外，铭牌上还标有励磁方式、额定励磁电压、额定励磁电流和绝缘等级等参数。

直流电机运行时，是否处于额定运行状态，是由负载大小来决定的。当电机的电流等于额定电流时，称为额定运行，也称为满载运行。在额定运行状态下，电机利用充分，运行可靠，并具有良好的性能。当电机的电流小于额定电流时，称为欠载运行。在欠载运行状态下，电机利用不充分、效率低。当电机的电流大于额定电流时，称为过载运行。在过载运行状态下，易引起电机过热损坏。根据负载选择电机时，最好使电机接近于额定运行。

5.2.6　直流电机的分类

励磁绕组和电枢绕组之间的连接方式称为励磁方式。直流电机的运行性能与它的励磁方式有很大关系，下面介绍 4 种励磁方式。

1. 他励方式

励磁绕组单独由其他直流电源供电的方式称为他励方式。

他励方式中，励磁绕组和电枢绕组无电路上的联系，励磁电流 I_f 由独立的直流电源供电，与电枢电流 I_a 无关。

对发电机而言，如图 5.27（a）所示，负载电流 I 是指流经发电机负载的电流；

对电动机而言，如图 5.27（b）所示，负载电流 I 是指电源输入电动机的电流。

他励直流电机的电枢电流 I_a 与负载电流 I 相等，即 $I_a=I$。

2. 并励方式

励磁绕组与电枢绕组并联的方式称为并励方式。

对发电机而言，如图 5.28（a）所示，励磁电流由发电机自身提供，$I_a=I+I_f$。

对电动机而言，如图 5.28（b）所示，励磁绕组与电枢绕组并接于同一外加电源，励磁电流由外加电源提供，$I_a=I-I_f$。

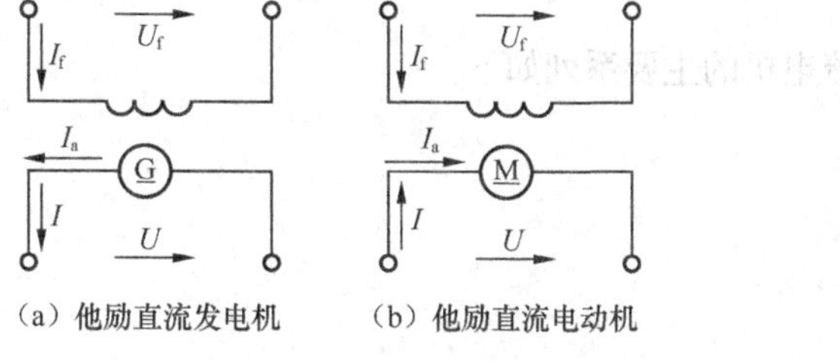

（a）他励直流发电机　（b）他励直流电动机

图5.27　他励直流电机的励磁方式

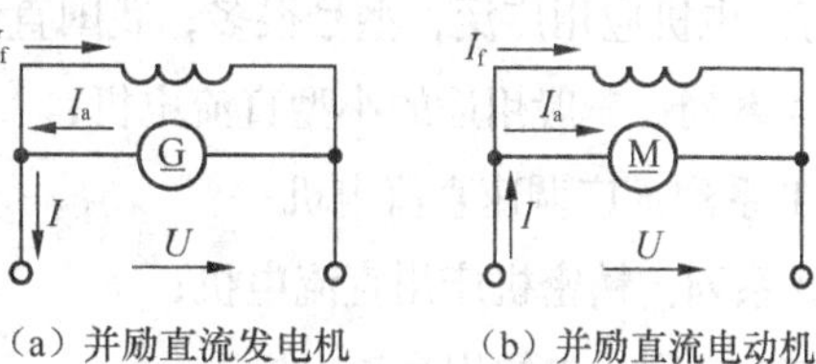

（a）并励直流发电机　（b）并励直流电动机

图5.28　并励直流电机的励磁方式

3. 串励方式

励磁绕组与电枢绕组串联再接通直流电源的方式称为串励方式。

串励方式中励磁绕组和电枢绕组串联，$I_a=I=I_f$。

对发电机而言，如图 5.29（a）所示，励磁电流由发电机自身提供。

对电动机而言，如图 5.29（b）所示，励磁绕组与电枢绕组串接于同一外加电源，励磁电流由外加电源提供。

4. 复励方式

两个励磁绕组，一个和电枢并联，另一个和电枢串联，这种励磁方式为复励方式，一般包括积复励和差复励。串励绕组产生的磁势与并励磁势方向相同时称为积复励；两者磁势方向相反时称为差复励。

图 5.30（a）所示为复励直流发电机，图 5.30（b）所示为复励直流电动机。

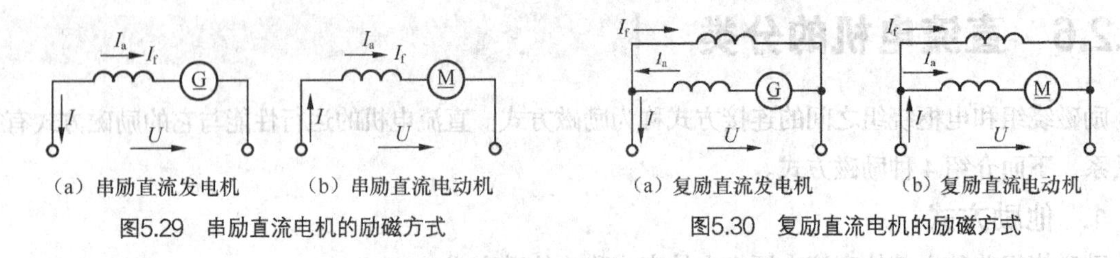

（a）串励直流发电机　（b）串励直流电动机

图5.29　串励直流电机的励磁方式

（a）复励直流发电机　（b）复励直流电动机

图5.30　复励直流电机的励磁方式

直流电动机的主要种类、性能特点及典型应用如表 5.4 所示。

表 5.4　直流电动机的主要种类、性能特点及典型应用

电动机种类		主要性能特点	典型生产机械举例
直流电动机	他励、并励	机械特性硬、启动转矩大、调速范围宽、平滑性好	调速性能要求高的生产机械，如大型机床（车、铣、刨、磨、镗）、高精度车床、可逆轧钢机、造纸机、印刷机等
	串励	机械特性软、启动转矩大、过载能力强、调速方便	要求启动转矩大、机械特性软的机械，如电车、电气机车、起重机、吊车、卷扬机、电梯等
	复励	机械特性硬度适中、启动转矩大、调速方便	

5.2.7 直流电机的主要系列

直流电机应用广泛，型号很多，我国直流电机的主要系列如下。

Z4 系列：一般用途的小型直流电机；

ZT 系列：广调速直流电机；

ZJ 系列：精密机床用直流电机；

ZTD 系列：电梯用直流电机；

ZZJ 系列：起重冶金用直流电机；

ZD2、ZF2 系列：中型直流电机；

ZQ 系列：直流牵引电机；

Z-H 系列：船用直流电机；

ZA 系列：防爆安全用电机；

ZLJ 系列：力矩直流电机。

5.3 伺服电动机

伺服电动机的作用是将输入的电信号转换为轴上的角位移或角速度输出，以驱动控制对象。接收的电信号称为控制信号或控制电压，改变控制电压的大小和极性，就可以改变伺服电动机的转速和转向。自动控制系统对伺服电动机提出以下要求：

① 无自转现象，即当控制电压为零时，电动机应迅速自行停转；

② 具有较大斜率的机械特性，在控制电压改变时，电动机能在较宽的转速范围内稳定运行；

③ 具有线性的机械特性和调节特性，以保证控制精度；

④ 快速响应性好，即伺服电动机的转动惯量小。

伺服电动机分为直流伺服电动机和交流伺服电动机两大类。

5.3.1 直流伺服电动机

直流伺服电动机是将输入的直流电信号转换成机械角位移或角速度信号的装置。直流伺服电动机具有良好的启动、制动和调速性能，可以在较宽的范围内实现平滑无极的调速，因而适用于调速性能要求较高的场合。图 5.31 所示为直流伺服电动机的实物图。

（a）宽调速永磁直流伺服电动机

（b）SZ 系列直流伺服电动机

图5.31 直流伺服电动机实物图

1. 直流伺服电动机的结构

直流伺服电动机按定子励磁方式可分为永磁式和电磁式两种。以永久磁铁作磁极（省去了励磁绕组）的直流伺服电动机，为永磁式直流伺服电动机；在定子的励磁绕组上用直流电流进行励磁的直流伺服电动机，为电磁式直流伺服电动机。直流伺服电动机的剖面图如图 5.32 所示。

由于伺服电动机电枢电流很小，换向并不困难，因此不装设换向磁极。为了减少惯性，其转子做得细而长。此外，定子和转子间气隙较小。永磁式直流伺服电动机定子磁极是由永久磁铁或磁钢做成；电磁式直流伺服电动机的定子由硅钢片冲制叠压而成。磁极和磁轭整体相连，电枢绕组和磁极绕组由两个独立电源供电，它实质上就是一台他励直流电动机，目前国产 SZ 系列都属于此类。

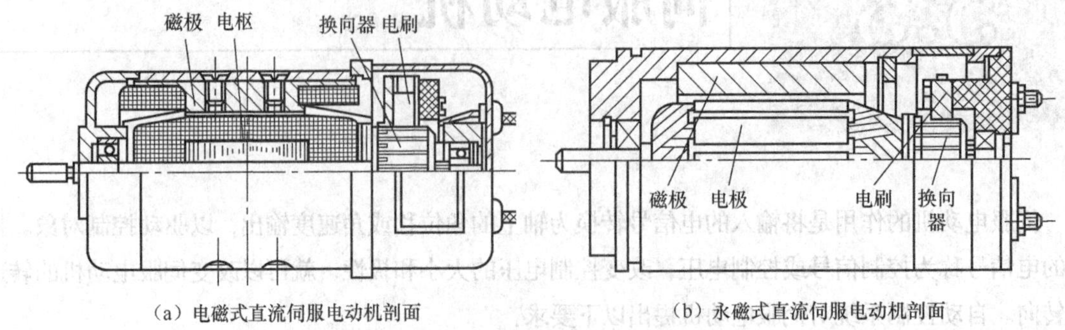

（a）电磁式直流伺服电动机剖面　　（b）永磁式直流伺服电动机剖面

图5.32　直流伺服电动机剖面图

2. 直流伺服电动机的工作原理

直流伺服电动机的工作原理与一般直流电动机相同。以他励式直流伺服电动机为例，当分别给励磁绕组和电枢绕组通电，励磁绕组中的励磁电流 I_f，在气隙中建立磁通 Φ，Φ 与电枢电流 I_a 相互作用产生电磁转矩 T。当电枢电流或励磁电流为零时，电磁转矩为零，电动机停转。这样可保证直流伺服电动机无自转现象。

直流伺服电动机的控制方式有两种：电枢控制和磁场控制。

电枢控制是指励磁绕组加恒定励磁电压 U_f，电枢加控制电压 U_c，当负载恒定时，改变电枢电压的大小和极性。同直流电动机一样，伺服电动机的转速和转向随之改变。磁场控制是指励磁绕组加控制电压，而电枢绕组加恒定电压。同样，改变励磁电压的大小和极性，也可使电动机的转速和转向改变。由于电枢控制方式的特性好，电枢回路的电感小而响应迅速，因此自动控制系统中多采用电枢控制。

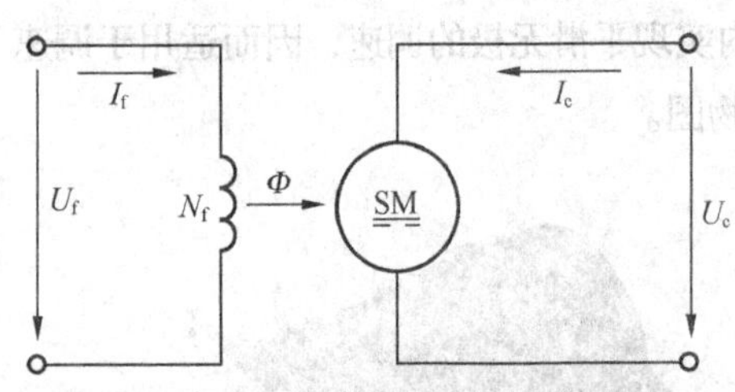

图5.33　电枢控制的直流伺服电动机原理图

电枢控制的原理图，如图 5.33 所示。

3. 直流伺服电动机的主要特性

下面以电枢控制方式为例，介绍直流伺服电动机的主要特性。

（1）机械特性

机械特性是指励磁电压 U_f 恒定、电枢绕组上的控制电压 U_c 为定值时，伺服电动机转速 n 与电磁转矩 T 之间的函数关系，即 $n=f(T)$，如图 5.34 所示。

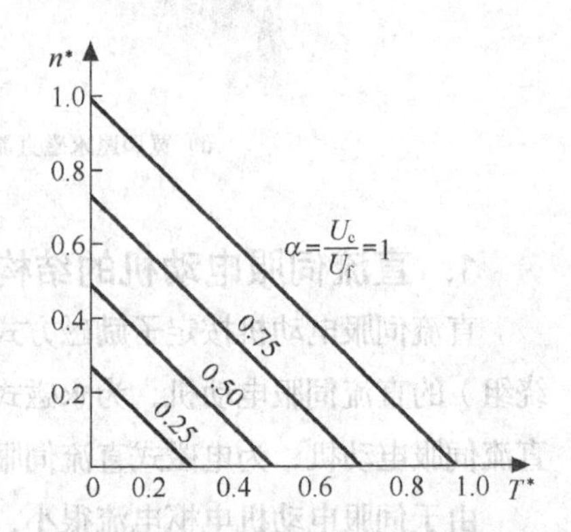

图5.34　直流伺服电动机的机械特性

从图 5.34 所示的机械特性可以看出：

① 机械特性是线性的；

② 在控制电压 U 一定的情况下，转速越高，电磁转矩越小；

③ 当控制电压为不同值时，机械特性为一族平行线；

④ 机械特性线性度越高，则系统的启动误差越小。

图中 α 为信号系数，$\alpha=\dfrac{U_c}{U_f}$；n^* 为转速相对值，$n^*=\dfrac{n}{n_B}$，n_B 为转速基值；T^* 为转矩相对值，$T^*=\dfrac{T}{T_B}$，T_B 为转矩基值。

（2）调节特性

调节特性是指在一定励磁条件下，当输出转矩 T 恒定时，伺服电动机转速 n 随控制系数 α 的变化关系，也就是与电枢的控制电压 U_c 的变化关系，即 $n=f(\alpha)$，如图 5.35 所示。

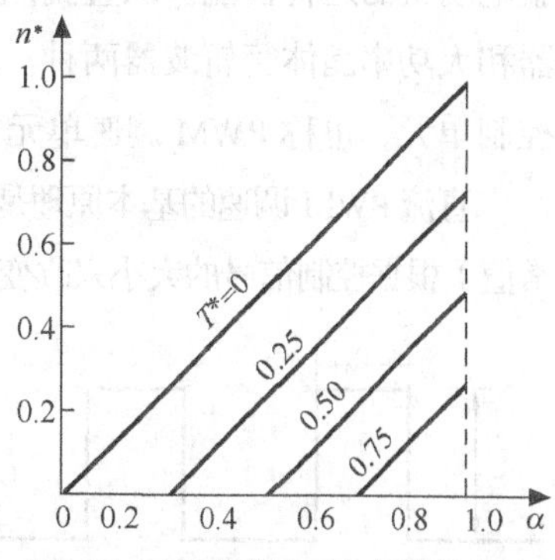

图5.35 直流伺服电动机的调节特性

调节特性也是线性的。在负载转矩一定时，控制电压 U_c 大，转速就高，转速与控制电压成正比，当 $U_c=0$ 时，$n=0$，电动机停转，无自转现象。所以直流伺服电动机的可控性好。

调节特性与横坐标的交点，表示在一定负载转矩时电动机的启动电压。当负载转矩一定时，伺服电动机若要顺利启动，控制电压应大于相应的启动电压；反之，控制电压小于相对应的启动电压时，由于电动机的电磁转矩小于负载转矩，伺服电动机就不能正常启动。所以，调节特性曲线的横坐标从原点到启动电压点的这一段范围，称为某一负载转矩时伺服电动机的失灵区。显然，失灵区的大小与负载转矩成正比。

调节特性的线性度越高，系统的动态误差越小。

（3）空载始动电压

在空载和一定励磁条件下，使转子在任意位置开始连续旋转所需的最小控制电压称为空载始动电压，用 U_{s0} 表示。U_{s0} 一般为额定电压的 2%～12%。小机座号、低电压的电动机 U_{s0} 较大。U_{s0} 小表示伺服电动机的灵敏度高。

（4）机电时间常数

电动机在空载和额定的励磁电压下，加以阶跃的额定控制电压，转速从零升到空载转速的 63.2% 所需时间称为机电时间常数，用 τ_j 表示。一般 $\tau_j<0.03$s，τ_j 小，可提高系统的快速性。

从以上特性可知，直流伺服电动机具有良好的线性调节特性及快速的时间响应。

4. 直流伺服电动机的型号说明及选用原则

直流伺服电动机的铭牌参数，类似于其他直流电动机。下面为 SZ 系列直流伺服电动机的型号说明。

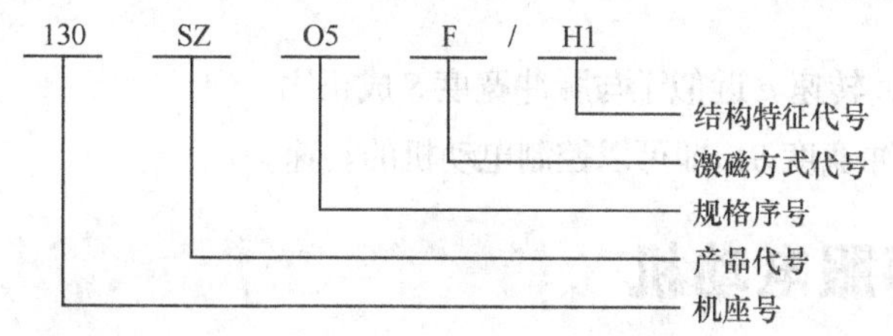

直流伺服电动机分为有刷和无刷电动机：有刷电动机成本低、结构简单、启动转矩大、调速范围宽，但是需要维护（换碳刷），它适用于成本低廉、对控制精度要求不高的场合；无刷电动机体积

小、响应快、转动平滑，力矩稳定，但是控制方法比较复杂，它适用于控制精度要求高、需要实现智能化控制的场合。

电机选择，要注意选择电机的额定电压、额定转矩、额定转速机及座号等参数，并确定其型号。对于特殊用途电机还要注明使用条件和特殊要求等。

5. 直流伺服电动机的调速

直流伺服电动机是在其速度控制单元的控制下运转的，速度控制单元的性能直接决定了直流伺服电动机的运行性能。从直流伺服电动机速度控制单元主回路的类型分类，主要有晶闸管相控整流器和大功率晶体管斩波器两种。从性能上看，后者大大优于前者。采用大功率晶体管斩波器的速度控制单元，也称 PWM 调速单元，为脉冲宽度调制（pulse width modu1ation）的缩写。

直流 PWM 调速的基本原理是利用大功率晶体管作为斩波器（其电源为直流固定电压，开关频率也为常值）根据控制信号的大小来改变每一周期内“接通”和“断开”的时间长短，即改变“接通”脉宽，使直流电动机电枢上电压的“占空比”改变，从而改变其平均电压，完成电动机的转速控制。

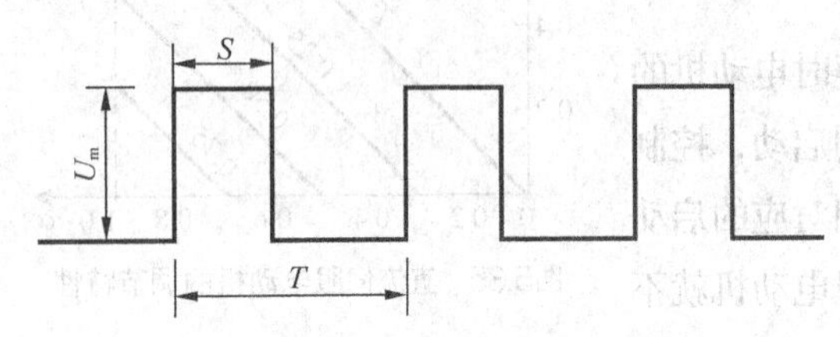

图5.36 电动机电枢两端PWM脉冲电压

如图 5.36 所示，直流电动机电枢两端电压 $u(t)$ 是一串方波脉冲。脉冲的幅值 U_m 是常数，周期 T 是常数，脉冲宽度 S 是可变的。很明显，电压 $u(t)$ 的平均值（直流分量）U_d 可由下式算出：

$$U_d = U_m \frac{S}{T} \tag{5-7}$$

若忽略电动机电枢内阻 R_a 上的电压降，电枢回路静态方程式为

$$U_d \approx E \tag{5-8}$$

式中的 E 为反电动势，而

$$U_m \frac{S}{T} \approx E = C_e \Phi n \tag{5-9}$$

从而可得

$$n = \frac{U_m S}{T C_e \Phi} \tag{5-10}$$

式中，C_e——电动机电磁结构常数；

Φ——励磁电通。

由式（5-10）可见，转速 n 近似于与脉冲宽度 S 成正比。

因此，通过控制脉冲宽度 S，即可以控制电动机的转速。

5.3.2 交流伺服电动机

虽然直流伺服电动机具有良好的启动、制动和调速特性能，可以很方便地在宽范围内实现平

滑无极调速，但直流伺服电动机也存在一些固有的缺点，如电刷和换向器易磨损，需经常维护。换向器换向时会产生火花，使直流伺服电动机的最高速度受到限制，同时也使应用环境受到限制。而交流伺服电动机，特别是鼠笼式交流伺服电动机没有上述缺点，且转子惯量较直流伺服电动机小，使得动态响应更好，因而广泛应用于需要高稳速精度、快速动态响应的场合。图 5.37 所示为常用交流伺服电动机的实物图。

图5.37 交流伺服电动机实物图

1. 交流伺服电动机的结构

交流伺服电动机实际为两相异步电动机，其定子与异步电动机类似，如图 5.38（a）所示。定子槽内嵌有在空间相距 90° 电角度的两相绕组。一相作为励磁绕组 N_f，工作时接至交流励磁电源 U_f 上；另一相作为控制绕组 N_c，输入同频率的交流控制电压 U_c。

交流伺服电动机的转子主要有以下两种结构形式。

（1）笼型转子

这种笼型转子和三相异步电动机的笼型转子相似，交流伺服电动机的笼型转子的导条采用高电阻率的导电材料制造。另外，为了提高交流伺服电动机的快速响应性能，可把电动机做成细长型，以减小转子的转动惯量。

（2）空心杯转子

空心杯转子交流伺服电动机有两个定子，即外定子和内定子，如图 5.38（b）所示。外定子铁芯槽内安放有励磁绕组和控制绕组，而内定子一般不放绕组，仅作磁路的一部分。空心杯转子位于内外绕组之间，通常用非磁性材料（如铜、铝或铝合金）制成。在电机旋转磁场作用下，杯形转子内感应的涡流与主磁场作用产生电磁转矩，使杯形转子转动。

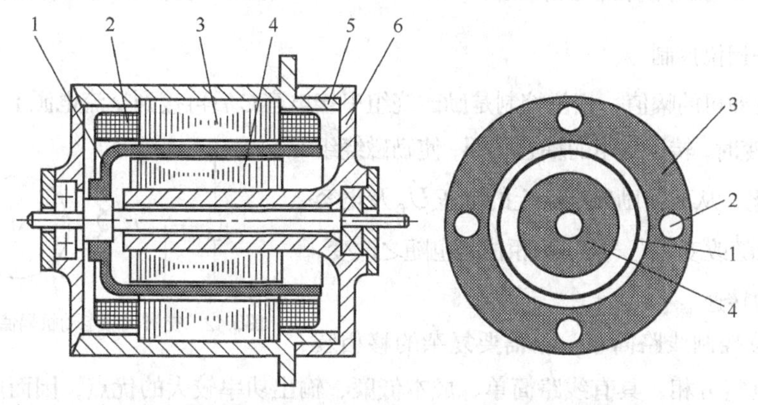

(a) 空心杯转子交流伺服电动机结构剖面图 (b) 杯形转子截面图

图5.38 交流伺服电动机结构示意图

1—空心杯转子；2—定子绕组；3—外定子铁芯；4—内定子铁芯；5—机壳；6—端盖

2. 交流伺服电动机的工作原理

如图 5.39 所示，交流伺服电动机的工作原理与单相异步电动机有相似之处。当交流伺服电动机的励磁绕组接到励磁电压$\dot{U}_f$上，若控制绕组加上控制电压$\dot{U}_c$上时，调节控制电流与励磁电流的相位和幅值，就会形成椭圆形旋转磁场，带动电动机的转子转动起来。

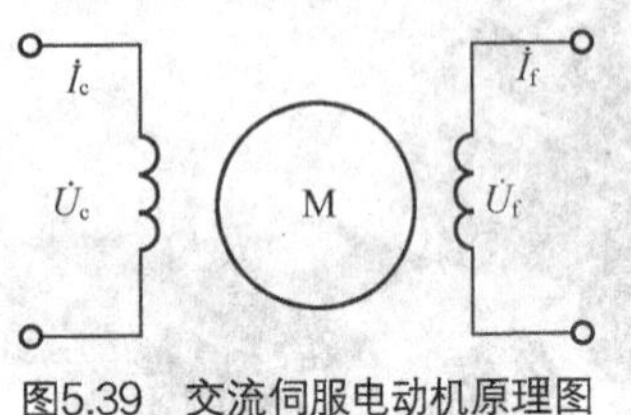

图5.39 交流伺服电动机原理图

交流伺服电动机的控制，通常由配套的交流伺服驱动器来控制，其控制方式主要有 3 种。

（1）幅值控制

幅值控制，即通过改变控制电压$\dot{U}_c$的大小来控制电机转速。如图 5.40 所示，控制电压$\dot{U}_c$与励磁电压$\dot{U}_f$之间的相位差始终保持 90° 电角度；控制电压$\dot{U}_c$与$\dot{U}_f$的幅值相等，相位相差 90° 电角度，且两绕组空间相差 90° 电角度。此时所产生的气隙磁通势为圆形旋转磁通势，产生的电磁转距最大；当控制电压小于励磁电压的幅值，所建立的气隙磁场为椭圆形旋转磁场，产生的电磁转矩减小，电机转速越慢。

（2）相位控制

相位控制，即改变控制电压$\dot{U}_c$与励磁电压$\dot{U}_f$之间的相位差来实现对电机转速和转向的控制，而控制电压的幅值保持不变。如图 5.41 所示，将励磁绕组直接接到交流电源上，而控制绕组经移相器后接到同一交流电压上，$\dot{U}_c$与$\dot{U}_f$的频率相同。而$\dot{U}_c$相位通过移相器可以改变，从而改变两者之间的相位差，改变$\dot{U}_c$与$\dot{U}_f$相位差的大小，可以改变电机的转速和转向。

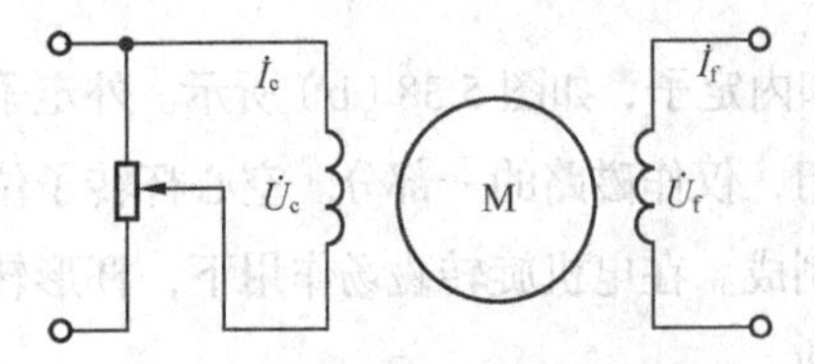

图5.40 交流伺服电动机幅值控制原理图

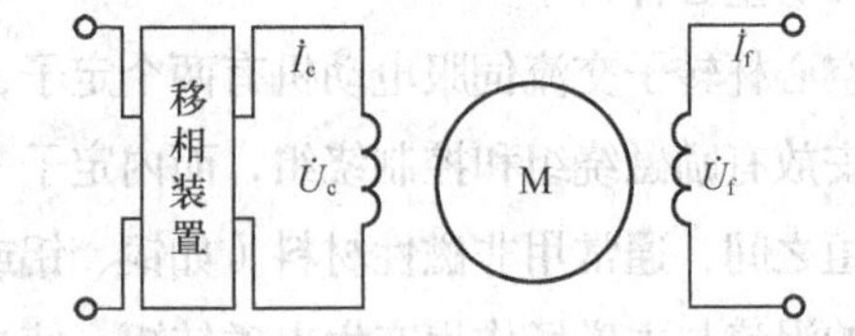

图5.41 交流伺服电动机相位控制原理图

（3）幅值—相位控制

交流伺服电动机的幅值—相位控制是励磁绕组串接电容C后再接到交流电源上。如图 5.42 所示，当$\dot{U}_c$的幅值改变时，转子绕组的耦合作用，使励磁绕组的电流$\dot{I}_f$也变化，从而使励磁绕组上的电压$\dot{U}_f$及电容C上的电压也跟随改变，$\dot{U}_c$与$\dot{U}_f$的相位差也随之改变，从而改变电机的转速。

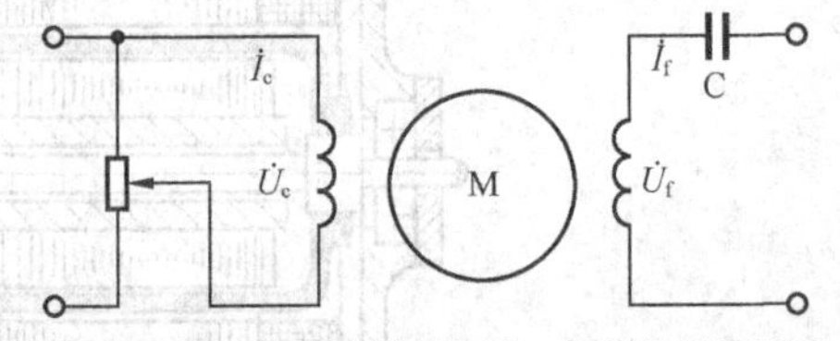

图5.42 交流伺服电动机幅值－相位控制原理图

幅度—相位控制线路简单，不需要复杂的移相装置，只需电容进行分相，具有线路简单、成本低廉、输出功率较大的优点，因而成为使用最多的控制方式。

3. 交流伺服电动机的主要特性

交流伺服电动机的机械特性和调节特性分别如图 5.43 和图 5.44 所示。

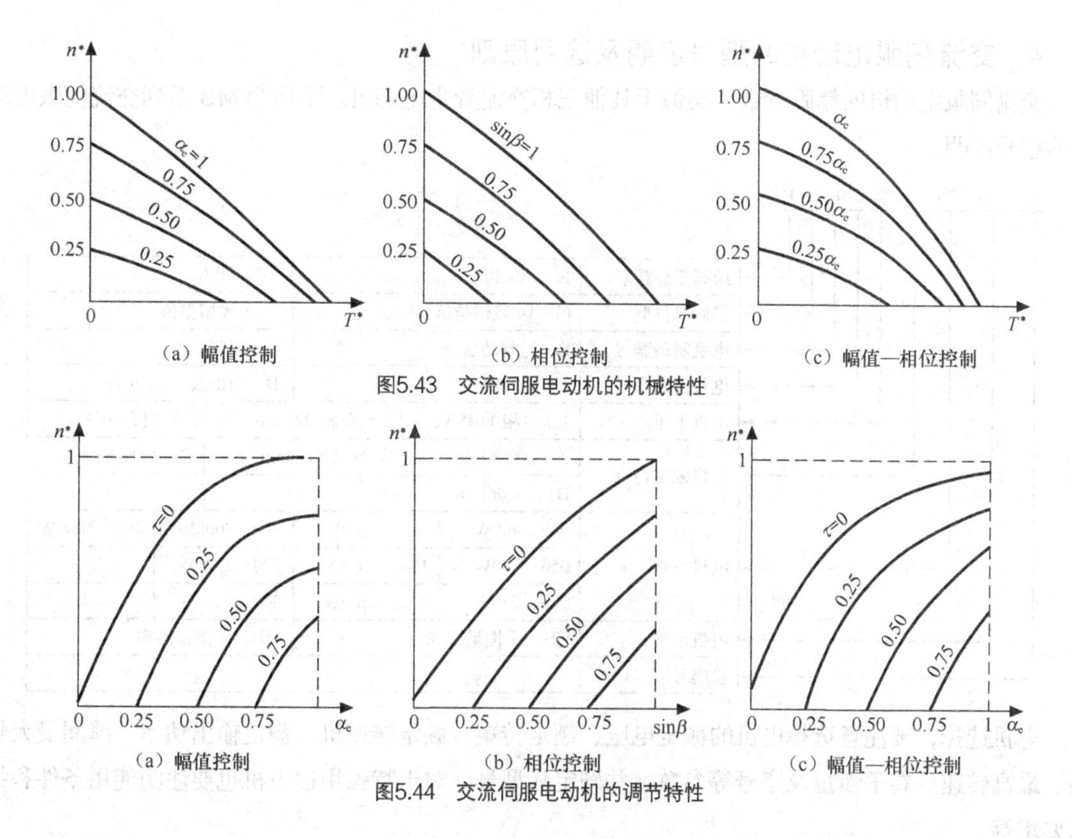

图5.43 交流伺服电动机的机械特性

图5.44 交流伺服电动机的调节特性

图中调节特性的横坐标 α_e 为绕组折算后的信号系数；$\sin\beta$ 为控制电压 $\dot{U}_c$ 和激磁电压 $\dot{U}_f$ 的相位差角 β 的正弦值。

从图中可看出：

① 交流伺服电动机的机械特性和调节特性都是非线性；

② 不论哪种控制方式，其机械特性曲线变化趋势与直流伺服电动机相同，即转速越高，电磁转矩越小；

③ 3 种控制方式的调节特性均表明，控制信号越小，转速越低，同时也存在着失灵区。

交流伺服电动机的 3 种控制方式的综合比较如表 5.5 所示。从机械特性和调节特性的线性度来比较，相位控制线性度最好，幅值—相位控制的线性度较差。但幅值—相位控制方式的设备简单，不需要复杂的移相装置，并有较大的输出功率和较小的控制功率，虽然机械特性和调节特性的线性度差一些，在实际上应用最为广泛。

表 5.5 3 种控制方式的综合比较

控制方式	机械特性非线性度	调节特性非线性度	输入功率	效率	控制线路组成	控制功率
幅值—相位控制	大	中	小	中	简单	大
幅值控制	中	大	小	高	一般	中
相位控制	小	小	大	低	复杂	小

4. 交流伺服电动机的型号说明及选用原则

交流伺服电动机的铭牌参数，类似于其他三相交流异步电动机。下面为MB系列交流伺服电动机的型号说明。

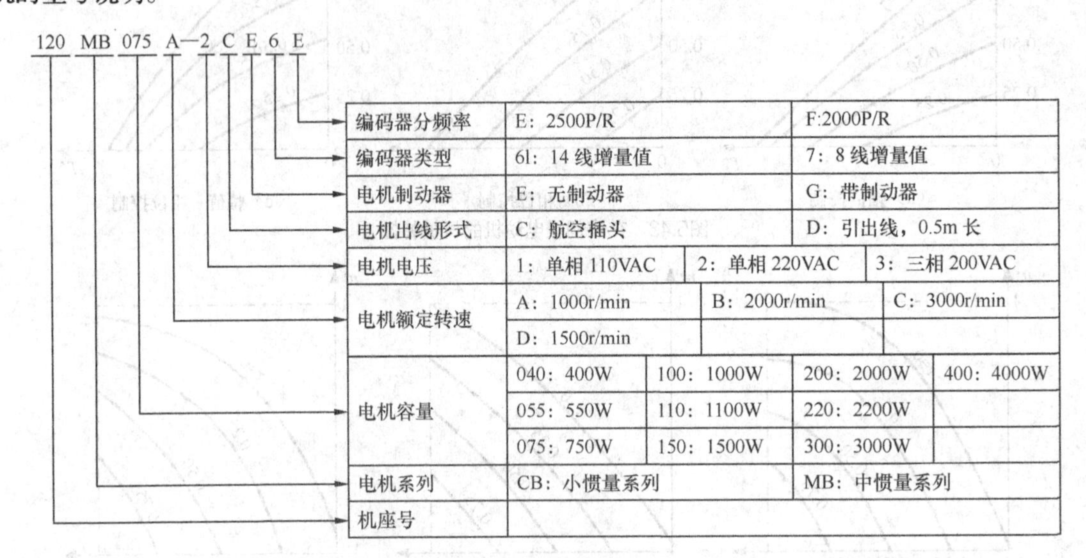

120 MB 075 A—2 C E 6 E

编码器分频率	E：2500P/R		F:2000P/R	
编码器类型	6l：14线增量值		7：8线增量值	
电机制动器	E：无制动器		G：带制动器	
电机出线形式	C：航空插头		D：引出线，0.5m长	
电机电压	1：单相110VAC	2：单相220VAC	3：三相200VAC	
电机额定转速	A：1000r/min	B：2000r/min	C：3000r/min	
	D：1500r/min			
电机容量	040：400W	100：1000W	200：2000W	400：4000W
	055：550W	110：1100W	220：2200W	
	075：750W	150：1500W	300：3000W	
电机系列	CB：小惯量系列		MB：中惯量系列	
机座号				

电机选择，要注意选择电机的额定电压、额定转矩、额定转速机、额定输出功率、瞬间最大转矩、最高转速、转子惯量及座号等参数，并确定其型号。对于特殊用途电机也要注明使用条件和特殊要求等。

5. 交流伺服电动机在机床进给伺服中的应用

由于交流伺服系统具有宽调速范围、高稳速精度、快速动态响应等技术性能，其动态、静态特性可与直流伺服系统相媲美，因此现代数控机床都倾向采用交流伺服驱动，并已有取代直流伺服驱动之势。图5.45所示为数控机床中常用的位置、速度、电流三环结构示意图。

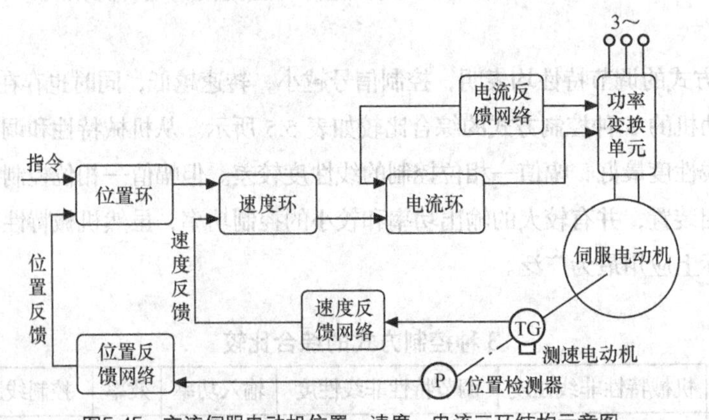

图5.45 交流伺服电动机位置、速度、电流三环结构示意图

目前，在数控机床进给伺服中采用的主要是永磁同步交流伺服系统，有3种类型，即模拟伺服形式、数字伺服形式和软件伺服形式。模拟伺服用途单一，只接收模拟信号。数字伺服可实现一机多用，如实现速度、力矩、位置控制，可接收模拟指令和脉冲指令，各种参数均以数

字方式设定，稳定性好，具有较丰富的自诊断、报警功能。软件伺服是将各种控制方式和不同规格、功率的伺服电机监控程序用软件实现。使用时，由用户设定代码与相关的数据便能自动进入工作状态。

随着电力电子器件不断向高频化方向发展，智能化功率模块得到普及与应用，使得交流伺服技术向着数字化、网络化发展。

步进电动机

步进电动机是一种用电脉冲信号进行控制，并将此信号转换成相应的角位移或线位移的控制电动机。步进电动机的转速不受电压波动和负载变化的影响，不受环境条件（温度、压力、冲击和振动等）的限制，仅与脉冲频率同步；能按控制脉冲的要求立即启动、停止、反转或改变转速，而且每一转都有固定的步数；在不失步的情况下运行时，步距误差不会长期积累。因此，在开环控制系统中应用很广。图 5.46 所示为 130BYG 二相混合式步进电动机。

图5.46　130BYG二相混合式步进电动机

5.4.1　步进电动机的工作原理

根据励磁方式的不同，步进电动机分为反应式、永磁式和感应子式（又叫混合式）。反应式步进电动机应用比较广泛，其工作原理比较简单，下面就以三相反应式为例，论述步进电动机的工作原理。

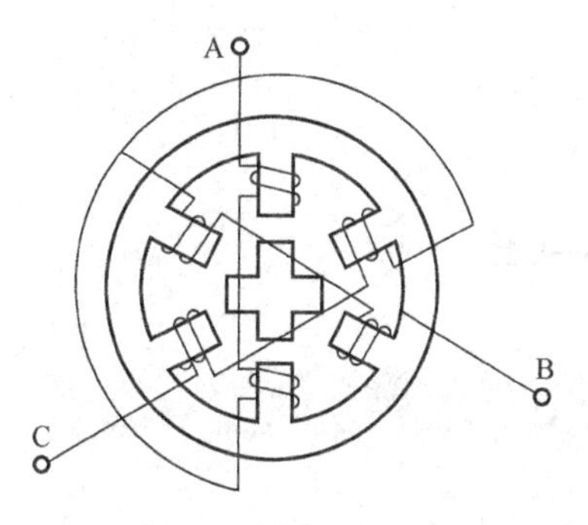

图5.47　步进电动机原理图

图 5.47 所示为三相反应式步进电动机原理图。步进电动机工作时，每相绕组由专门的驱动电源通过“环形分配器”按一定规律轮流通电，每来一个电脉冲，电动机就转动一个角度。

① A 相通电，A 方向的磁通经转子形成闭合回路。若转子和磁场轴线方向有一定角度，则在磁场的作用下，转子被磁化，吸引转子，使转子的位置力图使通电相磁路的磁阻最小，使转子、定子的齿对齐停止转动。A 相通电使转子 1、2 齿和 A—a 轴线对齐，如图 5.48（a）所示。

② B 相通电，A、C 相不通电时，转子 3、4 齿和 C—c 轴线对齐，则转子相对 A 相通电位置旋转 30°，如图 5.48（b）所示。

③ C 相通电，A、B 相不通电，转子 1、2 齿应与 B—b 轴线对齐，则转子相对 A 相通电位置旋转 60°，如图 5.48（c）所示。

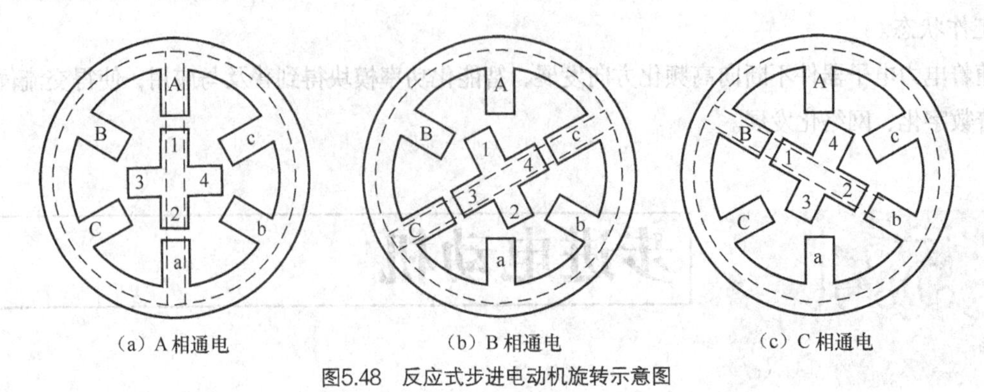

图5.48 反应式步进电动机旋转示意图

这样经过 A、B、C、A 分别通电状态，电机转子逆时针转过一个齿距，如果不断地按 A—B—C—A……通电，步进电动机就每步（每脉冲）30° 逆时针旋转。如果按 A—C—B—A……通电，电动机就反转。

由此可以得出结论：电动机转子的位置和速度由脉冲数和频率决定；而转子的旋转方向由通电顺序决定。

5.4.2 步进电动机的结构

如图 5.49 所示，步进电机主要由两部分构成：定子和转子。它们均由磁性材料构成，分别有 6 个、4 个磁极等。定子的 6 个磁极上有控制绕组，两个相对的磁极组成一相。

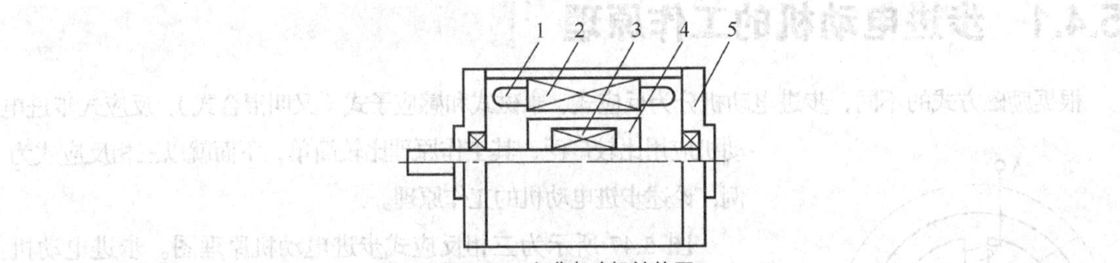

图5.49 步进电动机结构图

1—定子绕组；2—定子；3—永磁体；4—转子；5—端盖

5.4.3 步进电动机的特性

步进电动机的特性参数如下。

（1）步距角

步进电动机通过一个电脉冲转子转过的角度，称为步距角。

（2）转速

每输入一个脉冲，电机转过

$$\theta_s = \frac{360^\circ}{Z_r N} \tag{5-11}$$

因此每分钟转过的圆周数即转速为

$$n = \frac{60f}{Z_r N} = \frac{60f \times 360^\circ}{360^\circ Z_r N} = \frac{\theta_s}{6^\circ} f \ \text{(r/min)} \tag{5-12}$$

（3）自锁能力

当控制脉冲停止输入，而使最后一个脉冲控制的绕组继续通电时，电动机可以保持在固定位置。

5.4.4 步进电动机的分类及型号说明

1. 通常按励磁方式分为三大类

（1）反应式

转子为软磁材料，无绕组，定、转子开小齿，应用最广泛。

（2）永磁式

转子为永磁材料，转子的极数和每相定子极数相同，不开小齿，步距角较大，力矩较大。

（3）混合式

转子为永磁式开小齿。混合式的优点：转矩大、动态性能好、步距角小，但结构复杂，成本较高。

2. 步进电机的型号说明

步进电机的型号说明如下。

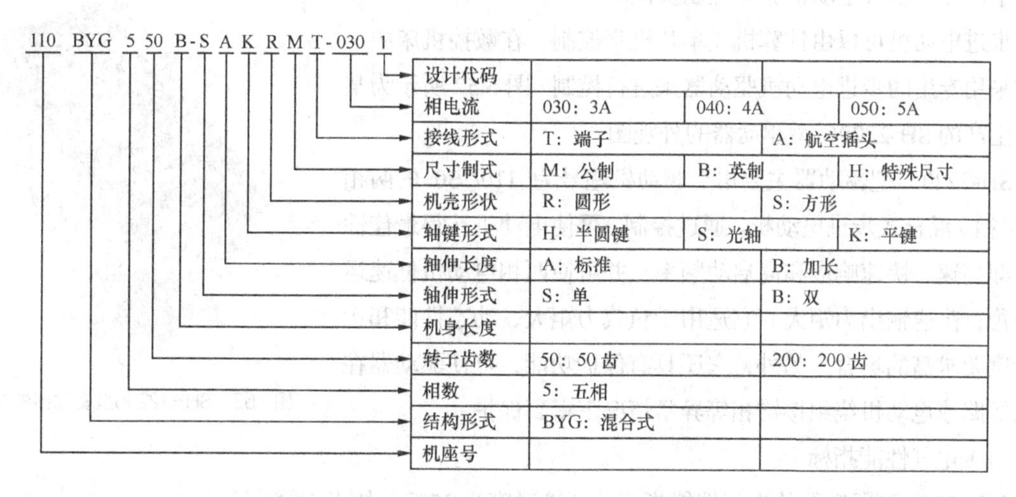

电机选择，要注意选择电机的步距角、静态相电流、相电阻、相电感、保持转矩、定位转矩、空载启动频率、转动惯量及座号等参数，并确定其型号。对于特殊用途的电机也要注明使用条件和特殊要求等。

3. 步进电动机的接线图

图5.50所示为二相混合式步进电机的接线图。在接线中，注意各线不能接错。

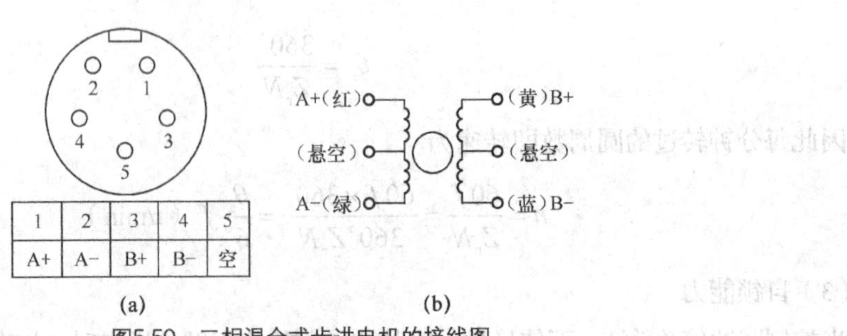

图5.50　二相混合式步进电机的接线图

5.4.5　步进电动机的应用实例

步进电动机是采用脉冲信号控制的方法，通过改变脉冲频率的高低，可以在较大范围内调节电动机的转速，并能实现快速启动、制动、反转；它具有自锁能力，不需要机械制动装置，主要用于精度要求高、运行可靠的数字控制系统中。步进电动机开环控制结构示意图如图 5.51 所示。

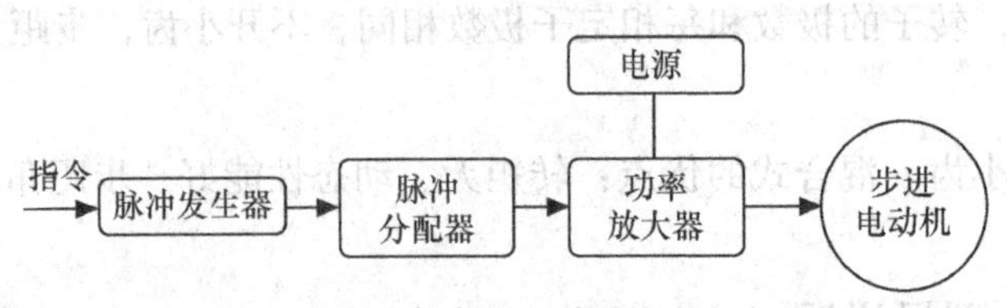

图5.51　步进电动机开环控制结构示意图

下面介绍步进电动机驱动控制实例。

步进电动机可以由计算机或单片机来控制。在数控机床中，通常采用专用的步进电动机驱动器来进行控制。图 5.52 所示为某公司生产的 SH-22206 型驱动器的外观图。

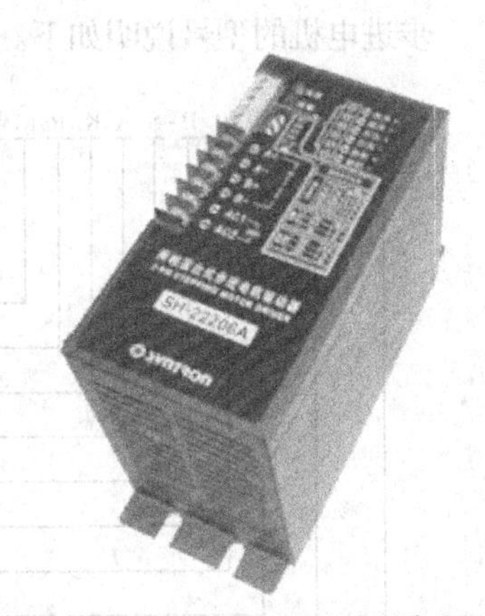
图5.52　SH-22206型驱动器外观图

SH-22206 型驱动器主要用于驱动机座号为 110/130 的两相（或四相）混合式步进电动机。通过控制，可使电动机获得最佳性能，即高速、快速响应和高启动频率，并可使两相电动机低速运行平稳，高速输出力矩大。它适用于负载力矩大、动态性能和运行速度要求高的场合。另外，它还具有保护功能，可使驱动器在输出短路或电动机绕组接错相等异常情况下得到保护。

（1）电气性能指标

SH-22206 型驱动器的电气性能指标（环境温度为 25℃）如表 5.6 所示。

表 5.6　SH-22206 型驱动器的电气性能指标

供电电源	单相 80～260V AC（典型值 220V AC），50Hz，容量 1kVA
输出电流	有效值最大 6A/相（可由面板电位器调整）
驱动方式	恒相流 PWM 控制

续表

励磁方式	整步二相四拍/半步二相八拍（由面板开关选择）
绝缘电阻	常温常压下 > 500MΩ
绝缘强度	常温常压下 1.5kV，1min

（2）功能及使用

① 电源电压。驱动器内部采用开关电源，使其能适应较宽的电压范围（80～260V AC，典型值为 220V AC）。一般来说，较高的电源电压有利于提高电机的高速力矩。但是，由于电网的异常波动和系统惯性负载的能量回馈，都会使内部电压瞬时升高。当其达到驱动器的过压阈值时，就会出现保护现象，频繁的保护会影响正常使用，因此电压的选择不是越高越好。

② 整步及改善半步运行模式。SH-22206 型驱动器可提供整步及改善半步两种运行模式，由驱动器面板开关设定。驱动器设定在“半步”状态下，可实现改善半步运行模式，即驱动整步步距角 1.8° 的两相电机时可实现每步 0.9° 的分辨率，即 400 步/转。

③ 双脉冲及单脉冲控制模式。由驱动器面板开关可以设定双脉冲或单脉冲两种控制模式。

④ 脱机（FREE）功能。通过脱机（FREE）信号输入端口，向驱动器输出脱机电平信号时，驱动器将切断电机绕组电流，使电机转子处于自由（脱机）状态。

⑤ 过流保护。当驱动器输出电流超过有效值（9A）时，过流保护电路动作，驱动器停止工作。当驱动器重新上电后，可恢复正常工作。

⑥ 过压保护。当驱动器输入电压超过 290V AC 时，输入侧压敏电阻起保护作用，此时压敏电阻击穿，保险丝熔断，驱动器停止工作；当电机处于制动状态，由于电机和负载能量回馈造成内部高压电容上电压超过 450V DC，内部过压保护电路动作，驱动器停止工作。

⑦ 试机功能。通过面板开关设定该功能。在无外部脉冲输入的情况下，实现电机恒速试运转，用来检验系统运行状况，脉冲频率为 10Hz。

（3）输入信号

① 正转脉冲信号。单脉冲控制方式时为步进脉冲信号；双脉冲控制方式时为正转步进脉冲信号。

② 反转脉冲信号。单脉冲控制方式时为电机转向控制信号，此时由控制机输出高/低电平信号来控制电机正反转；双脉冲控制方式时该信号端接收反转步进脉冲信号。

③ 脱机信号。该信号端接收控制机输出的高/低电平信号。当信号使驱动器该端内置光耦导通时，电机绕组相电流被切断，转子处于自由状态（脱机状态）。内置光耦截止时，电机处于锁定状态。

（4）输出信号

① 零位信号输出。整步运行方式时，每四拍输出一个脉冲；半步运行方式时，每八拍输出一个脉冲给控制机，同时零位信号指示灯亮一次。

② 故障信号输出。当驱动器出现过电流、过电压等故障时，驱动器封锁电流输出，同时由该端输出故障信号给控制机，故障指示灯亮。驱动器断电后重新上电，才能复位运行。

（5）外部指示灯

① 电源指示灯（绿色）。驱动器上电2s后一直亮。

② 零位信号指示灯（绿色）。整步运行每四拍亮一次，半步运行每八拍亮一次。

③ 脱机指示灯（绿色）。电机脱机时亮，正常运转时熄灭。

④ 故障指示灯（红色）。驱动器出现过流及过压故障时亮，直到驱动器断电时熄灭。

⑤ 高压电容充电指示灯（红色）。用于判断驱动器内部高压电容的充电状态。

（6）SH-22206型驱动器与步进电机的接线图

图5.53所示为驱动器与步进电机和控制机的接线图。

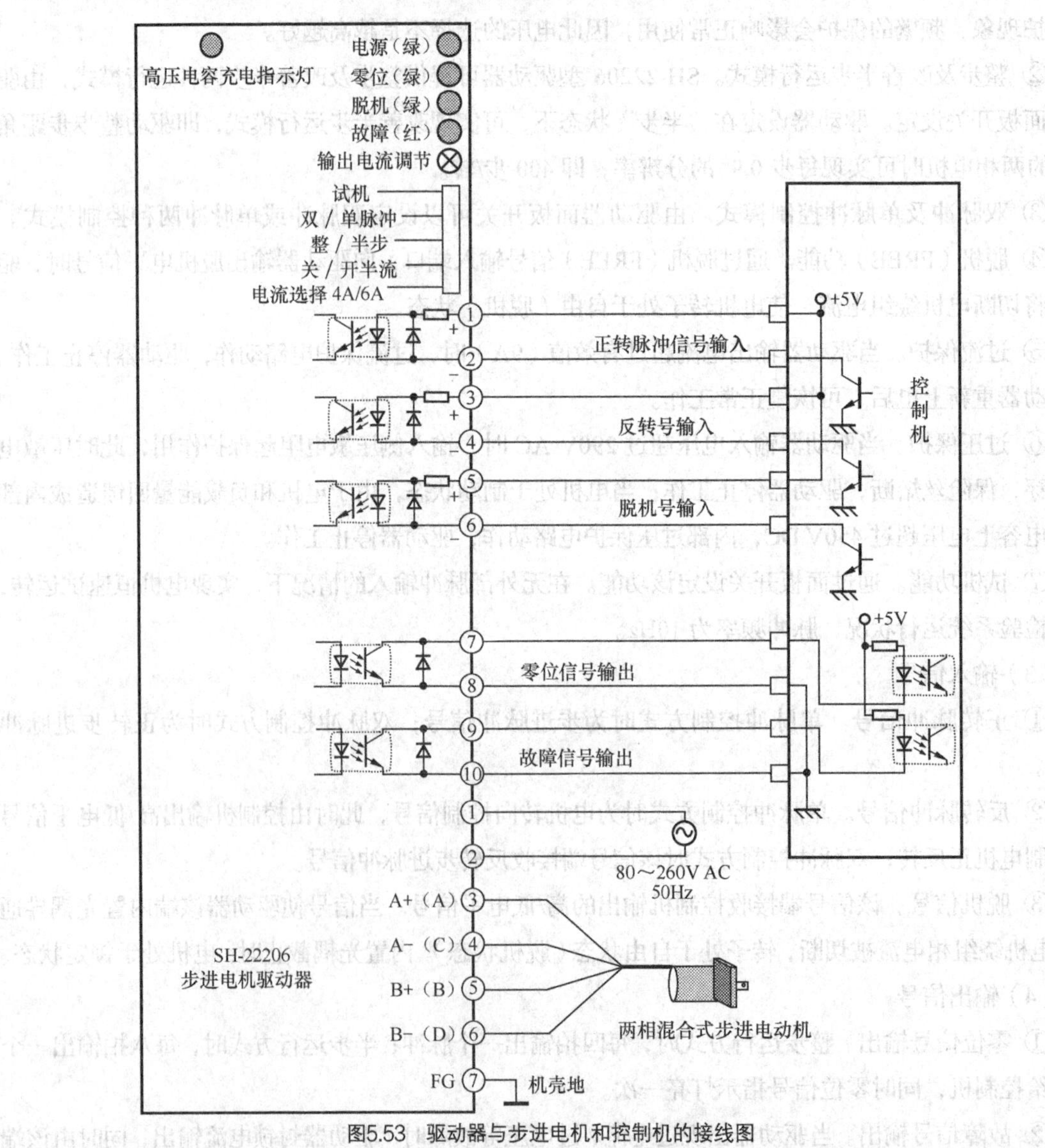

图5.53 驱动器与步进电机和控制机的接线图

除了在数控机床上的应用外，步进电动机也可以用在其他的机械上，如在计算机、照相机、打印机、绘图仪等精密数字化设备中作为驱动电动机。在数字化、信息化技术迅速发展的今天，步进电动机以其显著的特点在自动控制领域发挥着重大的用途。伴随着数字化技术在各个领域的应用，步进电动机的应用将越来越广泛。

5.5 检测电机

在实际生产中，需要检测电动机的旋转速度或检测电动机所转过的圈数，以获得电动机所拖动的直线位移量。在此介绍两个常用的检测元件：测速发电机和旋转变压器。

5.5.1 测速发电机

测速发电机是一种测量转速的电机，它将输入的机械转速转换为电压信号输出。表现为测速发电机的输出电压 U 与转速 n 成正比例关系，即

$$U=kn \tag{5-13}$$

式中，k——比例系数。

自动控制系统对测速发电机的主要要求如下。

① 输出电压与转速成正比例关系并保持稳定，即不受外界条件，如温度的影响。

② 输出电压对转速的变化反应灵敏，即测速发电机的输出特性 $U=f(n)$ 斜率要大。

③ 转速的测量应不影响被测系统的转速，即测速发电机的转动惯量要小，响应要快。

测速发电机按输出电压的不同，分为交流和直流两大类。

1. 交流测速发电机

交流测速发电机有同步测速发电机和异步测速发电机两大类。交流异步测速发电机中，最为常用的是转动惯性较小的空心杯型测速发电机。

空心杯型测速发电机结构与空心杯型交流伺服电动机一样，也是由外定子、空心杯转子和内定子 3 部分组成。外定子上放置励磁绕组 N_1 和输出绕组 N_2，励磁绕组接单相交流电源，输出绕组输出交流电压，两个绕组在空间是相互垂直的，其原理图如 5.54 所示。

在分析交流异步测速发电机工作原理时，可将杯型转子看成无数条并联的导体组成，与笼型转子相似。

在测速发电机静止不动时，励磁电压为 $\dot{U}_1$，在励磁绕组轴线方向上产生一个交变脉动磁通 $\dot{\Phi}_1$。这个脉动磁通与输出绕组的轴线垂直，两者之间无匝链，无互感，故输出绕组中并无感应电动势产生，输出电压为零。

当测速发电机由转动轴驱动而以转速 n 旋转时，由于转子切割 $\dot{\Phi}_1$ 而在转子中产生感应电

动势 $\dot{E}_r$ 和感应电流 $\dot{I}_r$，如图 5.54（b）所示，$\dot{E}_r$ 和 $\dot{I}_r$ 与磁通 $\dot{\Phi}_1$ 及转速 n 成正比，即 $\dot{E}_r \propto \dot{\Phi}_1 n$，$\dot{I}_r \propto \dot{\Phi}_1 n$。转子电流产生的磁通 $\dot{\Phi}_r$ 也与 $\dot{I}_r$ 成正比，即 $\dot{\Phi}_r \propto \dot{I}_r$，$\dot{\Phi}_r$ 与输出绕组的轴线一致，因而在输出绕组中产生感应电动势，有电压 $\dot{U}_2$ 输出，且 $\dot{U}_2$ 与 $\dot{\Phi}_r$ 成正比，即 $\dot{U}_2 \propto \dot{\Phi}_r$，由上述关系得 $\dot{U}_2 \propto \dot{\Phi}_1 n$。如果转子的转向相反，输出电压的相位也相反，这样就可以从输出电压 $\dot{U}_2$ 的大小及相位来测量带动测速发电机转动的原电机的转向及转速。

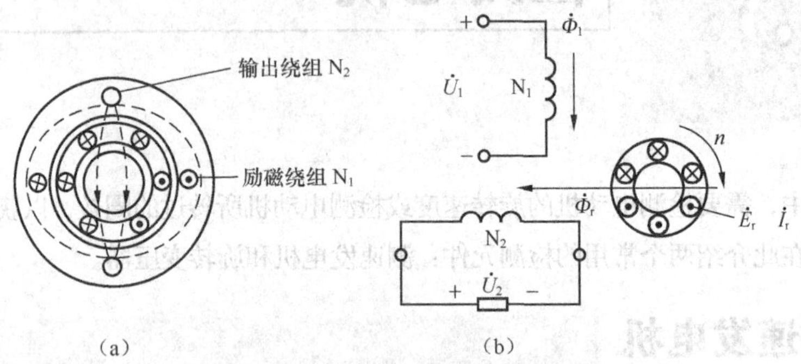

图5.54 交流异步测速发电机原理图

测速发电机的重要特性是输出特性。输出特性是指测速发电机输出电压与转速之间的关系曲线，即 $U_2=f(n)$，如图 5.55 所示。输出特性在理想情况下为直线，实际上输出特性并不是平稳的线性关系，如 $\dot{\Phi}_1$ 的变化，就将破坏输出电压 U_2 与转速之间的线性关系，当然还有一些其他因素。

2. 直流测速发电机

直流测速发电机就是一台微型直流发电机，其定子、转子结构均和直流发电机基本相同。按励磁方式来分，可分为电磁式和永磁式两种。其中永磁式不需要另加励磁电源，受温度影响较小，所以应用最为广泛。

直流测速发电机的工作原理与普通直流发电机相同，工作原理接线图如图 5.56 所示。测速发电机工作时，励磁绕组通以直流电流 I_f，在气隙中建立恒定的磁场 Φ，转轴与被测机构同轴连接。当被测机构以转速 n 旋转时，测速发电机电枢也同速旋转，旋转的电枢绕组切割气隙中的磁通 Φ，产生感应电动势 E_a。若测速发电机空载运行，电刷两端的输出电压 $U_o=E_a$，即

$$U_o=E_a=C_e\Phi n \tag{5-14}$$

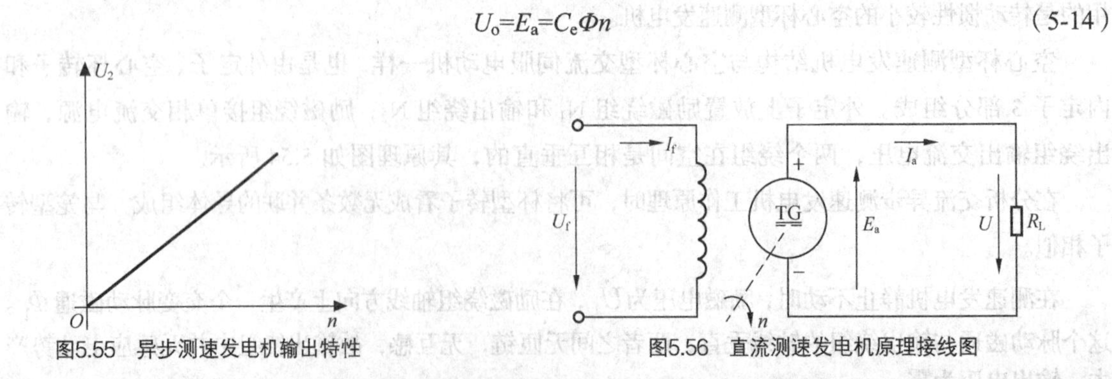

图5.55 异步测速发电机输出特性　　图5.56 直流测速发电机原理接线图

上式表明，测速发电机空载时输出电压 U_o 与转速 n 成正比。当被测机构转向发生变化，输出电压的极性也会随之发生变化。所以，测速发电机以输出电压的大小和极性来反映被测机构的转速大小和转向。

当测速发电机接上负载电阻 R_L 时，其输出电压为

$$U = E_a - I_a R_a \tag{5-15}$$

将 $I_a=U/R_L$ 代入式（5-15），整理得

$$U = \frac{E_a}{1+\dfrac{R_a}{R_L}} = \frac{C_e \Phi}{1+\dfrac{R_a}{R_L}} n = kn \tag{5-16}$$

式中，k——比例系数，$k = \dfrac{C_e\Phi}{1+R_a/R_L}$。

在理想的情况下，R_a、R_L 和 Φ 均为常数，直流测速发电机的输出电压 U 与转速 n 仍成正比例关系。绘出测速发电机的输出特性 $U=f(n)$，如图 5.57 所示。从图中可知，空载时负载电阻 $R_L=\infty$，输出特性曲线为一直线，且斜率最大。随着负载电阻 R_L 的减小，输出特性曲线的斜率降低，即测速发电机对转速变化反应的灵敏度降低。在高速时，输出特性曲线出现了非线性（图中虚线所示）。所以，直流测速发电机在技术数据中提出了最小负载电阻和最高转速两项指标，意在减小测速误差。因此使用时应注意：

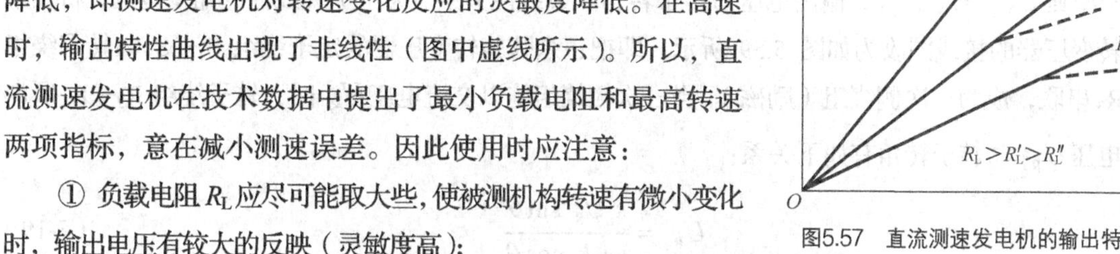

图5.57 直流测速发电机的输出特性

① 负载电阻 R_L 应尽可能取大些，使被测机构转速有微小变化时，输出电压有较大的反映（灵敏度高）；

② 选择测速发电机时注意它的最高转速是否与被测机构转速相符，以免被测机构转速超出测速发电机的最高转速，出现不必要的测量误差，保证测速发电机的测速精度。

5.5.2 旋转变压器

旋转变压器是一种输出电压与转子转角呈某一函数关系的控制电机，在解算装置、伺服系统及数据传输系统中得到了广泛的应用。

旋转变压器的结构与绕线转子异步电动机相似，定子、转子上分别安置着两个在空间上相互垂直的绕组。转子绕组的输出通过集电环和电刷引出。

旋转变压器按输出分为正余弦旋转变压器和线性旋转变压器两种。

1. 正余弦旋转变压器

正余弦旋转变压器工作接线图如图 5.58 所示。若在定子绕组 S_1—S_3 施以交流励磁电压 $\dot{U}_{S_1}$，则建立磁通势 F_{s1}，而产生脉动磁场。当转子在原来的基准电气零位逆时针转过 θ 角度时，则转子绕组 R_1—R_3、R_2—R_4 中所产生的电压分别为

$$\dot{U}_{R_1} = k_u \dot{U}_{S_1} \cos\theta \tag{5-17}$$

$$\dot{U}_{R_1} = k_u \dot{U}_{S_1} \sin\theta \tag{5-18}$$

式中，k_u——比例常数。

式（5-17）、式（5-18）表明，正余弦旋转变压器转子输出绕组的输出电压分别与转角的正弦函数和余弦函数成正比，所以我们称 R_1—R_3 为余弦绕组，称 R_2—R_4 为正弦绕组。旋转变压器可以看成一次（定子）绕组与二次（转子）绕组之间的电磁耦合程度随着转子转角变化而变化的变压器。

为了使正余弦旋转变压器带负载时的输出电压不畸变，仍是转角的正余弦函数，则使用时应注意：

① 正余弦绕组的负载阻抗尽量相等；

② 定子绕组 S_2—S_4 自行短接，以补偿（抵消）由于负载电流引起的与磁通势 F_{s1} 相垂直会引起输出电压畸变的磁通势，因此 S_2—S_4 绕组也称为补偿绕组。

2. 线性旋转变压器

线性旋转变压器的工作原理是利用正弦输出绕组的输出电压 $\dot{U}_{R_2}=k_u\dot{U}_{S_1}\sin\theta$，当 θ 角很小时，$\sin\theta\approx\theta$，则 $\dot{U}_{R_2}\approx k_u\dot{U}_{S_1}\theta$，输出电压与转子转角 θ 成线性关系。为了扩大线性的角度范围，将正余弦旋转变压器的接线图改为如图 5.59 所示，即把正余弦旋转变压器的定子绕组 S_1—S_3 与转子绕组 R_1—R_3 串联，成为一次侧绕组（励磁）。当一次侧绕组施以交流电压 $\dot{U}_{S_1}$ 时，转子绕组 R_2—R_4 所产生的电压 $\dot{U}_{R_2}$ 与转子转角有如下关系：

$$\dot{U}_{R_2}=\frac{k_u\dot{U}_{S_1}\sin\theta}{1+k_u\cos\theta} \tag{5-19}$$

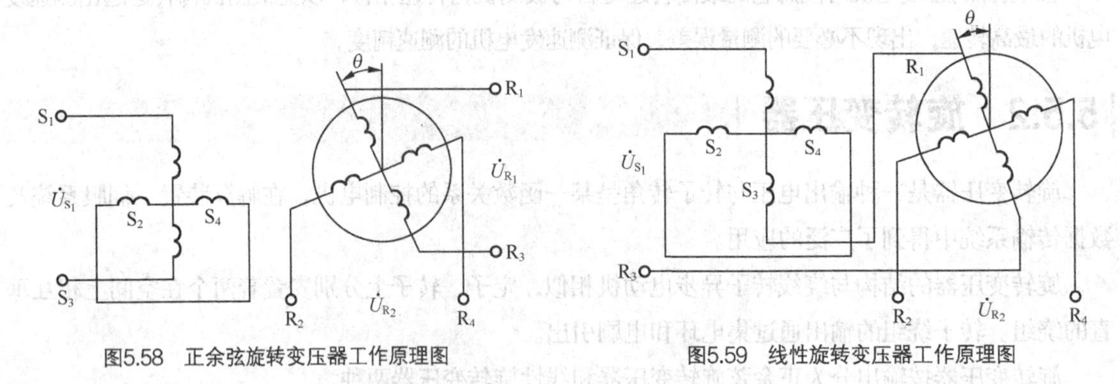

图5.58 正余弦旋转变压器工作原理图　　图5.59 线性旋转变压器工作原理图

当 k_u 取值为 0.56～0.6 时，则转子转角 θ 在 ± 60° 范围内与输出电压呈良好的线性关系。

本章小结

本章主要介绍单相异步电动机、直流电机、伺服电动机、步进电动机、测速发电机和旋转变压器的基本结构、工作原理、主要类型、启动方法等。

单相异步电动机的工作绕组通以单相交流电时，将建立起脉振磁场，不会产生启动转矩。因此单相异步电动机无法自行启动。我们在启动单相异步电动机时，一般是通过启动时在气隙中建立旋转磁场的方法实现的，比如常用的分相式启动方法和罩极式启动方法等。

伺服电动机在自动控制系统中作为执行元件，分交流、直流两种。直流伺服电动机的基本结构和特性与他励直流电动机一样，它的励磁绕组和电枢绕组的其中之一作为励磁之用，另一绕组作为接收控制信号用。交流伺服电动机的励磁绕组和控制绕组分别相当于分相式异步电动饥的主绕组和辅助绕组。交流伺服电动机的控制方式有3种：幅值控制、相位控制和幅值—相位控制。它们都是通过控制气隙磁场的椭圆度来调节转速。

步进电动机是一种将脉冲信号转换成角位移或直线位移的执行元件，广泛应用于数字控制系统中。步进电动机每给一个脉冲信号就前进一步，转动一个步距角，所以它能按照控制脉冲的要求启动、停止、反转、无级调速，在不失步的情况下，角位移的误差不会长期积累。步进电动机的主要特性有矩角特性、动稳定区、最大负载转距、矩频特性等。

测速发电机和旋转变压器也是电机的一种。作为检测电动机，可以通过测量旋转速度或检测电动机所转过的圈数，获得电动机所拖动的直线位移量。其在闭环或半闭环控制系统中应用较广。

习题5

1. 对于一台单相异步电动机若不采取措施，启动转矩为什么为零？当给电动机转子一个外力矩时，电动机为什么就向该力矩方向旋转？

2. 简述单相异步电动机的基本结构。

3. 单相异步电动机分为哪几种类型？

4. 罩极单相异步电动机主要有哪些用途？

5. 电容启动电动机与电容电动机有什么区别？

6. 简述单相罩极异步电动机启动原理。

7. 简述直流电机的基本结构。

8. 直流电机由哪些主要部件组成？各起什么作用?用什么材料制成？

9. 直流电机的铭牌数据含义是什么？

10. 三相异步电动机断了一根电源线后，为什么不能启动?而在运行时断了一根，为什么仍能继续转动?转动情况如何？

11. 一台三相异步电动机（星形接法）发生一相断线时，相当于一台单相电动机，若电动机原来在轻载或重载运转，在此情况下还能继续运转吗？为什么？当停机后，能否再启动？

12. 永磁式和他励式直流伺服电动机有什么区别？

13. 伺服电动机的作用是什么?直流伺服电动机的调速方法是什么？

14. 交流伺服电机有哪几种控制方式？

15. 为什么交流伺服电动机的转子电阻要相当大？单相异步电动机从结构上与交流伺服电动机

相似，可否代用？

16. 直流伺服电动机常用什么控制方式？为什么？

17. 当直流伺服电动机励磁电压和控制电压不变时，若负载转矩减小，试问此时的电磁转矩、转速将如何变化?若负载转矩大小不变，调节控制电压增大，电磁转矩和转速又将如何变化？

18. 如何改变交流伺服电动机的旋转方向？

19. 交流伺服电动机的铭牌参数有哪些？

20. 步进电动机的工作原理是什么？步进电动机有哪些特点？

21. 一台三相六极反应式步进电机步距角为3°，若控制脉冲频率为2 000Hz，其转速是多少？

22. 测速发电机的作用是什么？

23. 为什么直流测速发电机使用时，转速不宜超过规定的最高转速？负载电阻也不能小于规定值？

24. 步进电动机的作用是什么？

25. 什么叫步进电动机的步距角?步距角的大小由哪些因素决定？

26. 步距角为1.5°/0.75°的三相六极步进电动机的转子有多少个齿？若脉冲电源的频率为2000Hz，步进电动机的转速是多少？

27. 旋转变压器是怎样的一种控制电机？常应用于什么场合？

Chapter

6

第6章

电动机的变频器控制

在前面第 2 章（2.5 节）三相异步电动机的变速中，介绍过变频调速，即通过连续地改变异步电动机的供电频率 f_1，就可以平滑地改变电动机的转速，从而实现异步电动机的无级调速。

变频器是由计算机控制电力电子器件、将工频（通常为 50Hz）交流电变为频率（多数为 0～400Hz）和电压可调的三相交流电的电气设备，用以驱动交流异步电动机进行变频调速。变频器的出现，使交流电动机的调速变得和直流电动机一样方便，并可由计算机连网控制，因此得到了广泛的应用，其发展前景广阔。

6.1 变频器的分类及工作原理

目前国内外变频器的种类很多，图 6.1 所示为常用的三菱 FR-E540 型变频器的实物图及其拆掉前盖板和辅助板后的正面、背面外观图。

图 6.2 所示为变频器主回路端子排示意图，图 6.3 所示为其主回路外接原理图。变频器的输入端 L1、L2、L3 接至频率固定的三相交流电源端，而输出端 U、V、W 输出的是频率在一定范围内连续可调的三相交流电，控制交流电动机。

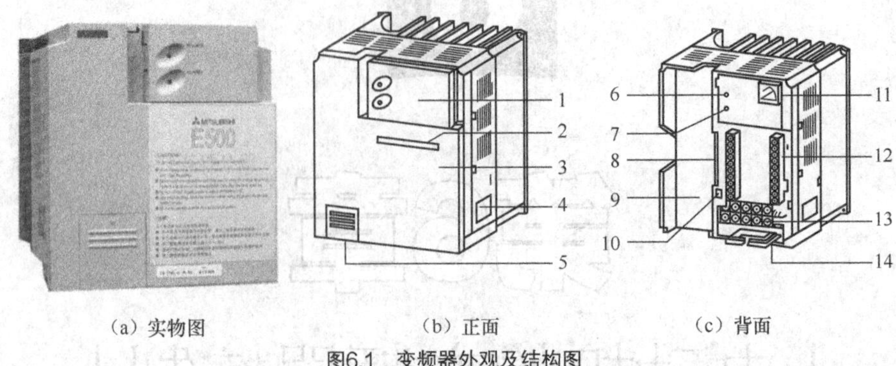

（a）实物图　　（b）正面　　（c）背面

图6.1　变频器外观及结构图

1—辅助板；2—容量铭牌；3—前盖板；4—额定铭牌；5—选件用接线口；6—电源灯；7—报警灯；8—内藏选件连接用接口；9—内藏选件安装位置；10—逻辑控制切换接口；11—PU接口；12—控制回路端子排；13—主回路端子排；14—接线盖

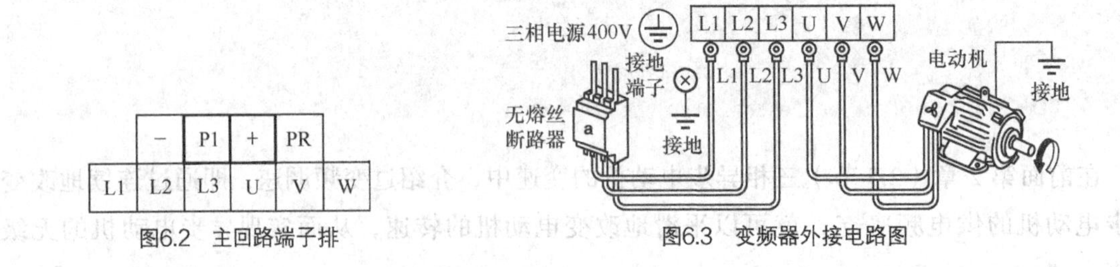

图6.2　主回路端子排　　图6.3　变频器外接电路图

6.1.1 变频器的工作原理

1. PWM 控制

PWM（脉冲宽度调制）控制方式是变频器的核心技术之一，也是目前应用较多的一种技术。

一般异步电动机需要的是正弦交流电，而逆变电路输出的往往是脉冲。PWM 控制方式，就是对逆变电路开关器件的通断进行控制，使输出端得到一系列幅值相等而宽度不等的方波脉冲，用这些脉冲来代替正弦波或所需要的波形，即可改变逆变电路输出电压的大小。这样，虽然电动机的输入信号仍为脉冲，但它是与正弦波等效的调制波，那么电动机的输入信号也就等效为正弦交流电了。

目前采用较普遍的变频调速系统是恒幅 PWM 型变频电路，由二极管整流器、滤波电容和逆变器组成，如图 6.4 所示。当交流电压经二极管整流器整流后，得到直流电压，将恒定不变的直流电压输入逆变器，通过调节逆变器的脉冲宽度和输出交流电的频率，实现调压调频，供给负载。

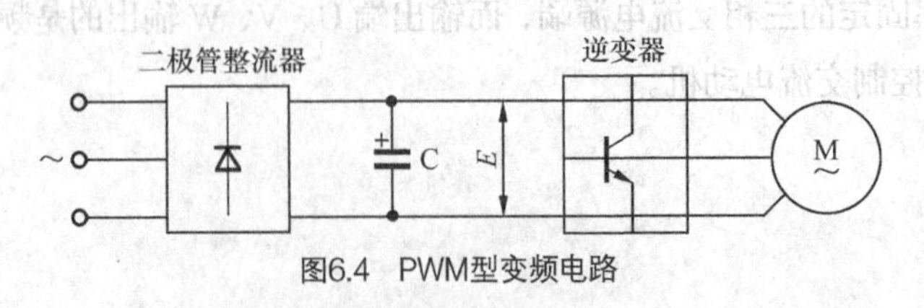

图6.4　PWM型变频电路

2. PWM逆变原理

图6.5所示为单相逆变器的主电路。图中O点为直流电源的理论中心点。PWM控制方式是通过改变电力晶体管VT_1、VT_4和VT_2、VT_3交替导通的时间，从而改变逆变器输出波形的频率f；通过改变每半周内VT_1、VT_4或VT_2、VT_3开关器件的通、断时间比，即改变脉冲宽度，从而来改变逆变器输出电压u_{ab}幅值的大小。

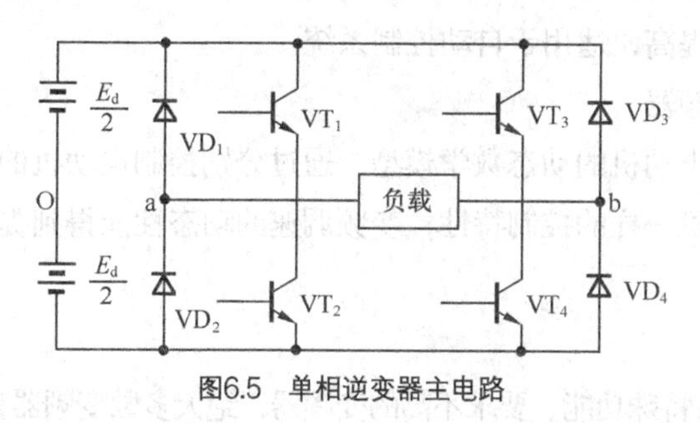

图6.5 单相逆变器主电路

如果使开关器件在半个周期内反复通、断多次，并使每个矩形波电压下的面积接近于对应正弦波电压下的面积，则逆变器输出电压将很接近于基波电压，高次谐波电压将大为降低。若采用快速开关器件，使逆变器输出脉冲次数增多，即使输出低频时，输出波形也是较为理想的，其波形如图6.6所示。所以，PWM型逆变器特别适用于异步电动机的变频调速的供电电源。

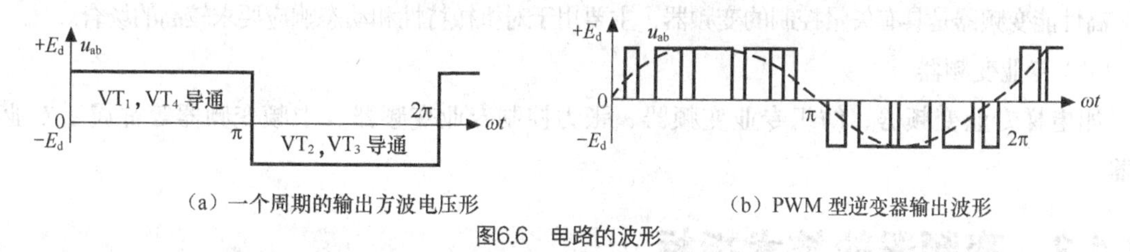

（a）一个周期的输出方波电压形　　（b）PWM型逆变器输出波形

图6.6 电路的波形

6.1.2 变频器的分类

1. 按变换环节分类

（1）交—直—交变频器

将频率固定的交流电整流成直流电，经过滤波，再将平滑的直流电逆变成频率连续可调的交流电。由于把直流电逆变成交流电的环节较易控制，现在社会上流行的低压通用变频器大多是这种型式。

（2）交—交变频器

将频率固定的交流电直接变换成频率连续可调的交流电。这种变频器的变换效率高，但其连续可调的频率范围窄，一般为额定频率的1/2以下，故它主要用于低速、大容量的场合。

2. 按控制方式分类

（1）U/F控制变频器

控制过程中，使电动机的主磁通保持一定，在改变变频器输出频率的同时，控制变频器输出电压，保持电压和频率之比为恒定值，在较宽的调速范围内，电动机的效率和功率因数保持不变。目前通用变频器中较多使用这种控制方式。

（2）转差频率控制变频器

转差频率控制是指能够在控制过程中保持磁通 Φ_m 的恒定，能够限制转差频率的变化范围，且能通过转差频率调节异步电动机的电磁转矩的控制方式。与U/F控制方式相比，变频器加减速特性和限制过电流的能力得到提高，适用于自动控制系统。

（3）矢量控制方式变频器

矢量控制方式是基于电动机的动态数学模型，通过分别控制电动机的转矩电流和励磁电流，基本上可以达到和直流电动机一样的控制特性，变频调速的动态性能得到提高。

3. 按用途分类

（1）通用变频器

通用变频器通常指没有特殊功能、要求不高的变频器，绝大多数变频器都可归于这一类中。

（2）风机、水泵用变频器

这类变频器的主要特点是过载能力较低，具有闭环控制PID调节功能，并具有“1控多”（多台电动机公用一台变频器供电）的切换功能。

（3）高性能变频器

高性能变频器是具有矢量控制的变频器，主要用于对机械特性和动态响应要求较高的场合。

（4）专业变频器

如电梯专业变频器、纺织专业变频器、张力控制专业变频器、中频变频器等都属于专业变频器。

6.1.3 变频器的技术指标

1. 变频器的额定值

（1）输入侧的额定值

输入侧的额定值主要是电压和相数。在我国的中小容量变频器中，输入电压的额定值有：

① 380V/50Hz，三相，用于绝大多数电器中；

② 200～230V/50Hz或60Hz，三相，主要用于某些进口设备中；

③ 200～230V/50Hz，单相，主要用于家用电器中。

（2）输出侧的额定值

① 输出电压额定值 U_N。由于变频器在变频的同时也要变压，所以输出电压的额定值是指输出电压中的最大值。

② 输出电流额定值 I_N。输出电流的额定值是指允许长时间输出的最大电流，是用户在选择变频器时的主要依据。

③ 输出容量 S_N（kVA）。S_N 与 U_N 和 I_N 的关系为

$$S_N = \sqrt{3} U_N I_N \tag{6-1}$$

④ 配用电动机容量 P_N（kW）。变频器说明书中规定的配用电动机容量，是根据下式估算出来的，即

$$P_N = S_N \eta_M \cos\varphi_m \tag{6-2}$$

式中，η_M——电动机的效率；

$\cos\varphi_m$——电动机的功率因数。

由于电动机容量的标称值是比较统一的，而 η_M 和 $\cos\varphi_m$ 值却很不一致，所以容量相同的电动机配用的变频器容量往往是不相同的。

变频器铭牌上的“适用电动机容量”通常是针对四极电动机而言，若拖动的电动机是六极或其他，那么相应的变频器容量应加大。

⑤ 过载能力。变频器的过载能力是指其输出电流超过额定电流的允许范围和时间。大多数变频器都规定为 150%I_N，60s 或 180%I_N，0.5s。

2. 变频器的频率指标

（1）频率范围

频率范围是指即变频器能够输出的最高频率 f_{max} 和最低频率 f_{min} 之间的频率。各种变频器规定的频率范围不尽一致。通常，最低工作频率为 0.1～1Hz，最高工作频率为 120～650Hz。

（2）频率精度

频率精度是指变频器输出频率的准确程度，用变频器的实际输出频率与设定频率之间的最大误差与最高工作频率之比的百分数表示。

例如，用户给定的最高工作频率为 f_{max}=120Hz，频率精度为 0.01%，则最大误差为

$$\Delta f_{max}=0.0001\times120=0.012\text{Hz}$$

（3）频率分辨率

频率分辨率是指输出频率的最小改变量，即每相邻两挡频率之间的最小差值。

例如，当工作频率为 f_X=25Hz 时，如变频器的频率分辨率为 0.01Hz，则上一挡的最小频率 f_X' 和下一挡的最大频率 f_X'' 分别为

$$f_X' = 25 + 0.01 = 25.01\text{Hz}$$

$$f_X'' = 25 - 0.01 = 24.99\text{Hz}$$

6.2 变频器的组成

变频器可分为两大部分，即主电路和控制电路。图 6.7 所示为变频器的组成框图。

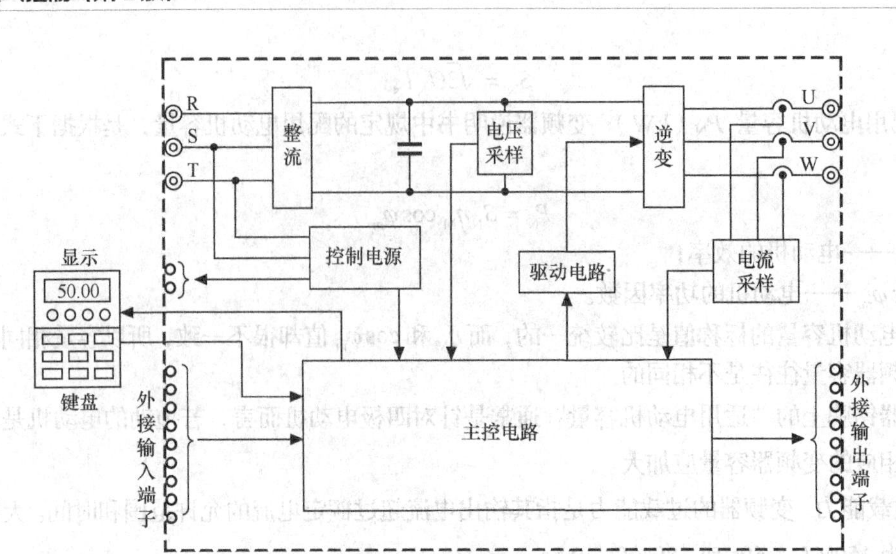

图6.7 变频器组成框图

6.2.1 主电路

变频器的主电路由整流电路、滤波电路及逆变电路等部分组成。此外，在变频调速系统中，当电动机需要制动时，还需要附加“放电回路”。

1. 整流电路

将电源的三相交流电全波整流成直流电。小功率变频器，输入电源多用单相220V，整流电路为单相全波整流电桥；大功率变频器，一般用三相380V电源，整流电路为三相桥式全波整流电路。

2. 滤波电路

整流电路输出的整流电压是脉动的直流电压，必须加以滤波，常采用电容器吸收脉动电压。

3. 逆变电路

由逆变桥将直流电“逆变”成频率、幅值都可调的交流电。这是变频器实现变频的执行环节，是变频器的核心部分。常用的逆变管有绝缘栅双极晶体管（IGBT）、大功率晶体管（GTR）和可关断晶闸管（GTO）。

4. 放电回路

电动机制动时，处于再生发电状态，再生的能量会反馈到电容器中，使直流电压升高，为此，设置一条放电回路，将再生的电能消耗掉。放电回路由制动电阻和制动单元串联组成，制动电阻用于耗能，制动单元的功能是控制流经制动电阻的放电电流。

6.2.2 控制电路

变频器的控制电路主要由主控电路、操作面板、控制电源、外接输出端子等组成。

1. 主控电路

主控电路是变频器运行的控制中心，其主要功能如下。

① 接收从键盘输入的和外部控制电路输入的各种信号。

② 接收内部的采样信号，如主电路中电压与电流的采样信号、各部分温度的采样信号、各逆变管工作状态的采样信号等。

③ 将接收的各种信号进行判断和综合运算，产生相应的调制指令，并分配给各逆变管的驱动电路。

④ 发出显示信号，向显示板和显示屏发出各种显示信号。

⑤ 发出保护指令，变频器必须根据各种采样信号随时判断其工作是否正常，一旦发现异常情况，必须发出保护指令进行保护。

⑥ 向外电路发出控制信号及显示信号，如正常运行信号、频率到达信号、故障信号等。

2. 操作面板

操作面板由键盘与显示屏组成。键盘是向主控电路发出各种信号或指令的，显示屏是将主控电路提供的各种数据进行显示，两者总是组合在一起。图 6.8 所示为三菱 FR-E540 操作面板。

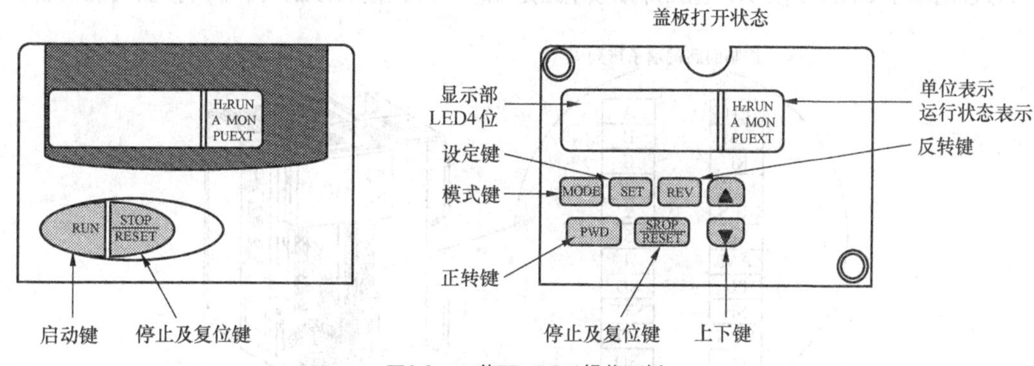

图6.8 三菱FR-E540操作面板

（1）键盘

不同类型的变频器配置的键盘型号是不一样的，但基本的原理和构成都相差不多，主要有以下几类按键。

① 模式转换键。变频器的基本工作模式有运行和显示模式、编程模式等。模式转换键是用来切换变频器的工作模式的。

② 数据增减键。用于改变数据的大小。常见的符号有▲，▼，∧，∨，↑↓等。

③ 读出、写入键。在编程模式下，用于读出原有数据和写入新数据。常见的符号有 SET，READ，WRITE，DATA，ENTER 等。

④ 运行键。在键盘运行模式下，用来进行各种运行操作，主要有 RUN（运行），FWD（正转），REV（反转），STOP（停止），JOG（点动）等。

⑤ 复位键。变频器因故障而跳闸后，为了避免误动作，其内部控制电路被封锁。当故障修复以后，必须先按复位键，使之恢复为正常状态。复位键的符号是 RESET（或简写为 RST）。

⑥ 数字键。有的变频器配置了“0～9”和小数点“.”等数字键，编程时可直接输入所需数据。

（2）显示屏

大部分变频器配置了液晶显示屏，它可以完成各种指示功能。

3. 控制电源

变频器的电源板主要提供主控板电源、驱动电源及外控电源。

（1）主控板电源

它要求有极好的稳定性和抗干扰能力。

（2）驱动电源

驱动电源用于驱动各逆变管。因逆变管处于直流高压电路中，又分属于三相输出电路中不同的相。所以，驱动电源、主控板电源之间必须可靠隔离，各驱动电源之间也必须可靠绝缘。

（3）外控电源

外控电源为外接电位器提供稳定的直流电源。

4. 外接控制端子

外接控制端子如图6.9所示，包括外接频率给定端子、外接输入控制端子、外接输出控制端子等。

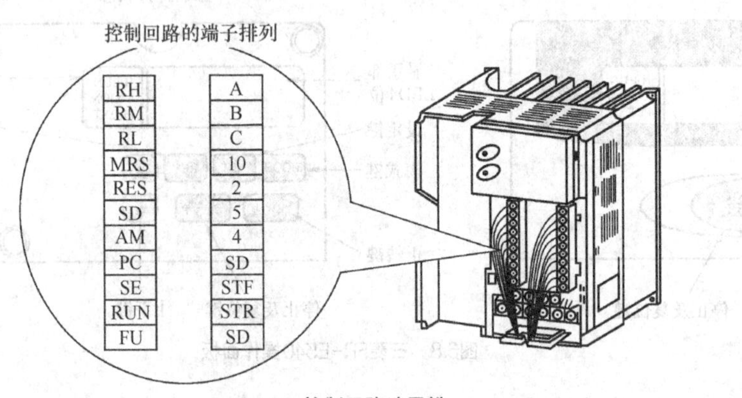

图6.9 控制回路端子排

（1）外接频率给定端

各种变频器都配有接受从外部输入给定信号的端子。根据给定信号类别的不同，通常有电压信号给定端和电流信号给定端。

（2）外接输入控制端

外接输入控制端接受外部输入的各种控制信号，以便对变频器的工作状态和输出频率进行控制。不同品牌的变频器对外接输入控制端的配置各不相同，且有些控制端可通过功能预置来改变功能。概括起来，输入控制端的一般配置如下。

① 基本控制信号：如正转、反转、复位等，基本信号输入端在多数变频器中是单独设立的，其功能比较固定。

② 可编程控制信号：这些端子的具体功能并不固定，需在编程模式下通过功能预置来确定。通过功能预置，这些端子既可用于多挡转速控制端，也可用于多挡升、降速时间设定端，还可用于外部升、降速给定控制端。

（3）外接输出控制端

外接输出控制端一般配置如下。

① 状态信号端：主要有“运行”信号端、“频率检测”信号端，当变频器运行时或输出频率在设定的频率范围内时，有信号输出。

② 报警信号端：当变频器发生故障时，变频器发出报警信号，通常都采用继电器输出。

③ 频率测量输出端：变频器通常可提供两种测量信号，模拟量测量信号，如 DC0～10V 等；数字量测量信号，可直接接至需要数字量的仪器或仪表。通过功能预置，也可改变其测量内容，如可以测量变频器的输出电压、负荷率等。

④ 通信接口：常用 RS—485 作为通信接口。

6.3 变频器的基本参数与选择

6.3.1 通用变频器的基本参数

变频器功能参数很多，一般都有数十甚至上百个参数供用户选择。实际应用中，没必要对每一参数都进行设置和调试，多数只要采用出厂设定值即可。但有些参数由于和实际使用情况有很大关系，且有的还相互关联，因此要根据实际进行设定和调试。

因各类型变频器功能有差异，而相同功能参数的名称也不一致，但基本参数是各类型变频器几乎都有的，完全可以做到触类旁通。

1. 频率限制

（1）最高频率 f_{max}

最高频率是指变频器工作时允许输出的最高频率。通常根据电动机的额定频率来设置，如电动机的额定频率为 50Hz，则最高频率 f_{max} 也设置为 50Hz。

（2）基底频率 f_b

采用 U/f 控制模式时，当 f 到达额定值 f_N 时，输出电压达到最高值 U_N，基底频率 f_b 设定值一般为额定频率 50Hz。f_{max}、f_b 与输出电压的关系如图 6.10 所示。

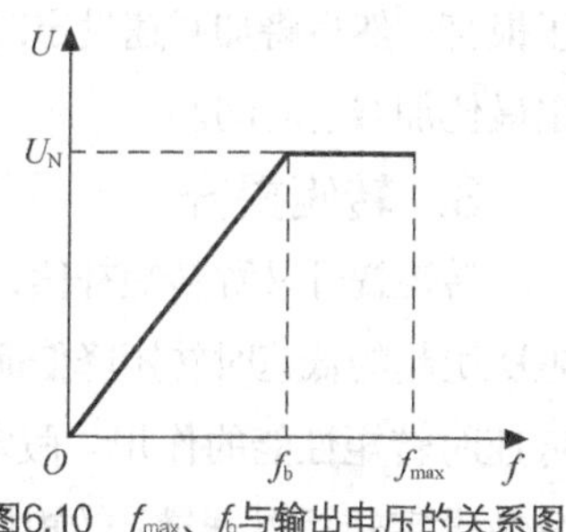

图6.10 f_{max}、f_b 与输出电压的关系图

（3）上限频率 f_H、下限频率 f_L

f_H 与 f_L 为变频器输出频率的上、下限幅值。频率限制是为防止误操作或外接频率设定信号源出

故障而引起的输出频率的过高或过低，是防止损坏设备的一种保护功能，在应用中按实际情况设定即可。图6.11所示为外接频率设定信号 X 与输出频率 f 的关系图。此功能还可作限速使用，如有的皮带输送机，由于输送物料不太多，为减少机械和皮带的磨损，可采用变频器驱动。将变频器上限频率设定为某一频率值，这样就可使皮带输送机运行在一个固定、较低的工作速度上。

2. 加减速时间

加速时间就是输出频率从0上升到基底频率 f_b 所需的时间；减速时间是指从基底频率 f_b 下降到0所需的时间，如图6.12所示。

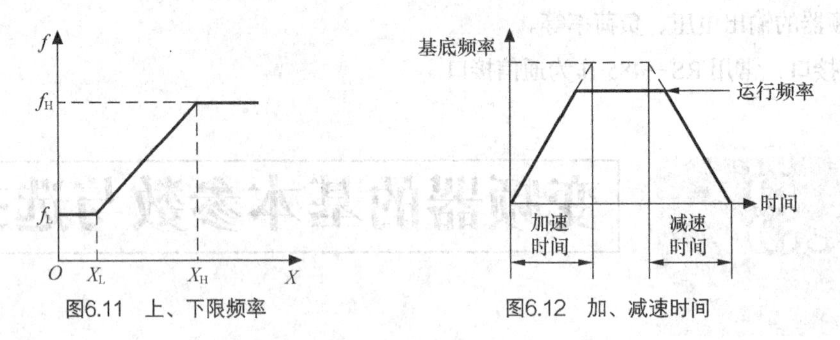

图6.11 上、下限频率　　图6.12 加、减速时间

异步电动机在50 Hz交流电网进行直接启动时，其启动电流是额定工作电流的4～7倍，这是由于刚启动时转子的转速为零，转速差太大造成的。如果变频器的频率上升速度很快，在很短的时间内达到设定频率，电动机及拖动系统由于惯性原因转速跟不上频率的变化，将使启动电流增加而超过额定电流使变频器过载，因此必须合理设置加速时间。

加速时间的设定要求将加速电流限制在变频器过电流容量以下，不使过流失速而引起变频器跳闸。

减速时间的设置与电动机的拖动负载有关。有些负载对减速时间没有什么要求，当变频器停止输出，电动机自由停止，但有些负载却要求有一定的减速时间。例如，电动机拖动的负载惯性较大，当变频器减速时间设置较短，会产生大的再生电压，如果制动单元来不及将这部分能量释放掉，则有可能损坏逆变电路，因此这类负载要设置较长的减速时间。

减速时间的设定要点是：防止平滑电路电压过大，不使再生过压失速而使变频器跳闸。

调试中常采取按负载和经验先设定较长加减速时间，通过启、停电动机观察有无过电流、过电压报警；然后将加减速设定时间逐渐缩短，以运转中不发生报警为原则，重复操作几次，便可确定出最佳加减速时间。

3. 转矩提升

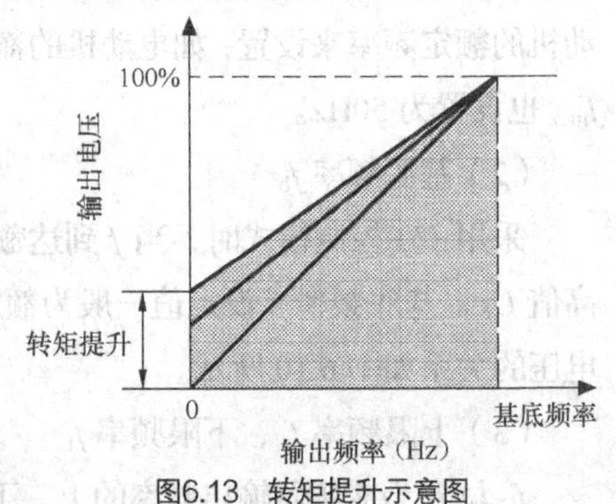

图6.13 转矩提升示意图

转矩提升又称转矩补偿，是为补偿因电动机定子绕组电阻所引起的低速时转矩降低而设置的参数，起到改善电动机低速时转矩性能的作用。假定基底频率电压为100%，用百分数设定转矩提升量：转矩提升量=（0Hz 输出电压/额定输出电压）×100%，该参数设定过大，将导致电动机过热；设定过小，启动力矩不够，一般最大值设定为10%。图6.13

所示为转矩提升示意图。

4. 电子热过载保护

此功能为保护电动机过热而设置，它是变频器内 CPU 根据运转电流值和频率计算出电动机的温升，从而进行过热保护。此功能只适用于“一拖一”场合，而在“一拖多”时，则应在各台电动机上加装热继电器。电子热保护设定值为

$$电子热保护设定值(\%)=[电动机额定电流(A)/变频器额定输出电流(A)]\times 100\% \qquad (6\text{-}3)$$

5. 加减速模式选择

变频器除了可预置加速和减速时间之外，还可预置加速和减速曲线。一般变频器有线性、S 形和半 S 形 3 种曲线选择。通常大多选择线性曲线；半 S 形曲线适用于变转矩负载，如风机等；S 形曲线适用于恒转矩负载，其加减速变化较为缓慢。设定时可根据负载转矩特性，选择相应曲线。图 6.14 所示为加速（速度上升）曲线，图 6.15 所示为减速（速度下降）曲线。

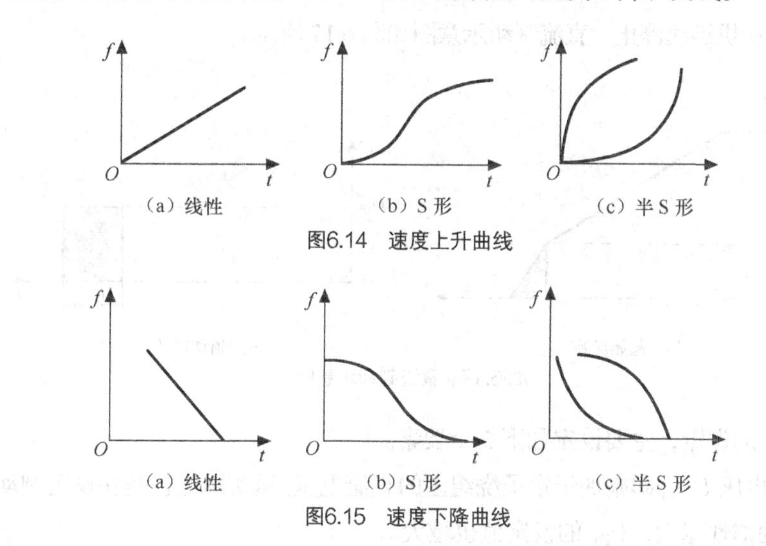

图6.14　速度上升曲线

图6.15　速度下降曲线

6. 回避频率

回避频率又称跳跃频率、跳转频率。在机械传动中不可避免地要发生振动，其振动的频率与电动机的转速有关。在无级调速时，当电动机的转速等于机械系统的固有频率时，振动加剧，甚至使机械系统不能正常工作。为了避免使机械系统发生谐振，常采取回避频率的方法，即将发生谐振的频率跳过去。各种品牌的变频器都设有频率跳跃功能。回避频率示意图如图 6.16 所示。

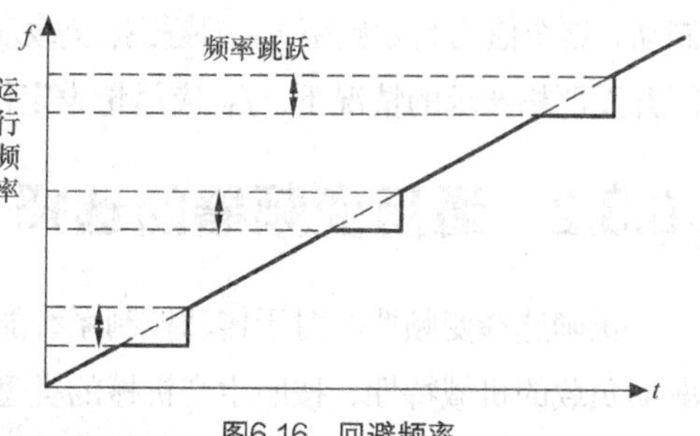

图6.16　回避频率

当变频器工作时，需要对某一频率进行回避，则可设定这一回避频率的上端频率和下端频率。例如，需要回避的频率为 40Hz，设置上端回避频率为 41Hz，下端回避频率为 39Hz，则变频器工作时，频率在（40 ± 1）Hz 范围内无输出。需要指出的是，在频率上升或下降过程中则会直接通过回避频率而不会跳跃。

7. 多段速频率设置

多段速控制功能是通用变频器的基本功能。在传动系统中，有的需要段速控制，如工业洗衣机，甩干时滚筒的转速快，洗涤时滚筒的转速慢，烘干时的转速更慢。如果用变频器来控制洗衣机电动机的运转，则可选择段速控制。

变频器可通过功能预置，将若干个控制输入端作为多挡转速控制端。根据输入端的状态（接通或断开）按二进制方式组成 1～15 挡。每一挡可预置一个对应的工作频率，则电动机转速的切换便可以用开关器件通过改变外接输入端子的状态及其组合来实现。

8. 直流制动设置

电动机转速下降时，拖动系统的动能也在减小，于是电动机的再生能力和制动转矩也随之减小。所以，在惯性较大的拖动系统中，常常会出现在低速时停不住的“爬行”现象。直流制动功能就是为了克服低速爬行现象而设置的。其具体的含义是，当频率下降到一定程度时，向电动机绕组中通入直流电流，从而使电动机迅速停止。直流制动示意图如图 6.17 所示。

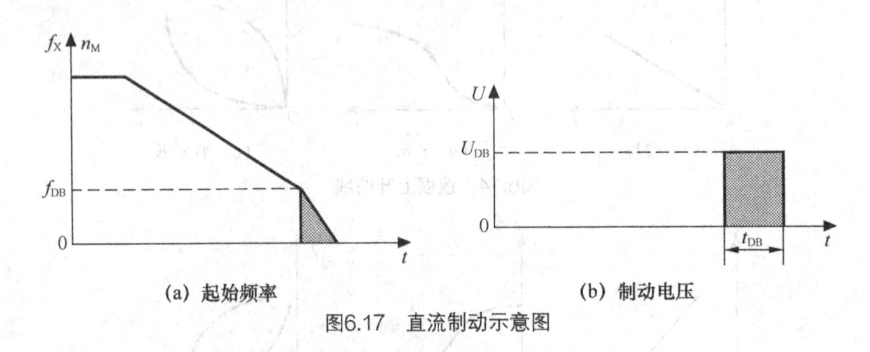

图6.17 直流制动示意图

直流制动功能的设定，主要设定如下 3 个要素。

① 直流制动电压 U_{DB}，即施加于定子绕组上的直流电压。这实际上也是在设定制动转矩的大小。显然，拖动系统的惯性越大，U_{DB} 的设定值也越大。

② 直流制动时间 t_{DB}，即向定子绕组内通入直流电流的时间。

③ 直流制动的起始频率 f_{DB}，即当变频器的工作频率下降到一定值时开始由再生制动转为直流制动，这个值为起始频率 f_{DB}，应根据负载对制动时间的要求来设定。一般地说，如果负载对制动时间并无严格要求的情况下，f_{DB} 应尽量设定得小一些。

6.3.2 通用变频器的选择

正确选择变频器，对于传动控制系统能够正常运行是非常关键的。选用时要充分了解变频器所驱动负载的机械特性，按照生产机械的类型、调速范围、速度响应和控制精度、启动转矩等要求，决定采用什么功能的变频器组成控制系统，然后决定选用哪种控制方式。若对变频器选型、系统设计及使用不当，往往会使通用变频器不能正常运行，达不到预期目标，甚至引发设备故障，造成不必要的损失。

工矿企业中，生产机械的类型很多，它们的机械特性也各不相同。但大体上说，主要有 3 类，即恒转矩负载、恒功率负载及二次方率负载。

1. 恒转矩负载变频器的选择

工矿企业中广泛应用的带式输送机、桥式起重机等都属于恒转矩负载类型。

（1）转矩特点

在不同的转速下，负载的阻转矩基本恒定，T_L=const，即负载阻转矩 T_L 的大小与转速 n_L 的高低无关，其机械特性曲线，如图 6.18（b）所示。

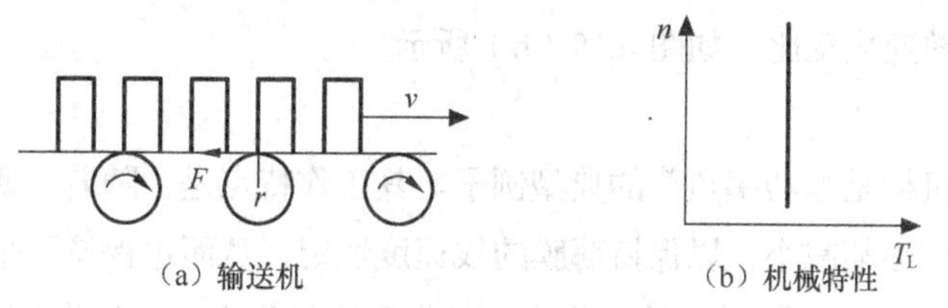

图6.18 恒转矩负载及其特性

（2）功率特点

负载的功率 P_L 和负载转矩 T_L、转速 n_L 之间的关系为

$$P_L = \frac{T_L n_L}{9550} \quad (6\text{-}4)$$

上式说明，负载功率与转速成正比。

（3）典型实例

带式输送机是恒转矩负载的典型例子，其基本结构和工作情况如图 6.18（a）所示，负载转矩的大小决定于传动带与滚筒间的摩擦阻力 F 和滚筒半径 r，即

$$T_L = Fr \quad (6\text{-}5)$$

由于 F 和 r 都和转速的快慢无关，所以在调节转速 n_L 的过程中，转矩 T_L 保持不变，即具有恒转矩的特点。

（4）变频器的选择

对于恒转矩负载，在选择变频器类型时，可从以下几个因素来考虑。

① 调速范围：在调速范围不大、对机械特性的硬度要求也不高的情况下，可考虑选择较为简易的只有 U/F 控制方式的变频器，或无反馈的矢量控制方式。当调速范围很大时，应考虑采用有反馈的矢量控制方式。

② 负载转矩的变动范围：对于转矩变动范围不大的负载，首先应考虑选择较为简易的只有 U/F 控制方式的变频器。但对于转矩变动范围较大的负载，由于 U/F 控制方式不能同时满足重载与轻载时的要求，故不宜采用 U/F 的控制方式。

③ 负载对机械特性的要求：如负载对机械特性要求不很高，则可考虑选择较为简易的只有 U/F 控制方式的变频器，而在要求较高的场合，则必须采用矢量控制方式。如果负载对动态响应性能也有较高要求，还应考虑采用有反馈的矢量控制方式。

2. 恒功率负载变频器的选择

各种卷取机械都属于恒功率负载，如造纸、纺织行业的卷取机械。

（1）功率特点

在不同的转速下，负载的功率基本恒定 P_L=const，即负载功率的大小与转速的高低无关。

（2）转矩特点

由式（6-4）可知

$$T_L = \frac{9550P_L}{n_L}$$

即负载转矩的大小与转速成反比，如图 6.19（b）所示。

（3）典型实例

各种薄膜的卷取机械是恒功率负载的典型例子。其工作特点是：随着“薄膜卷”的卷径逐渐增大，卷取辊的转速应该逐渐减小，以保持薄膜的线速度恒定，从而也保持了张力的恒定。

如图 6.19（a）所示，负载阻转矩的大小决定于卷取物的张力 F（在卷取过程中，要求张力保持恒定）和卷取物的卷取半径 r（随着卷取物不断卷到卷取辊上，r 将越来越大）。

$$T_L=Fr$$

而在卷取过程中，拖动系统的功率是恒定的，即

$$P_L=Fv=\text{const} \qquad (6\text{-}6)$$

式中，v——卷取物的线速度，在卷取过程中，为了使张力大小保持不变，要求线速度也保持恒定。

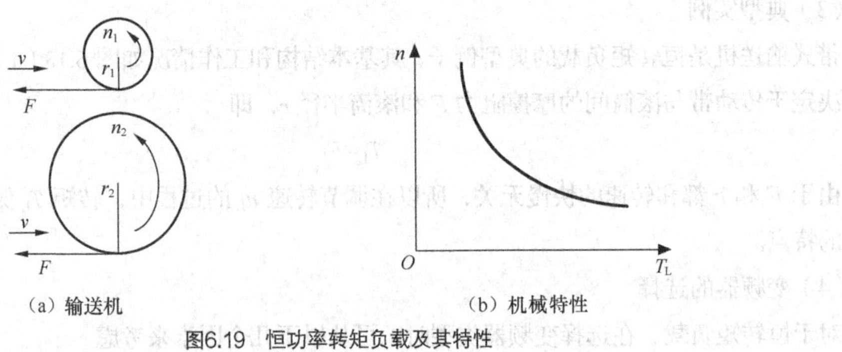

图6.19 恒功率转矩负载及其特性

（4）变频器的选择

对于恒功率负载，变频器可选择通用型的，采用 U/F 控制方式已经足够。但对动态性能有较高要求的卷取机械，则必须采用具有矢量控制功能的变频器。

3. 二次方率负载变频器的选择

风机和水泵都属于典型的二次方率负载。

（1）转矩特点

负载转矩 T_L 与转速 n_L 的二次方成正比，即

$$T_L = K_T n_L^2 \qquad (6\text{-}7)$$

（2）功率特点

负载的功率 P_L 与转速 n_L 的三次方成正比，即

$$P_L = \frac{K_T n_L^{2} n_L}{9550} = K_P n_L^{3} \tag{6-8}$$

式中，K_T、K_P——二次方率负载的转矩常数和功率常数。

（3）典型实例

风机和水泵都属于典型的二次方率负载。以风扇叶片为例，即使在空载的情况下，电动机的输出轴上，也会有损耗转矩 T_0，如摩擦转矩等，因此

转矩表达式应为

$$T_L = T_0 + K_T n_L^{2} \tag{6-9}$$

功率表达式为

$$P_L = P_0 + K_P n_L^{3} \tag{6-10}$$

式中，P_0——空载损耗。

（4）变频器的选择

对于二次方率负载，由于大部分生产变频器的工厂都提供了“风机、水泵用变频器”，可以选用此类型变频器。

6.4 三菱FR-E500变频器的使用

6.4.1 三菱FR-E500变频器的接线端

1. 端子接线图

三相400V电源输入端子接线图，如图6.20所示。

2. 主电路接线端

① 输入端：其标志为L1、L2、L3，接工频电源。

② 输出端：其标志为U、V、W，接三相鼠笼电动机。

③ 直流电抗器接线端：将直流电抗器接至“+”与P1之间可以改善功率因数。出厂时“+”与P1之间有一短路片相连，需接电抗器时应将短路片拆除。

④ 制动电阻和制动单元接线端：制动电阻器接至“+”与PR之间，而“+”与“−”之间连接制动单元或高功率因数整流器。

3. 控制电路接线端

（1）外接频率给定端

变频器为外接频率给定提供+5V电源（正端为端子10，负端为端子5），信号输入端分别为端

子2（电压信号）、端子4（电流信号）。

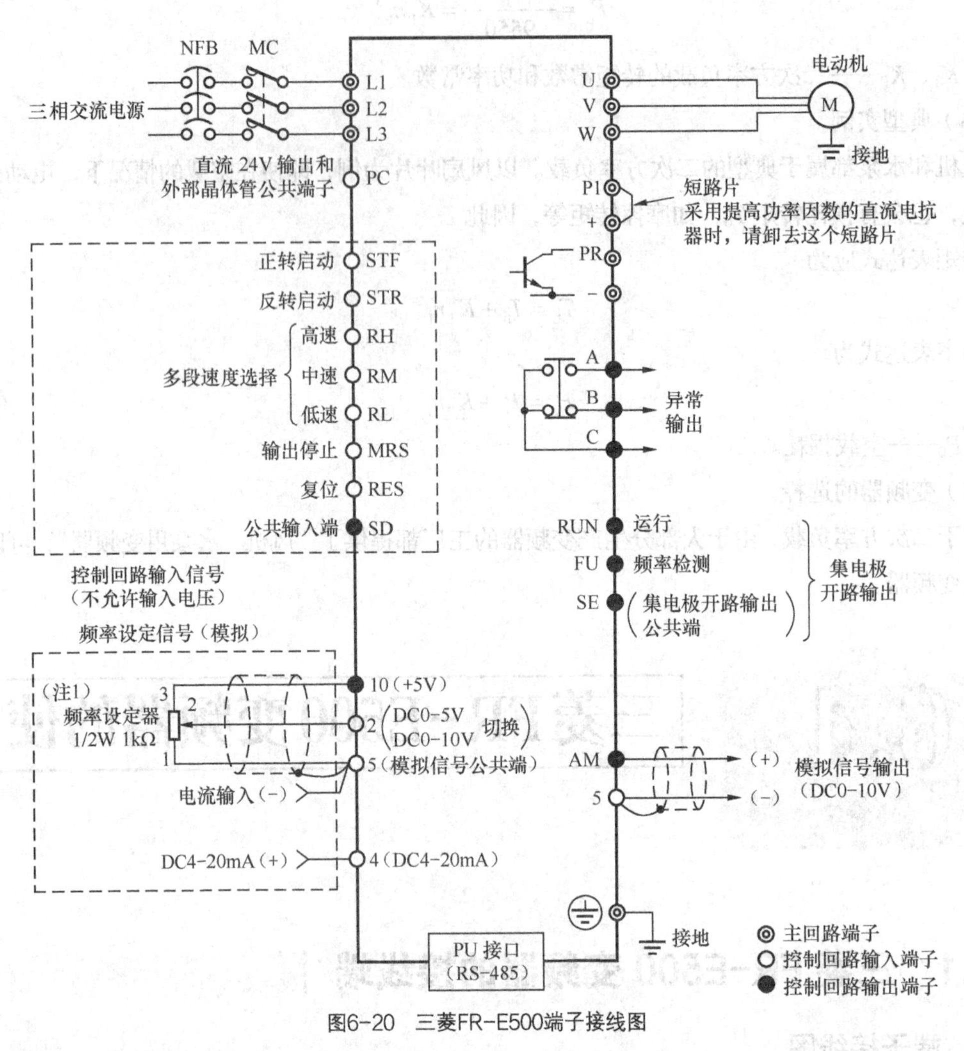

图6-20 三菱FR-E500端子接线图

（2）输入控制端

STF——正转控制端；

STR——反转控制端；

RH、RM、RL——多段速度选择端，通过三端状态的组合实现多挡转速控制；

MRS——输出停止端；

RES——复位控制端。

（3）故障信号输出端

故障信号输出端由端子A、B、C组成，为继电器输出，可接至AC 220V电路中。

（4）运行状态信号输出端

FR-E500系列变频器配置了一些可表示运行状态的信号输出端，为晶体管输出，只能接至30V以下的直流电路中。运行状态信号有：

RUN——运行信号端；

FU——频率检测信号端。

（5）频率测量输出端

AM——模拟量输出，接至 0～10V 电压表。

（6）通信 PU 接口

PU 接口用于连接操作面板 FR—PA02—02，FR—PU04 以及 RS—485 通信。

6.4.2 三菱 FR-E500 系列变频器的功能及参数

当今，国内外虽有众多的变频器生产厂家，产品规格、形状各异，但基本使用方法和提供的基本功能却大同小异。现以三菱 FR-E500 系列变频器为例，介绍变频器的功能及参数。

变频器控制电动机运行，其各种性能和运行方式的实现均是通过许多的参数设定来实现的，不同的参数都定义着某一个功能，不同变频器参数的多少是不一样的。总体来说，有基本功能参数、运行参数、定义控制端子功能参数、附加功能参数、运行模式参数等，理解这些参数的意义，是应用变频器的基础。下面就常用的参数做以介绍。

1. 常用变频器参数的意义

（1）转矩提升（Pr.0）

此参数主要用于设定电动机启动时的转矩大小。通过设定此参数，可改善变频器启动时的低速性能，使电动机输出的转矩能满足生产启动的要求。一般最大值设定为 10%，如图 6.21 所示。

（2）上限频率（Pr.1）和下限频率（Pr.2）

这是两个与生产机械所要求的最高转速、最低转速相对应的频率参数。Pr.1 设定输出频率的上限，如果运行频率设定值高于此值，则输出频率被钳位在上限频率；Pr.2 设定输出频率的下限，若运行频率设定值低于这个值，运行时被钳位在下限频率值上，如图 6.22 所示。

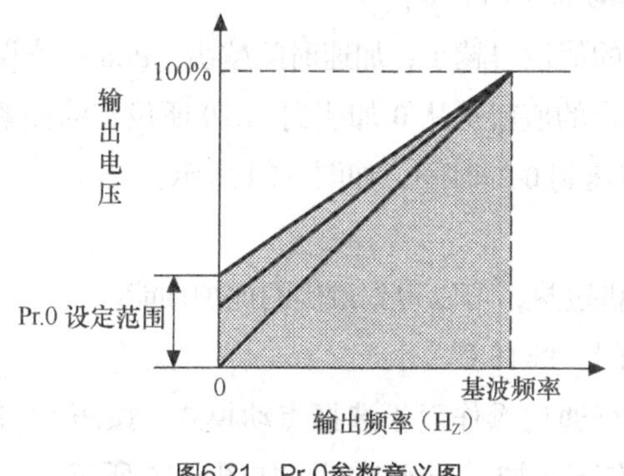

图6.21 Pr.0参数意义图

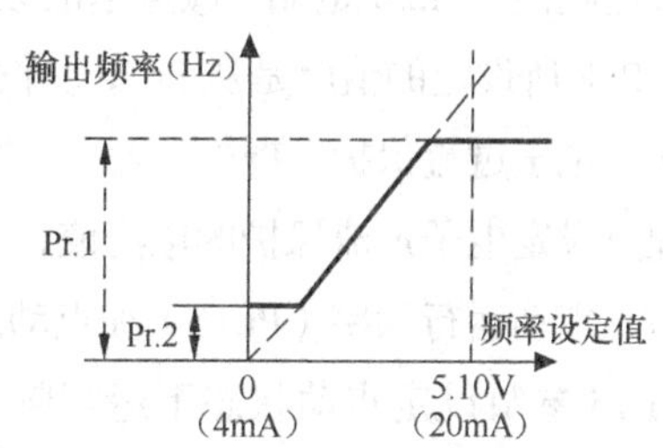

图6.22 Pr.1、Pr.2参数意义图

（3）基底频率（Pr.3）

基底频率通常设定为电动机的额定频率。

（4）多段速度（Pr.4，Pr.5，Pr.6）

用此参数将多段运行速度预先设定，通过开启、关闭输入端子 RH、RM、RL 与 SD 间的信号，选择

各种速度。Pr.24，Pr.25，Pr.26 和 Pr.27 也是多段速度的运行参数，其使用方法与 Pr.4，Pr.5，Pr.6 相似。各输入端子的状态与参数之间的对应关系如表 6.1 所示。各段速与各输入端开、闭状态如图 6.23 所示。

表 6.1　　各输入端子的状态与参数之间的对应关系表 1

输入端子	RH	RM	RL	RM，RL	RH，RL	RH，RM	RH，RM，RL
参数号	Pr.4	Pr.5	Pr.6	Pr.24	Pr.25	Pr.26	Pr.27

在以上 7 种速度的基础上，借助于端子 REX 信号，又可实现 8 种速度，其对应的参数是 Pr.232～Pr.239，如表 6.2 所示。

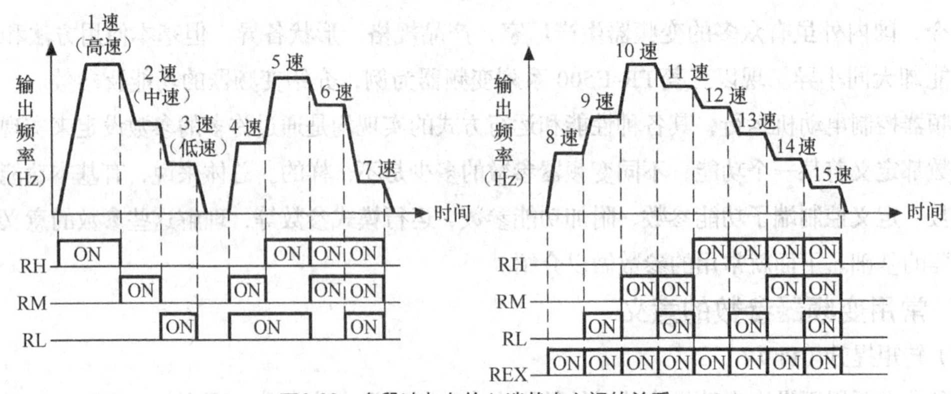

图6.23　多段速与各输入端状态之间的关系

表 6.2　　各输入端子的状态与参数之间的对应关系表 2

输入端子	REX	REX，RL	REX，RM	REX，RM，RL	REX，RH	REX，RH，RL	REX，RH，RM	REX，RH，RM，RL
参数号	Pr.232	Pr.233	Pr.234	Pr.235	Pr.236	Pr.237	Pr.238	Pr.239

（5）加、减速时间（Pr.7，Pr.8）及加、减速基准频率（Pr.20）

Pr.7，Pr.8 用于设定电动机加、减速时间。Pr.7 的值设得越小，加速时间越快；Pr.8 的值设得越大，减速越慢。Pr.20 是加、减速基准频率，Pr.7 设定的值就是从 0 加速到 Pr.20 所设定的频率上的时间，Pr.8 所设定的值就是从 Pr.20 所设定的频率减速到 0 的时间，如图 6.24 所示。

（6）电子过流保护（Pr.9）

通过设定电子过流保护的电流值，可防止电动机过热，可以得到最优的保护性能。

（7）点动运行频率（Pr.15）和点动加、减速时间（Pr.16）

Pr.15 参数设定点动状态下运行频率。点动运行通过操作面板选择点动模式，按压 FWD 键、REV 键实现点动操作。用 Pr.16 参数设定点动状态下的加、减速时间，如图 6.25 所示。

（8）操作模式选择（Pr.79）

这个参数用来确定变频器在什么模式下运行。

①“0”——电源投入时为外部操作模式。可用操作面板键切换 PU 操作模式和外部操作模式。具体操作详见图 6.33。

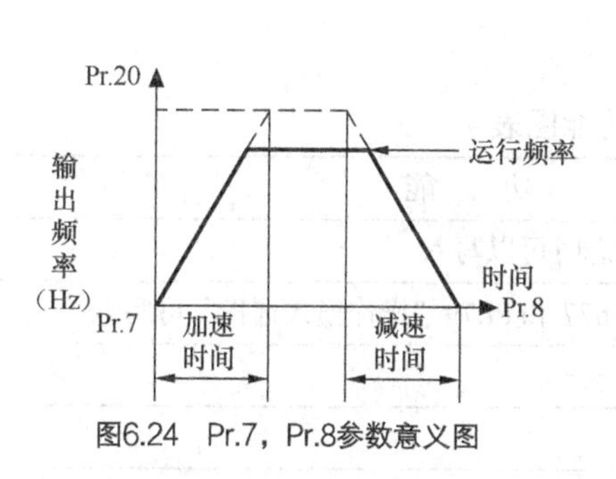

图6.24　Pr.7，Pr.8参数意义图

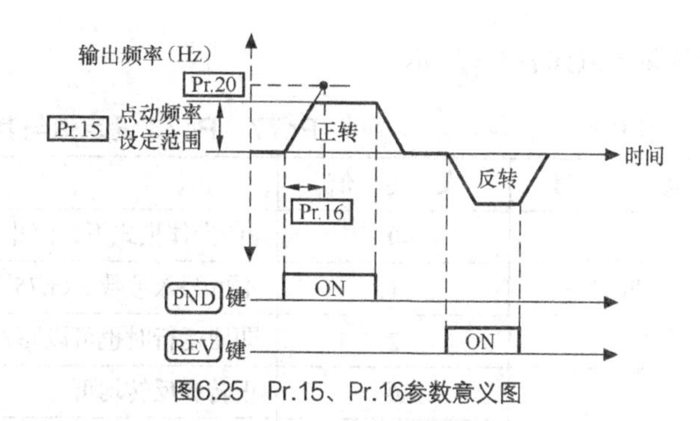

图6.25　Pr.15、Pr.16参数意义图

② “1”——PU 操作模式。运行频率：用操作面板上的键进行数字设定；启动信号：操作面板的 RUN、FWD、REV 键。

③ “2”——外部操作模式。运行频率：模拟电压信号或模拟电流信号通过外部信号输入端子 2（4）～5 之间加入；启动信号：外部信号输入（端子 STF，STR）。

④ “3”——外部/PU 组合操作模式 1。运行频率：用操作面板的键进行数字设定，或外部信号输入；启动信号：外部输入信号（端子 STF，STR）。

⑤ “4”——外部/PU 组合操作模式 2。运行频率：模拟电压信号或模拟电流信号通过外部信号输入端子 2（4）～5 之间加入；启动信号：操作面板的 RUN、FWD、REV 键。

（9）直流制动相关参数（Pr.10，Pr.11，Pr.12）

Pr.10 是直流制动时的动作频率，Pr.11 是直流制动时的作用时间，Pr.12 是直流制动时的电压，通过这 3 个参数的设定，可以提高停止的准确度，使之符合负载的运行要求。直流制动参数的意义如图 6.26 所示。

（10）启动频率（Pr.13）

Pr.13 参数设定在电动机开始启动时的频率，如果设定频率（运行频率）设定的值较此值小，电动机不运转，若 Pr.13 的值低于 Pr.2 的值，即使没有运行频率（即为“0”），启动后电动机也将运行在 Pr.2 的设定值。启动频率参数的意义如图 6.27 所示。

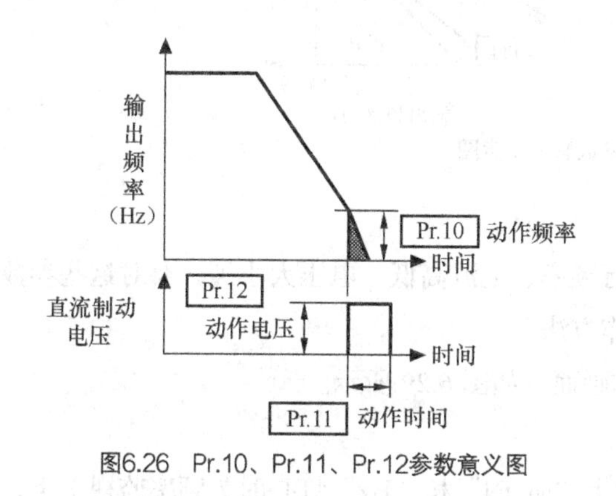

图6.26　Pr.10、Pr.11、Pr.12参数意义图

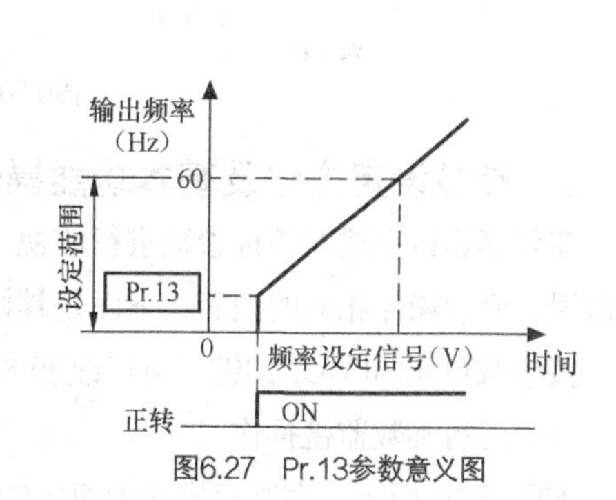

图6.27　Pr.13参数意义图

（11）参数禁止写入选择（Pr.77）和逆转防止选择（Pr.78）

Pr.77 用于参数写入禁止或允许，主要用于参数被意外改写；Pr.78 用于泵类设备，防止反转，

具体设定值如表6.3所示。

表6.3 Pr.77、Pr.78设定值与其功能图表

参数号	设定值	功能
Pr.77	0	PU操作模式下、停止状态时可以写入
	1	不可写入参数。Pr.75，Pr.77和Pr.79“操作模式选择”可写入
	2	即使运行时也可以写入
Pr.78	0	正转和反转均可
	1	不可反转
	2	不可正转

（12）负载类型选择参数（Pr.14）

用此参数可以选择与负载特性最适宜的输出特性（U/F特性），如图6.28所示。

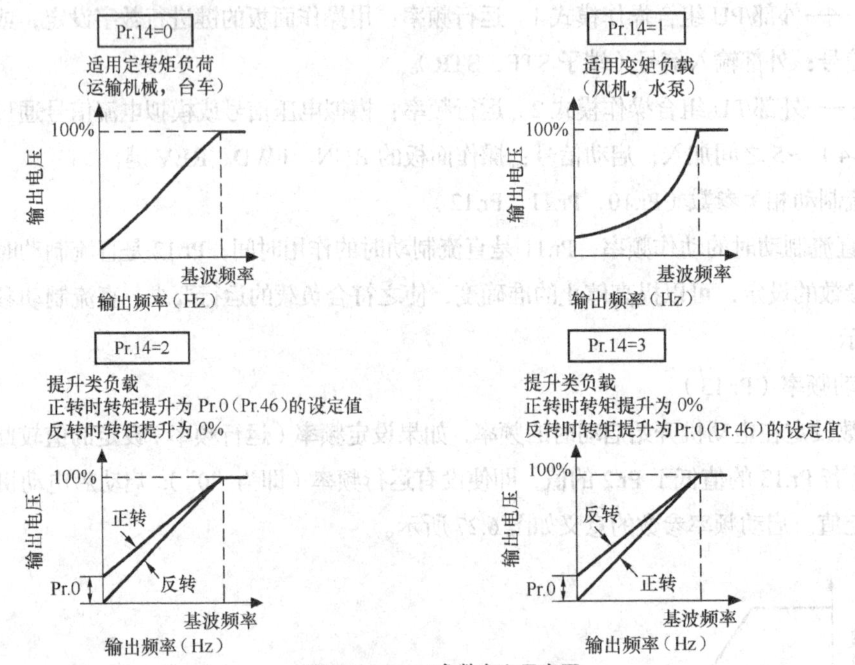

图6.28 Pr.14参数意义示意图

2. 参数设定方法及基本功能操作

变频器运行中要对各种参数进行监视，如运行频率、电流高低、电压大小等，要对这些参数进行监视，必须操作相应的画面，下面是具体的操作方法。

按参数单元的[MODE]键，可以改变5个操作画面，如图6.29所示。

（1）运行参数监视操作

如图6.30所示，在监视模式画面（参数单元上“MON”和“Hz”灯亮时为频率监视）下，按【SET】键分别可以切换到电流监视、电压监视的画面。当长时间按下【SET】键（大于1.5s）时，【SET】键为写入功能。

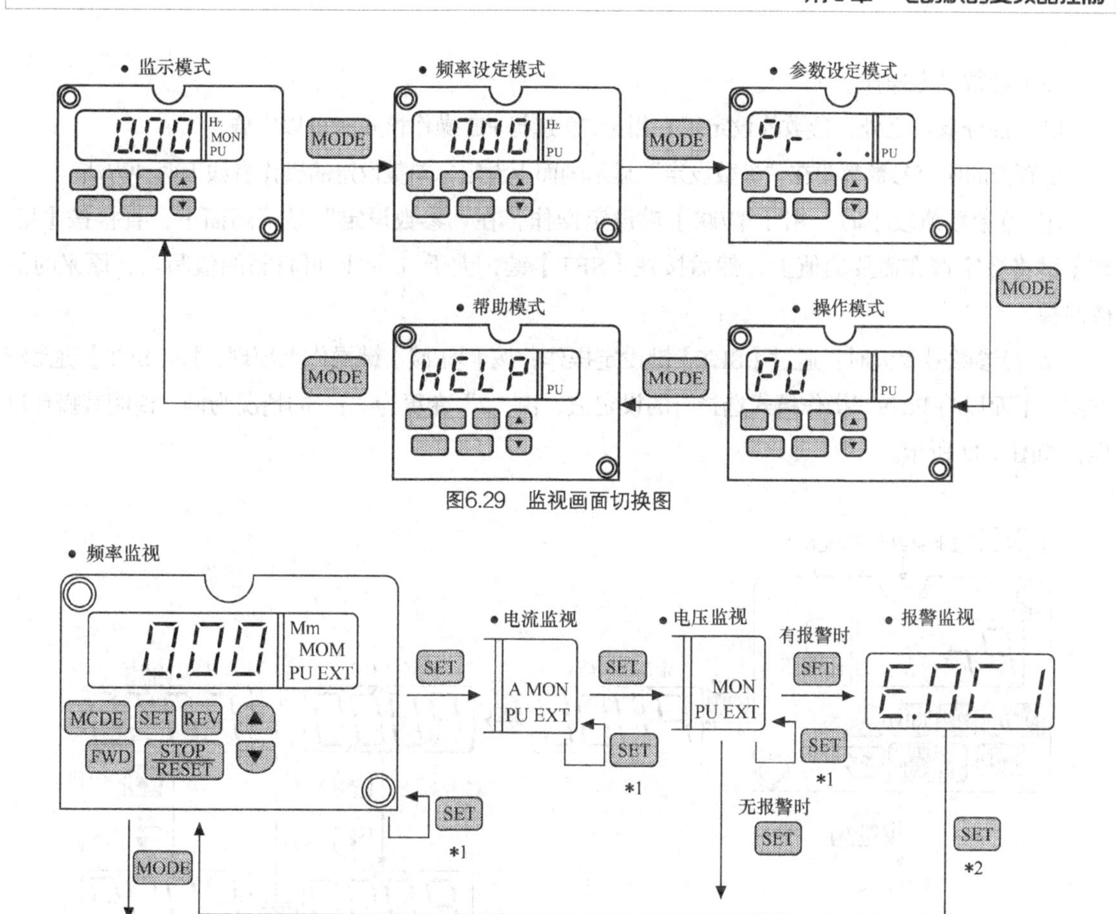

图6.29　监视画面切换图

图6.30　监视频率、电流、电压画面切换图

（2）运行频率设定操作

在PU操作模式下，用【RUN】键、【FWD】键或【REV】键设定运行频率值。如图6.31所示。设定运行频率时，首先操作【MODE】键，将显示画面调整在“频率设定”画面下，再操作【增/减】键，将数值调整在需要的值上，然后按住【SET】键不放（大于1.5s），新的值即可写入，原来的值被冲掉。此模式只在PU操作模式时显示。

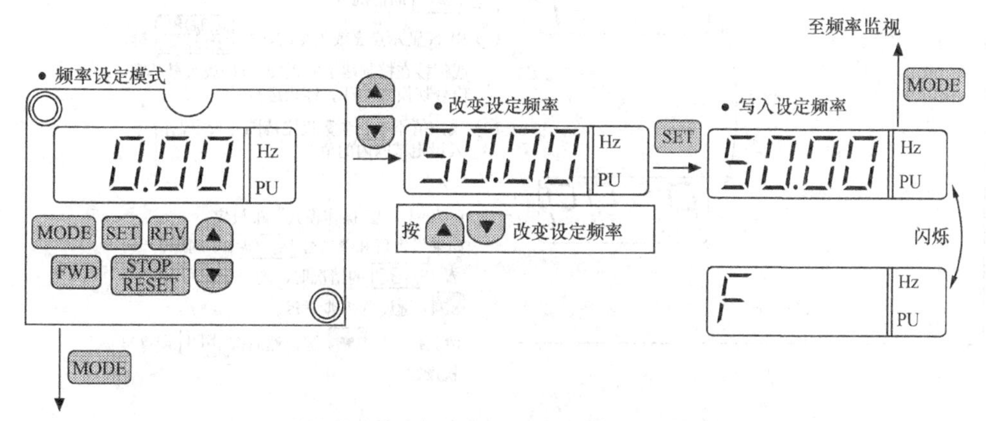

图6.31　频率设定画面切换图

（3）参数设定操作

除一部分参数之外，参数的设定仅在用 Pr.79 选择 PU 操作模式时可以实施。

变频器的所有参数都要在“参数设定”显示画面下设定，参数设定的操作有如下两种方法。

① 当参数值较小时：用【增/减】键设定操作，在“参数设定”显示画面下，直接按【增/减】键将数字调在需要的值上，然后按住【SET】键，大于 1.5s 即可将新的值写入，原来的值被冲掉。

② 当参数号太大时：通过【SET】键设定操作，按【增/减】键操作太烦琐，按【SET】键比较方便。下面以将 Pr.79“操作模式选择”的设定值，由“2”变更为“1”的情况为例，说明其操作过程，如图 6.32 所示。

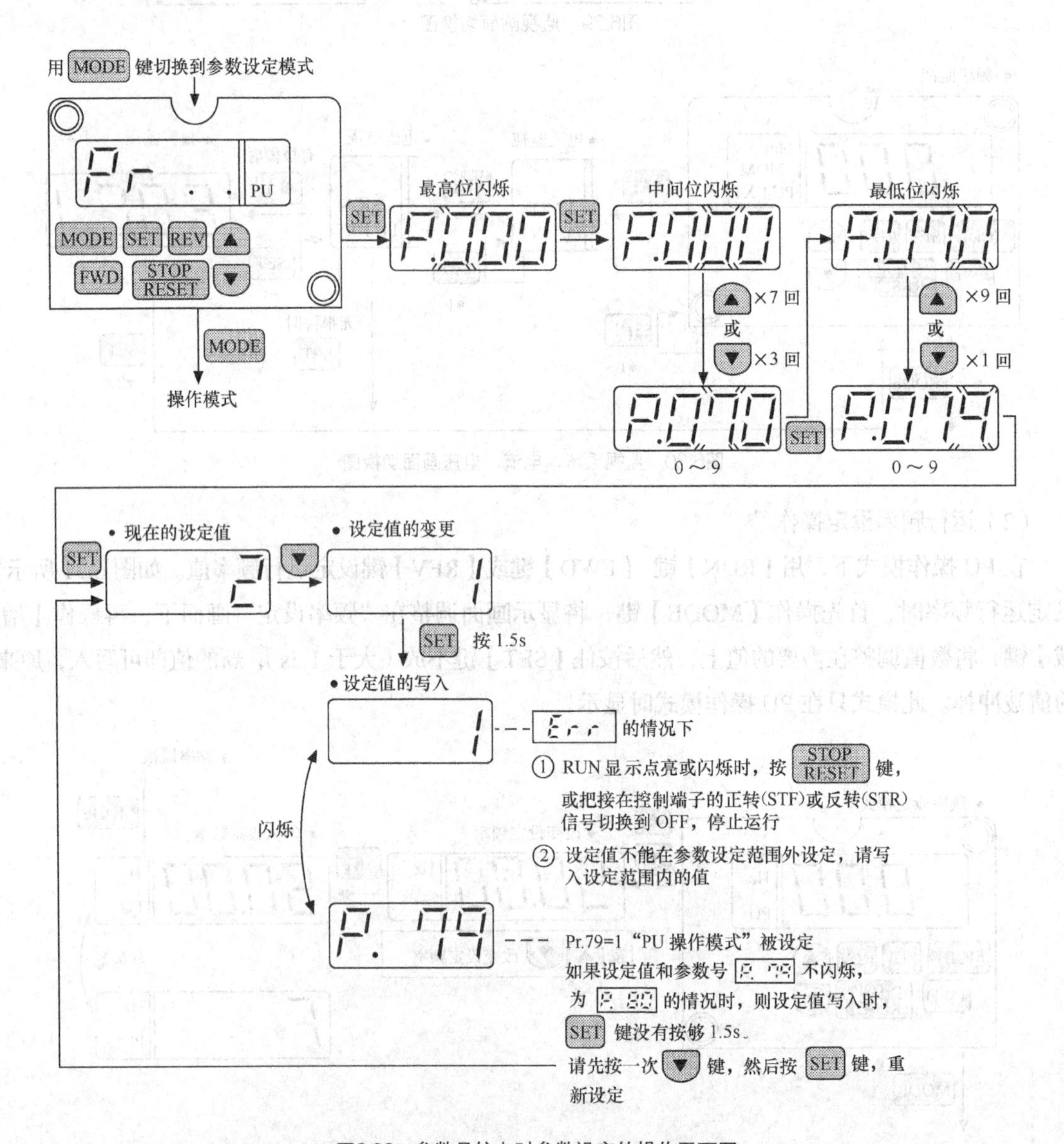

图6.32 参数号较大时参数设定的操作画面图

(4) 操作模式切换操作

当 Pr.79=0 时，需要切换操作模式时，首先操作【MODE】键，将显示画面调整在“操作模式”画面下，再操作【增/减】键，则变频器在 PU 操作——PU 点动操作——外部操作切换，如图 6.33 所示。当 Pr.79=1 时，按【增】键可以切换到点动状态，按【减】键又可以回到“PU”运行状态，但不能切换到外部运行模式下。若要转到外部运行模式，可设 Pr.79=2。

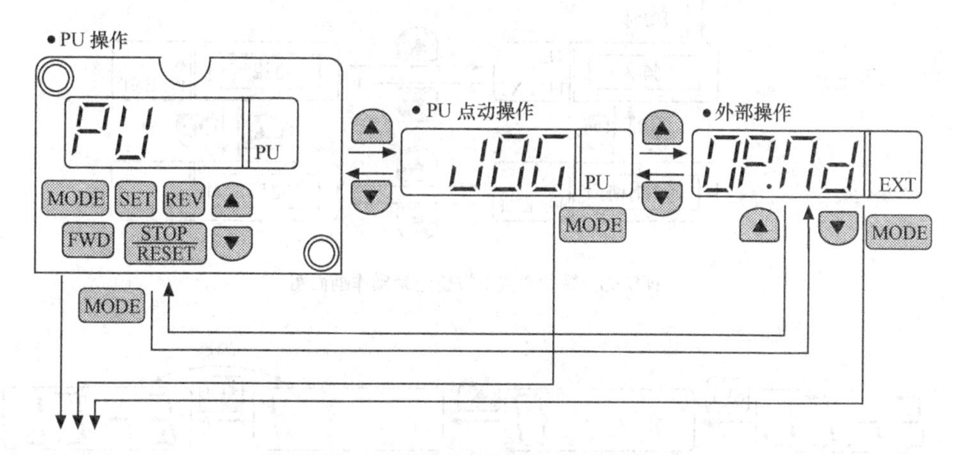

图6.33 Pr.79“操作模式选择”=0时操作画面图

(5) 帮助模式的各种操作

如图 6.34 所示，当操作【MODE】键进入帮助模式后，可以进行各种清除操作，如报警记录清除、参数清除、全部清除等。

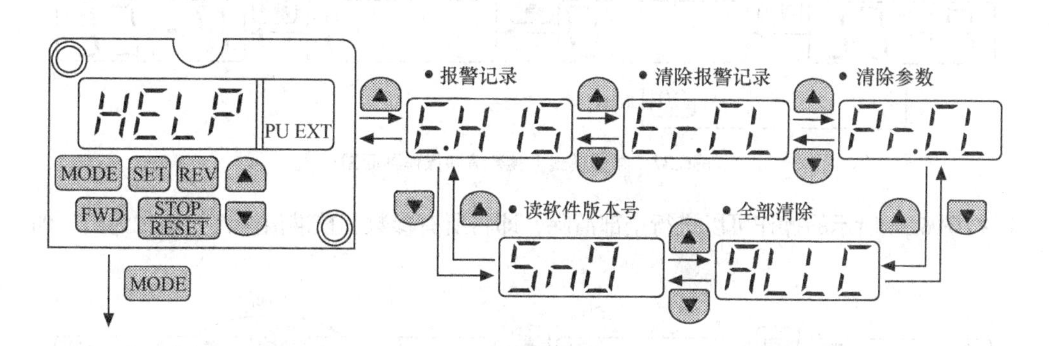

图6.34 帮助模式下操作画面图

① 报警记录显示操作。在报警记录显示画面下，按【增/减】键能显示最近的 4 次报警，当没有报警存在时，显示符号为“E 0”，如图 6.35 所示。

② 按照图 6.36 所示的操作，可以清除报警记录。

③ 按图 6.37 所示的操作可以进行参数清除，即将所有参数初始化为出厂值。变频器在出厂时，所有的参数均有一个出厂设定值，用户在使用时，根据需要可以在参数设定的允许范围内，改变出厂值，但进行此项操作后，其参数又初始化为出厂值。

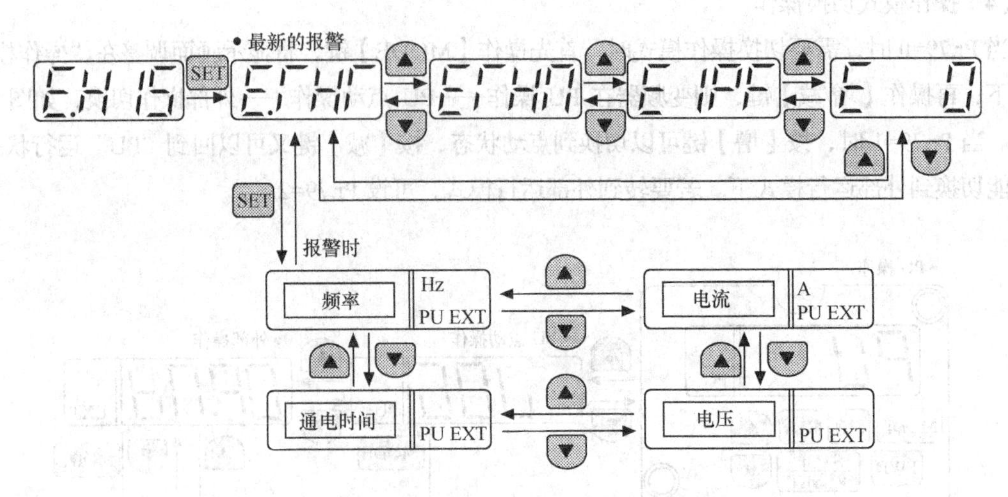

图6.35　帮助模式下报警记录操作画面图

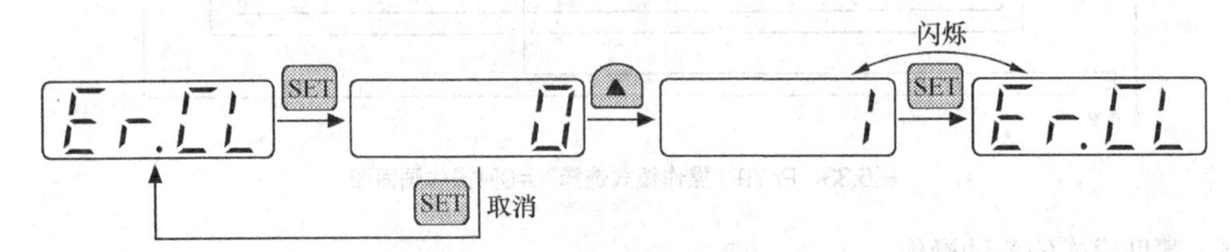

图6.36　帮助模式下报警记录清除操作画面图

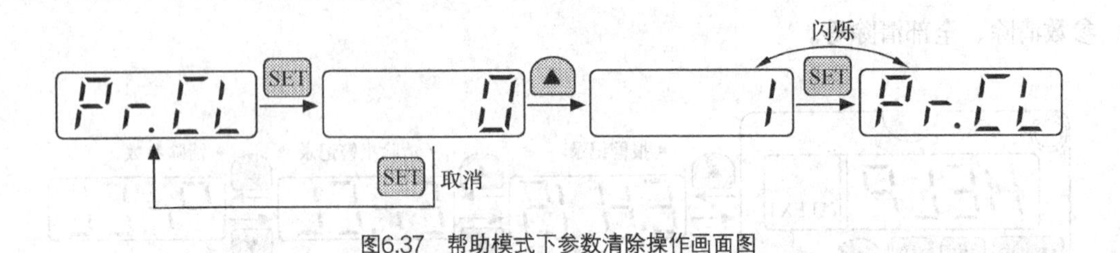

图6.37　帮助模式下参数清除操作画面图

④ 按图 6.38 所示的操作可以进行全部清除，即将所有参数和校准值全部初始化为出厂值。

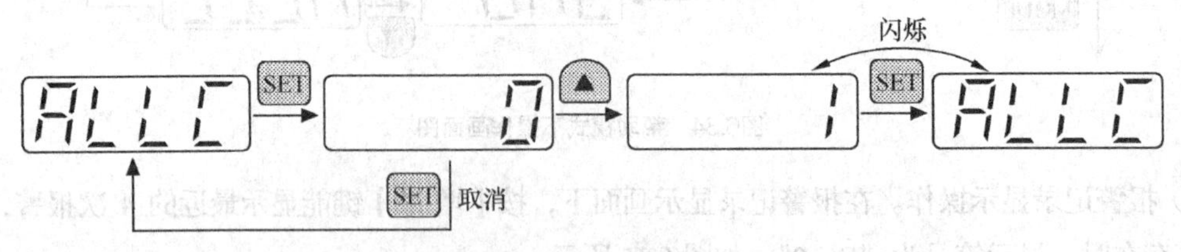

图6.38　帮助模式下全部清除操作画面图

这里的全部清除就是将参数值和校准值全部初始化为出厂设定值，而并非清为“0”，参数清除和用户清除操作方法同上。以上所有的清除操作均应在“PU 模式”下才可进行。

6.5 用变频器控制电动机的基本环节

用变频器控制三相电动机的电路，也分为主电路和控制线路。

6.5.1 电动机的启动/停止控制

电动机单向启动/停止的变频器控制是最基本的控制过程，控制电路如图 6.39 所示。

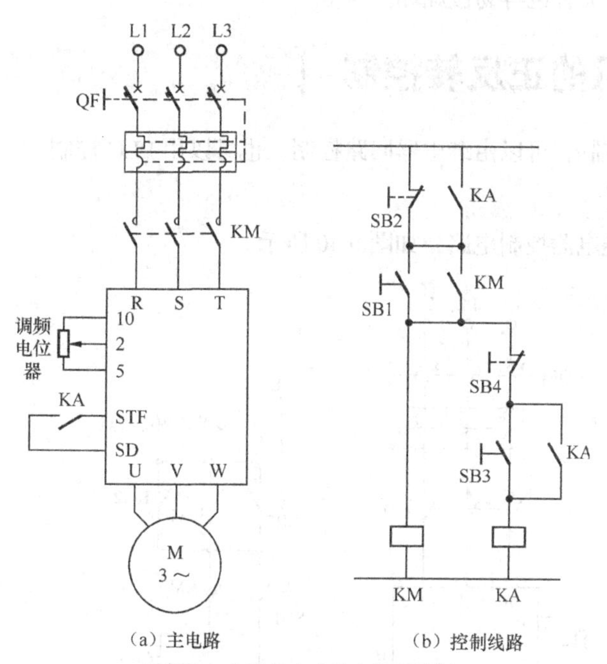

（a）主电路 （b）控制线路

图6.39 电动机启动的变频器控制

（1）主电路

主电路采用 QF 空气断路器作为主电源的通断控制，KM 接触器为变频器的通断开关。KM 闭合，变频器通电；KM 断开，变频器断电。

（2）控制线路

控制线路中 SB1 和 SB2 为变频器的通、断电按钮。当按下 SB1，KM 线圈通电，其触点吸合，变频器通电；按下 SB2，KM 线圈失电，触点断开，变频器断电。变频器的启动由 SB3 控制，按下 SB3，中间继电器 KA 线圈得电吸合，其触点将变频器的 STF 与 SD 短路，电动机转动。此时 KA 的另一动合触点锁住 SB2，使其不起作用，这就保证了变频器在正向转动期间不能使用电源开关进行停止操作。当需要停止时，必须先按下 SB4，使 KA 线圈失电，其动合触点断开（电动机减速停止），这时才可按下 SB2，使变频器断电。可以看出，变频器的通断电是在停止输出状态下进行的，在运行状态下一般不允许切断电源。

（3）几点说明

① 模拟电压控制端子通过改变输入模拟电压值，即可改变变频器的输出频率。图 6.39 中（10、2、5）端子上接入的调频电位器，用以控制变频器的输出频率。这种控制方法使用方便，多用于变频器的开环控制。

② 控制电路中接入接触器 KM，一方面可以方便地实现互锁控制，另一方面，在变频器的保护功能动作时，也可以通过接触器迅速切断电源。

③ 变频器的通断电，一般不允许在运行状态下切断电源，必须在停止输出状态下进行。

因为电源突然断电，变频器立即停止输出，运行中的电动机失去了降速时间，处于自由停止状态，这对于某些运行场合会造成影响，因此不允许运行中的变频器突然断电；此外，电源突然断电，变频器内部的大功率开关管也容易被烧坏。

6.5.2 电动机的正反转控制

电动机的变频器控制，可以由继电器回路控制，也可以用 PLC 控制。

1. 继电器控制

变频器正反转的继电器控制电路，如图 6.40 所示。

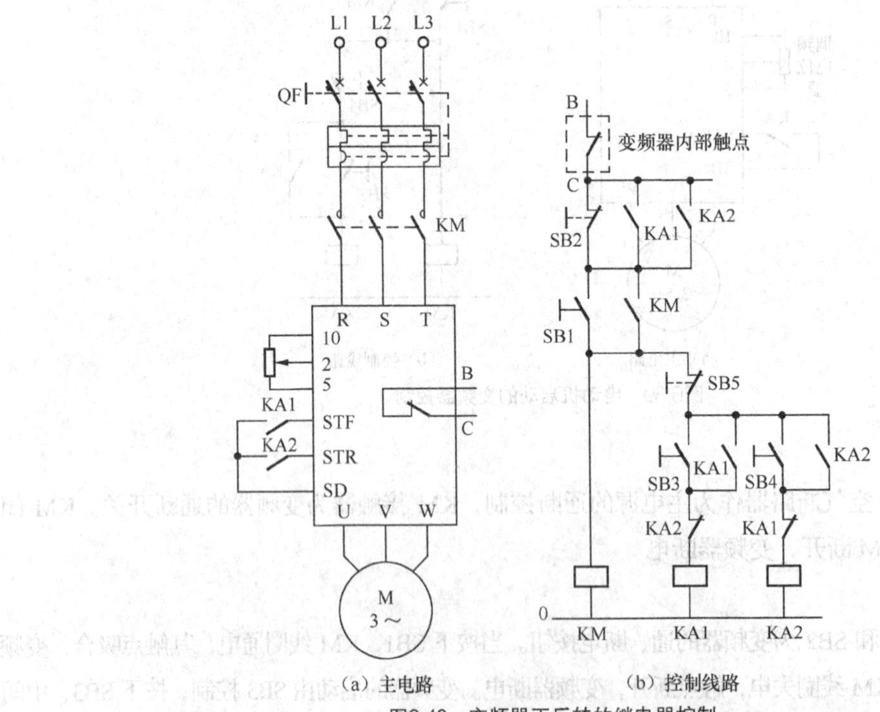

（a）主电路　　（b）控制线路

图6.40　变频器正反转的继电器控制

（1）主电路

主电路与电动机启动的变频器控制相同。KM 接触器仍只作为变频器的通、断电控制，而不作为变频器的运行与停止控制，因此断电按钮 SB2 仍由运行继电器封锁。

（2）控制线路

① 控制线路串接总报警输出接点 B、C，当变频器故障报警时切断控制电路停机。

② 变频器的通、断电和正反转运行控制均采用应用最为方便的主令按钮开关。

控制线路中各器件的作用：按钮开关 SB1、SB2 用于控制接触器 KM 的吸合或释放，从而控制变频器的通电或断电；按钮开关 SB3 用于控制正转继电器 KA1 的吸合，从而控制电动机的正转运行；按钮开关 SB4 用于控制继电器 KA2 的吸合，从而控制电动机的反转运行；按钮开关 SB5 用于控制停止。电路的工作过程为：当按下 SB1，KM 线圈得电吸合，其主触点接通，变频器通电处于待机状态。与此同时，KM 的辅助动合触点使 SB1 自锁。这时如按下 SB3，KA1 线圈得电吸合，其动合触点 KA1 接通变频器的 STF 端子，电动机正转。与此同时，其另一动合触点闭合使 SB3 自锁，动断触点断开，使 KA2 线圈不能通电。如果要使电动机反转，先按下 SB5 使电动机停止，然后按下 SB4，KA2 线圈得电吸合，其动合触点 KA2 闭合，接通变频器 STR 端子，电动机反转。与此同时，其另一动合触点 KA2 闭合使 SB4 自保，动断触点 KA2 断开使 KA1 线圈不能通电。不管电动机是正转运行还是反转运行，两继电器的另一组动合触点 KA1、KA2 都将总电源停止按钮 SB2 短路，使其不起作用，防止变频器在运行中误按下 SB2 而切断总电源。

2. PLC 控制

在变频器控制中，如果控制电路逻辑功能比较复杂，用 PLC 控制是最适合的控制方法。为了从简单入手，先学习用 PLC 控制变频器运用外部操作模式实现电动机的正反转。

变频器正反转继电器控制的主电路及接口电路如图 6.41 所示，运行程序如图 6.42 所示。

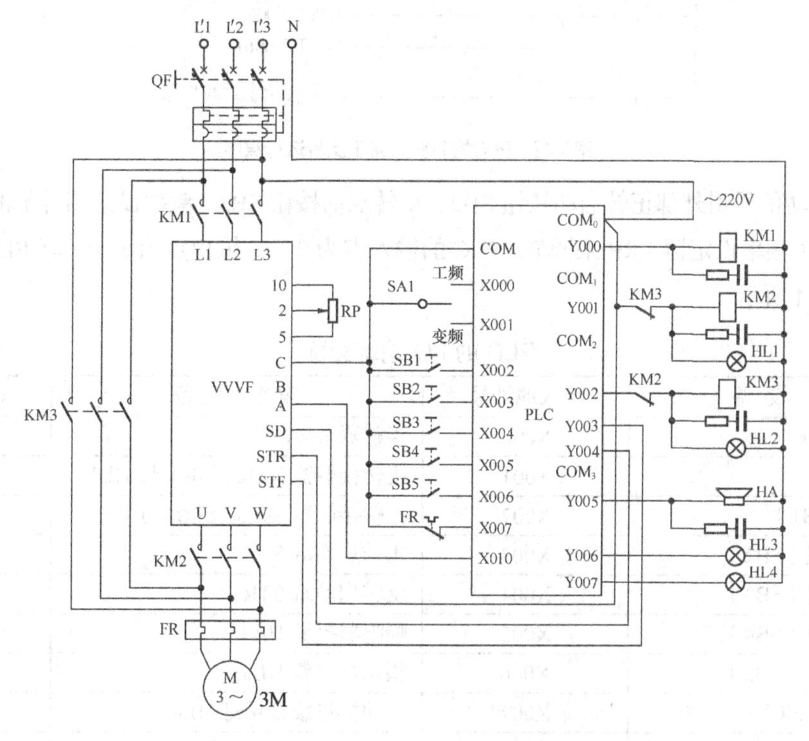

图6.41 PLC控制变频器正反转运行电路图

```
X000 X002 X007 Y001
─┤├──┤├──┬──┤├──┤/├──────────[SET Y002]  工频运行
 T001    │
─┤├──────┘
 X005        X000
─┤├──────┬──┤├──────────────[RST Y002]
 X007    │
─┤/├─────┘
 X001  X002   X007  X010  Y002
─┤├──┬─┤├──┬──┤├──┤/├──┤/├──[SET Y001]  变频运行
     │ Y001│
     ├─┤├──┘
     ├──────────────────────(Y000)
     │ X005   Y003
     ├─┤├──┬──┤/├───────────[RST Y001]
     │ X010│
     └─┤├──┘
 X003 X007 Y000 Y004
─┤├──┤├──┤├──┤/├────────────[SET Y003]  正转启动
 X004 X007 Y000 Y003
─┤├──┤├──┤├──┤/├────────────[SET Y004]  反转启动
 X006
─┤├──┬──┬───────────────────[RST Y003]
 X010│  │
─┤├──┘  └───────────────────[RST Y004]
 X010
─┤├──┬──────────────────────[SET Y005]  声光报警
     ├──────────────────────[SET Y006]
     └──────────────────────(T001) K20
 X000
─┤├──┬──────────────────────[RST Y005]
     └──────────────────────[RST Y006]
 X007
─┤/├────────────────────────(Y007) 过载指示
```

图6.42 PLC控制变频器正反转运行程序

图中，启动信号用外部正转启动按钮SB2、反转启动按钮SB3，频率设定用外部的接于端子2、5之间的旋钮（频率设定器）RP来调节。PLC的输入点为9个，输出点为8个，其PLC的I/O地址分配，如表6.4所示。

表6.4 PLC的I/O地址分配

输入设备	输入地址号	输出设备	输出地址号
工频（SA1-0）	X000	接触器KM1	Y000
变频（SA1-1）	X001	正转接触器KM2及指示灯HL1	Y001
电源通电（SB1）	X002	正转接触器KM3及指示灯HL2	Y002
正转启动按钮（SB2）	X003	正转启动端STF	Y003
反转启动按钮（SB3）	X004	反转启动端STR	Y004
电源断电按钮（SB4）	X005	蜂鸣器报警HA	Y005
变频制动按钮（SB5）	X006	指示灯报警HL3	Y006
电动机过载（FR）	X007	电动机过载指示灯HL4	Y007
变频故障	X010		

6.5.3　电动机的制动控制

变频器具有制动功能，常用的制动有电动机带抱闸制动控制和电阻制动控制。下面介绍电动机带抱闸制动控制。

某些工作场合，当电动机停止运行后不允许其再滑动，如电梯，在平层时，电动机停止，必须立即将电动机转子抱住，不然电梯会下落，这是绝对不允许的，因此需要电动机带有抱闸功能。

具有抱闸功能的电动机控制电路的特点：当电动机停止转动时，变频器输出抱闸信号；当电动机开始启动时，变频器输出松闸信号。抱闸和松闸信号输出的时刻必须准确，否则会造成变频器过载。

图 6.43 所示为具有抱闸功能的电动机控制电路。此电路主要控制变频器的通、断电及正转运行与停止，并在停止时控制电动机抱闸。图中 L 为电动机抱闸线圈，当 KD 继电器得电闭合时，L 线圈通电，抱闸松开；KD 继电器失电断开时，L 线圈失电，电动机抱闸制动。VD_1 为整流二极管，VD_2 为续流二极管，当 KD 断开时 VD_2 为线圈 L 续流。

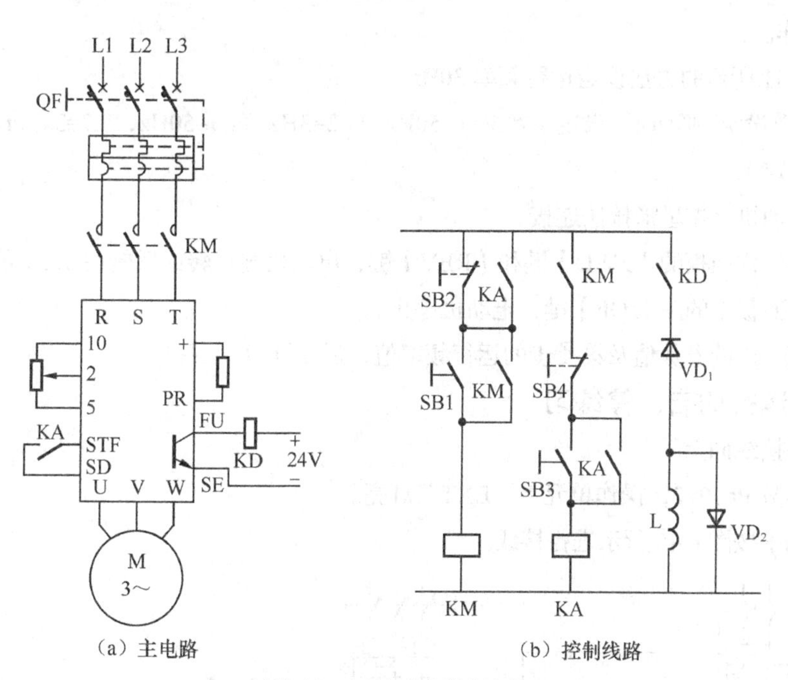

（a）主电路　（b）控制线路

图6.43　电动机抱闸控制电路

抱闸控制信号是由变频器的多功能输出端子 FU 给出的，因此将此端子定义为“频率到达”输出端，并将“频率到达”信号预置为 0.5Hz。当输出频率高于 0.5Hz 时，此端子 FU-SE 导通，KD 得电闭合，抱闸松开，变频器进入正常调速工作状态；当变频器减速停止，输出频率低于 0.5Hz 时，FU-SE 端子截止，L 失电抱闸。

6.6 变频器实操训练

6.6.1 各种模式下的实操练习

1. "PU操作"模式的启、停练习

① 主电路接线：主电路接线就是将变频器与电源及电动机连接。按图6.44所示的示意图连线，接好电动机和电源。

② 按图6.32所示的方法设定参数Pr.79=1，操作单元上"PU"灯亮。

③ 按图6.38所示的方法，在"HELP"画面下，操作"▲"键，调出"全部清除"子画面，进行全部清除操作。

④ 按图6.31所示的方法设定运行频率30Hz。

⑤ 在"参数设定"画面下，设定参数Pr.1=50Hz，Pr.2=3Hz，Pr.3=50Hz，Pr.7=3s，Pr.8=4s，Pr.9=2A（由电动机功率定）。

⑥ 连接电动机：按星形接法连接。

⑦ 分别按操作面板的【FWD】键和【REV】键，电动机会正转或反转在30Hz的频率上。

⑧ 按操作面板上的【STOP】键，电动机停止。

⑨ 改变第⑤步的参数值及第④步的运行频率值，反复练习。

2. 外部运行的启、停练习

① 主电路接线同上。

② 设定参数Pr.79=2，操作单元上"EXT"灯亮。

③ 控制端子按图6.45所示进行接线。

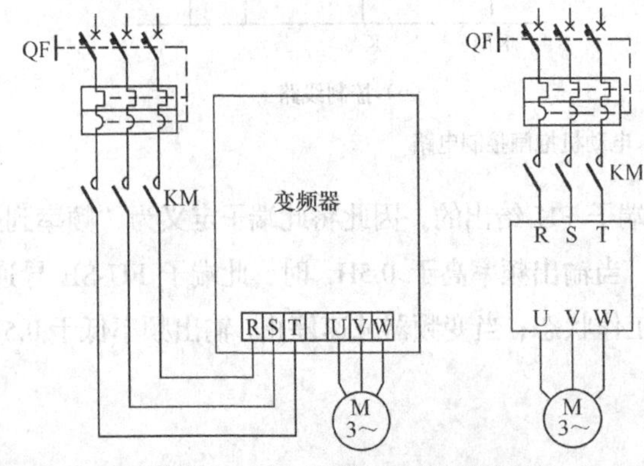

图6.44 电源、电动机、变频器连接图

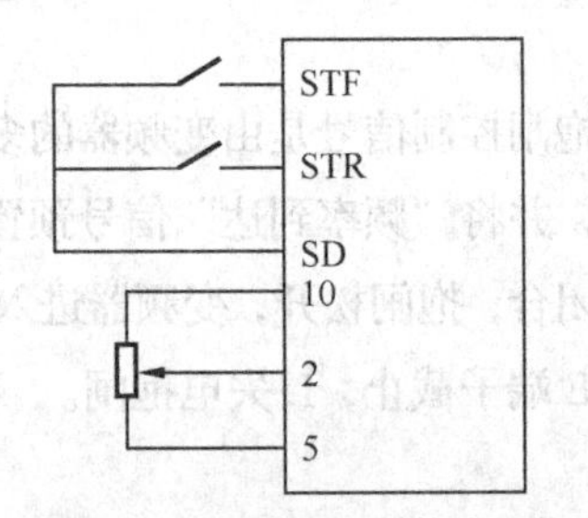

图6.45 外部控制运行接线示意图

④ 接通 SD 与 STF 端子，转动电位器，电动机正向加速运行。

⑤ 断开 SD 与 STF 端子连线，电动机停止。

⑥ 接通 SD 与 STR 端子，转动电位器，电动机反向加速运行。

⑦ 断开 SD 与 STF 端子连线，电动机停止。

6.6.2　组合运行操作

组合运行操作是应用参数单元和外部接线共同控制变频器运行的一种方法，一般来说有两种：一种是参数单元控制电动机的启停，外部接线控制电动机的运行频率；另一种是参数单元控制电动机的运行频率，外部接线控制电动机的启停，这是工业控制中常用的方法。

1. 外部信号控制启停，操作面板设定运行频率

具体运行操作步骤如下。

① 参数设定：在“PU 模式”、“参数设定”画面下，设定 Pr.1=50Hz，Pr.2=0Hz，Pr.3=50Hz，Pr.7=3s，Pr.8=4s，Pr.4=40H，Pr.5=30Hz，Pr.6=15Hz，Pr.20=50Hz，Pr.79=3。

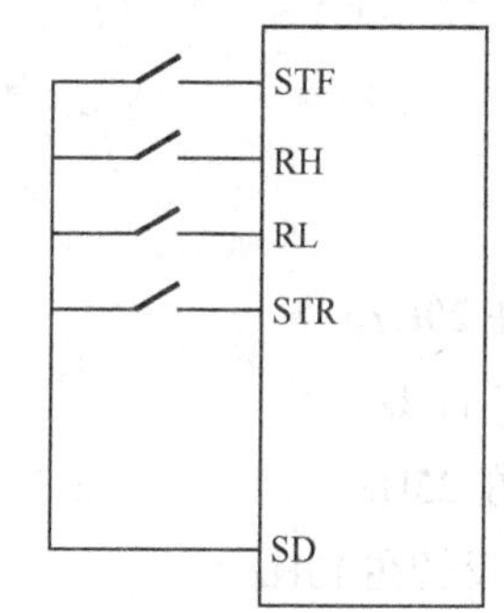

图6.46　组合操作控制端子接线图

② 主电路按图 6.44 所示，将电源与电动机及变频器连接好，控制端子按图 6.46 所示接线。

③ 在接通 RH 与 SD 前提下，SD 与 STF 导通，电动机正转运行在 40Hz；SD 与 STR 导通，电动机反转运行在 40Hz。

④ 在接通 RM 与 SD 前提下，SD 与 STF 导通，电动机正转运行在 30Hz；SD 与 STR 导通，电动机反转运行在 30Hz。

⑤ 在接通 RL 与 SD 前提下，SD 与 STF 导通，电动机正转运行在 15Hz；SD 与 STR 导通，电动机反转运行在 15Hz。

⑥ 练习完毕断电后拆线，并且清理现场。

2. 用外接电位器设定频率，操作面板控制电动机启停

具体运行操作步骤如下。

① 参数设定：在“PU 模式”、“参数设定”画面下，设定 Pr.1=50Hz，Pr.2=2Hz，Pr.3=50Hz，Pr.7=3s，Pr.8=4s，Pr.20=50Hz，Pr.79=4，Pr.9=1A（由电动机功率定）。

② 主电路按图 6.44 所示，将电源与电动机及变频器连接好，控制端子按图 6.47 所示接线。

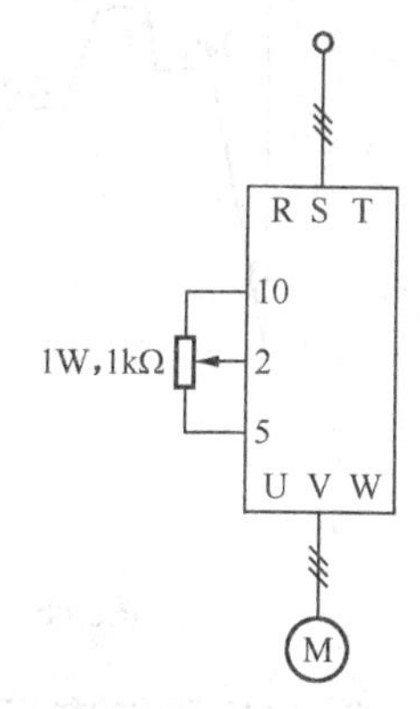

图6.47　外部控制频率的组合操作控制端子接线图

③ 按下操作面板上的【FWD】键，转动电位器，电动机正向加速。

④ 按下操作面板上的【REV】键，转动电位器，电动机反向加速。

⑤ 按下【STOP】键，电动机停。

⑥ 练习完毕断电后拆线，并且清理现场。

6.6.3 多段速度运行操作

多段速度控制方式在实际应用中是十分广泛的，是工业生产控制中变频器基本控制方式之一。FR-E500 三菱变频器的多段速度运行共有 15 种运行速度，通过外部接线端子的控制可以运行在不同的速度上，在需要经常改变速度的生产机械上得到广泛应用。多段速与各输入端状态之间的关系，参见前面介绍的图 6.23。

1. 7 段速度运行操作

此操作练习，可参考如图 6.48 所示的 7 段速度运行曲线运行。

① 参数设定：在“PU 模式”“参数设定”画面下，设定 Pr.1=50Hz，Pr.2=2Hz，Pr.3=50Hz，Pr.7=3s，Pr.8=4s，Pr.20=50 Hz，Pr.79=3，Pr.9=1，Pr.4=30Hz，Pr.5=35Hz，Pr.6=25Hz，Pr.24=20Hz，Pr.25=12Hz，Pr.26=25Hz，Pr.27=13Hz。

② 主电路按图 6.44 所示，将电源与电动机及变频器连接好，控制端子按图 6.49 所示接线。

③ 在接通 RH 与 SD 情况下，接通 STF 与 SD，电动机正转在 30Hz。

④ 在接通 RM 与 SD 情况下，接通 STF 与 SD，电动机正转在 35Hz。

⑤ 在接通 RL 与 SD 情况下，接通 STF 与 SD，电动机正转在 25Hz。

⑥ 在同时接通 RM、RL 与 SD 情况下，接通 STF 与 SD，电动机正转在 20Hz。

⑦ 在同时接通 RH、RL 与 SD 情况下，接通 STF 与 SD，电动机正转在 12Hz。

⑧ 在同时接通 RH、RM 与 SD 情况下，接通 STR 与 SD，电动机反转在 25Hz。

⑨ 在同时接通 RH、RM、RL 与 SD 情况下，接通 STR 与 SD，电动机反转在 13Hz。

⑩ 正转运行过程中，若断开 STF 与 SD；反转运行过程中，若断开 STR 与 SD，电动机停。

⑪ 练习完毕断电后拆线，并且清理现场。

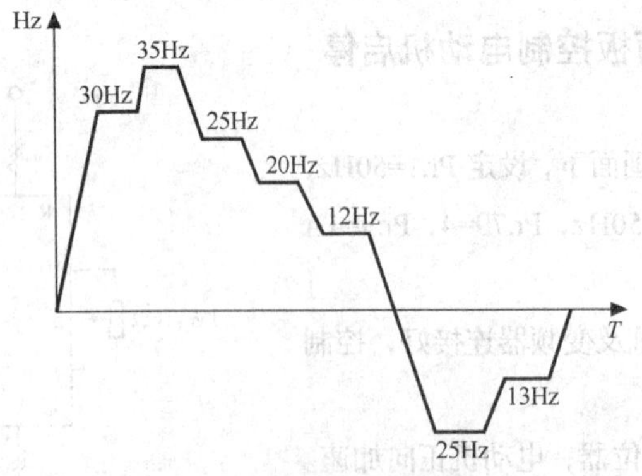

图6.48 7段速度运行曲线图

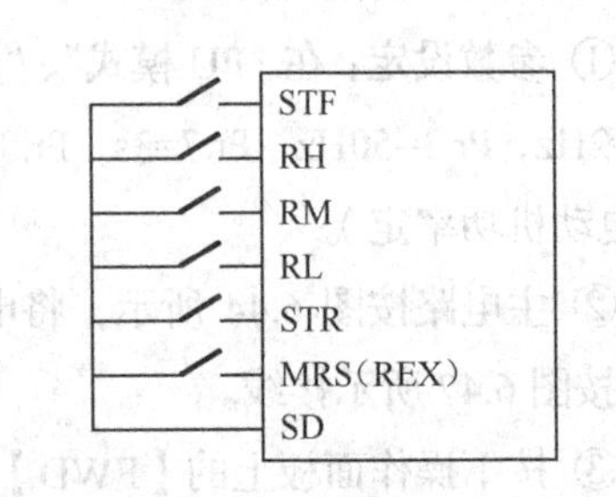

图6.49 多段速度运行控制回路接线示意图

2. 15 段速度运行操作

在前面 7 段速度基础上，再设定下面 8 种速度，变成 15 种速度运行。

① 改变端子功能：设 Pr.183=8，使 MRS 端子的功能变为 REX 功能。

② 参数设定：在原参数设定的基础上，再设定下面 8 种速度的参数，即 Pr.232=30Hz，Pr.233=35Hz，Pr.234=25Hz，Pr.235=20Hz，Pr.236=12Hz，Pr.237=22Hz，Pr.238=16Hz，Pr.239=10Hz。8 种速度运行曲线如图 6.50 所示。

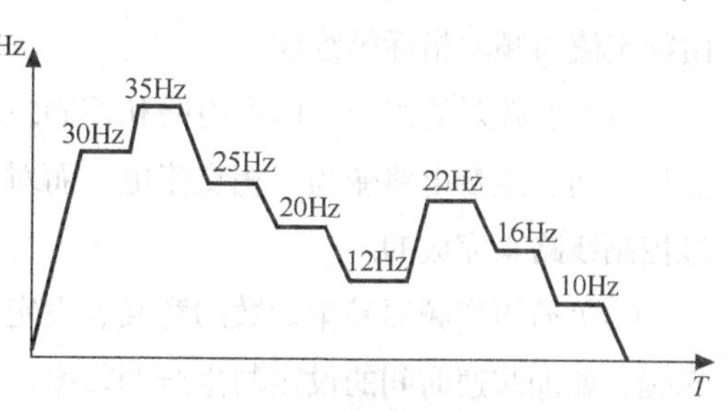

图6.50 8～15段速度运行曲线图

③ 操作步骤（按图 6.49 所示接线）：

（a）接通 REX 与 SD 端，运行 30Hz；

（b）同时接通 REX、RL 与 SD 端，运行 35Hz；

（c）同时接通 REX、RM 与 SD 端，运行 25Hz；

（d）同时接通 REX、RL、RM 与 SD 端，运行 20Hz；

（e）同时接通 REX、RH 与 SD 端，运行 12Hz；

（f）同时接通 REX、RL、RH 与 SD 端，运行 22Hz；

（g）同时接通 REX、RH、RM 与 SD 端，运行 16Hz；

（h）同时接通 REX、RL、RM、RH 与 SD 端，运行 10Hz。

6.6.4 频率跳变的设置

变频器除了以上的使用方法外，还有一些特殊功能的设定，包括跳变频率的设定、瞬时掉电再启动的设定、变频—工频电源切换功能的设定等。掌握这些方面的设定方法，也是灵活使用变频器的重要方面。现以频率跳变的设置操作说明其特殊功能。

图6.51 频率跳变示意图

实际应用中，有时为了避开机械系统的固有频率，防止发生机械系统的共振，对变频器的运行频率在某些范围内限制运行，即跳过去，这就是频率跳变。三菱系列的变频器最多可以设定 3 个跳跃区，如图 6.51 所示。

具体运行操作步骤如下。

① 假设要跳过 30～38Hz 的频率，且在此频率之间固定在 30Hz 运行，请设定 Pr.31=30Hz，Pr.32=38Hz；假设要跳过 30Hz～38Hz 的频率，且在此频率之间固定在 38Hz 运行，请设定 Pr.31=38Hz，Pr.32=30Hz。

② 其他参数设置照常。

③ 在外部操作和 PU 操作模式下运行，其运行频率会跳过所设的区间。

变频器是电压频率变换器，是利用半导体器件的通断作用将固定频率的交流电变换成频率连续可调的交流电源，以供给电动机运转的电源装置。通过本章的学习应掌握以下内容。

（1）变频器类型和技术指标：类型可按变换环节、控制方式、用途等进行分类；技术指标主要由额定值与频率指标等组成。

（2）变频器的组成：由主电路和控制线路两大部分组成。主电路将三相交流电整流成直流电，然后，通过逆变电路变为三相交流电。而对主电路中逆变电路的控制以及对整个变频器的控制是通过控制线路来完成的。

（3）通用变频器基本参数的意义、设定是学习变频器的基础，应对其中各参数深入理解并灵活掌握，如加减速时间的设定与生产的效率、变频器的保护等是有关联的。

（4）通用变频器的选择：介绍了变频器所驱动负载的机械特性，按照生产机械的类型、调速范围、速度响应和控制精度、启动转矩等要求，决定采用什么功能的变频器。

（5）介绍了三菱 FR-E500 变频器的使用、各接线端功能与作用、参数号的选择与使用。变频器功能参数很多，一般都有数十甚至上百个参数供用户选择。实际应用中，没必要对每一参数都进行设置和调试，多数只要采用出厂设定值即可，只是与具体的运行控制有关的功能参数才作适当的修正；学习参数设定方法及基本功能操作，必须熟练掌握变频器各操作画面的切换；监视运行参数；完成参数模式、操作模式设定；帮助模式的各种操作等。

（6）通过实训，可以掌握三菱 FR-E500 变频器的功能和操作。

1. 什么是变频器？其功能是什么？
2. 变频器是怎样分类的？
3. 变频器由几部分组成？各部分都具有什么功能？
4. 变频器所带的负载主要有哪些类型？各负载类型的机械特性和功率特性是怎样的？
5. 变频器为什么要设置上限频率和下限频率？
6. 变频器的回避频率功能有什么作用？在什么情况下要选用这些功能？
7. 变频器为什么具有加速时间和减速时间设置功能？如果变频器的加减速时间设为 0，启动时会出现什么问题？加速时间和减速时间应如何设置？
8. 制动时加入直流制动方式的目的是什么？
9. 三菱 FR-E500 系列变频器有哪几种操作模式？各操作模式有什么异同？

附 录

常用电器图形符号

符号名称及说明	图 形 符 号	符号名称及说明	图 形 符 号
直流电		电容器一般符号	
交流电		发电机	M
交直流		直流电动机	M
导线的连接	或	交流电动机	M
导线的多线连接	或	三相笼型电动机	M 3~
导线的不连接		电枢绕组	
半导体二极管一般符号		电动机	G
接地一般符号		直流发电机	G
电阻一般符号		交流发电机	G
熔断器一般符号		单极开关	或
换向或补偿绕组		三极开关或刀开关	
手动三极开关	QS	三极隔离开关	QS

续表

符号名称及说明	图 形 符 号	符号名称及说明	图 形 符 号
串励或他励绕组		带动合触点的按钮	
一个绕组有中间抽头的变压器		带动断触点的按钮	
三相自耦变压器		带动合和动断触点的按钮	
铁芯变压器		机械动合触点	
极性电容器		机械动断触点	
接近开关的动合触点		双向机械操作	
旋动开关（闭锁）		延时闭合的动合触点	或
脚踏开关		延时断开的动合触点	或
压力开关		延时闭合的动断触点	或
电磁铁　电磁吸盘		延时断开的动断触点	或
线圈		照明灯和信号灯	
常开触点		报警器	
常闭触点		蜂鸣器	
欠电压继电器线圈	U<	整流设备、整流器	
过电流继电器的线圈	I>	桥式全波整流器	
		接插器件	或

参考文献

[1] 何巨兰. 电机与电气控制[M]. 北京：机械工业出版社，2004.
[2] 王浩. 数控机床电器控制[M]. 北京：清华大学出版社，2006.
[3] 温照芳. 电机与控制[M]. 北京：北京理工大学出版社，2004.
[4] 唐介. 电机与拖动[M]. 北京：高等教育出版社，2003.
[5] 李敬梅. 电力拖动基本控制线路[M]. 北京：中国劳动社会保障出版社，2006.
[6] 李清新. 伺服系统与机床电气控制[M]. 北京：机械工业出版社，2001.
[7] 许大中，贺益康. 电机控制[M]. 杭州：浙江大学出版社，2002.
[8] 冯晓，刘仲恕. 电机与电气控制[M]. 北京：机械工业出版社，2005.
[9] 熊幸明. 电工电子技能训练[M]. 北京：电子工业出版社，2006.
[10] 三菱电子公司. 三菱微型可编程序控制器 FX_{1S}，FX_{1N}，FX_{2N}，FX_{2NC}编程手册[M]. 2001.
[11] 三菱电子公司. 三菱微型可编程序控制器 FX 系列特殊功能模块用户手册[M]. 2001.
[12] 周元兴. 电工与电子技术基础[M]. 北京：机械工业出版社，2005.
[13] 李明. 电工技能实训[M]. 北京：机械工业出版社，2006.
[14] 王炳实. 机床电气控制[M]. 北京：机械工业出版社，2004.
[15] 龚仲华. 数控技术[M]. 北京：机械工业出版社，2004.
[16] 韩志国，王同庆. 数控机床电气控制[M]. 北京：人民邮电出版社，2013.
[17] 姜新桥，蔡建国. 电机与电气控制技术[M]. 北京：人民邮电出版社，2014.
[18] 曾令琴. 电机与电气控制技术[M]. 北京：人民邮电出版社，2014.

续表

符号名称及说明	图 形 符 号	符号名称及说明	图 形 符 号
热继电器热元件		光电耦合器（光电隔离器）	
热继电器的常闭触点		限定符号	隔离开关功能 负荷开关功能 位置开关功能 接触器功能
电抗器	或		
断电延时继电器的线圈		操作和操作方法	一般情况下的手动操作 旋转操作 推动操作
通电延时继电器的线圈			